# 航空航天高性能铝合金
# 双激光束双侧同步焊接技术

## Double Laser-beam Bilateral Synchronous Welding Technology for High-performance Aeronautics and Space Aluminum Alloys

占小红　王磊磊　著

科学出版社

北京

# 内 容 简 介

　　本书重点介绍航空航天领域高性能铝合金双激光束双侧同步焊接技术的基础知识,系统阐述双激光束双侧同步焊接技术的基础理论、工艺性能、缺陷特征、仿真研究及应用案例。本书内容丰富,基本原理、概念清晰易懂,突出技术特点,注重理论与实践相结合,并给出实际案例,具有较高的参考价值。

　　本书可作为高等院校材料科学与工程专业本科高年级学生和研究生的参考书,也可供材料科学与工程领域、航空航天材料加工领域的科技工作者参考。

图书在版编目(CIP)数据

航空航天高性能铝合金双激光束双侧同步焊接技术/占小红,王磊磊著.
—北京:科学出版社,2024.2
ISBN 978-7-03-067615-3

Ⅰ.①航… Ⅱ.①占… ②王… Ⅲ.①航空材料–铝合金–焊接工艺 ②航天材料–铝合金–焊接工艺 Ⅳ.①V252.2 ②TG457.14

中国版本图书馆 CIP 数据核字(2021)第 001471 号

责任编辑:李涪汁　李　策　曾佳佳/责任校对:王萌萌
责任印制:张　伟/封面设计:许　瑞

科 学 出 版 社 出版
北京东黄城根北街 16 号
邮政编码:100717
http://www.sciencep.com
河北鑫玉鸿程印刷有限公司印刷
科学出版社发行　各地新华书店经销
*
2024 年 2 月第 一 版　开本:720×1000　1/16
2024 年 2 月第一次印刷　印张:18 1/4
字数:365 000
**定价:199.00 元**
(如有印装质量问题,我社负责调换)

# 序

我国将航空航天领域激光焊接技术与装备列入相关发展规划。《"十三五"先进制造技术领域科技创新专项规划》中明确提出，应大幅提升我国航空航天领域高端激光制造技术与装备的国际竞争力，并将激光焊接及激光复合制造等关键技术列入重点任务。航空航天领域对轻质高强结构的需求日益增大，采用双激光束双侧同步焊接技术实现大型轻质高强结构件的高效高精度制造是发展趋势，目前该技术已在国外很多航空航天型号中得到工程应用。

《航空航天高性能铝合金双激光束双侧同步焊接技术》一书作者长期从事激光焊接技术的研究工作，尤其在双激光束双侧同步焊接工艺及装备方面开展了长达十余年的研究。该书基于作者及其所在团队近年来的研究成果撰写，很好地丰富和完善了国内航空航天大型结构件激光焊接的内涵和技术体系。

该书对航空航天结构件的双激光束双侧同步焊接技术的基本原理、工艺、缺陷控制以及仿真等内容进行了深入的研究，依托型号研制工作介绍了双激光束双侧同步焊接技术在运载火箭贮箱、飞船推进舱、大型客机机身壁板等结构中的应用。该书主要内容反映了双激光束双侧同步焊接技术研究的前沿和热点，内容新颖，具有重要的理论意义和工程价值。

应作者之邀，很高兴为该书作序。希望该书创新性的研究成果为技术人员、研究生、同行研究人员提供有益的借鉴和启示。

2023 年 3 月

# 前　言

　　飞行器恶劣的服役环境对其主体结构的轻量化、高性能、长寿命、高可靠性提出了严苛要求。航空航天轻合金大型复杂薄壁结构制造过程中，通常涉及壁板(蒙皮)与桁条(加强筋)的连接、复杂曲面对接等，传统连接工艺依然以铆接、螺栓连接、胶接等技术为主，或者直接将大厚度材料铣削加工为带筋壁板整体结构，此类常规工艺存在制造效率低、制造周期长、制造成本高等问题。

　　随着航空航天制造行业的需求牵引与激光加工技术的高速发展，双激光束双侧同步焊接 (double laser-beam bilateral synchronous welding, DLBSW) 在壁板-桁条 T 型结构制造领域逐渐兴起，并得到广泛的应用。与壁板-桁条铆接结构相比，壁板-桁条激光焊接结构具有以下显著优势：① 避免铆钉穿透蒙皮，从而保持蒙皮结构的气动外形和气密性；② 省去了大量的铆钉和凸台结构，从而能有效减轻结构的重量；③ 激光焊接易于实现机器人自动化控制，显著提高生产效率。

　　DLBSW 技术近年来发展迅速，已逐渐引起国内外相关学者的关注，但目前尚无相关研究专著。本书作者长期从事 DLBSW 技术研究，搭建了完全自主可控的 DLBSW 平台，实现了大型航空航天结构的自动化高效焊接，并成功应用于多个航空航天重点型号。为了满足研究人员和企业工程技术人员的需要，本书以团队近年来的研究成果为基础，系统陈述了 DLBSW 技术在实际应用中的代表性成果。

　　本书的特点主要体现在：① 内容新颖，对近年来 DLBSW 技术领域的研究现状进行系统性阐述；② 学术性强，在介绍 DLBSW 技术的同时，给出相关微观组织形成机理、应力变形分布规律以及焊接缺陷调控等研究内容；③ 工程应用性强，本书中的实例大多来自航空航天领域工程应用。

　　本书第 1、7 章由占小红撰写；第 2、6 章由王磊磊撰写；第 3 章由张家豪、李悦撰写；第 4 章由康悦撰写；第 5 章由王建峰撰写；第 8 章由赵艳秋撰写。全书由占小红、王磊磊负责统稿。占小红负责全书图表绘制、公式符号和文字的校对整理。此外，田书豪、刘婷、何实、陈帅、陈丹、余海松、夏令、吴友发、欧阳自鹏、周裕琦、尹宣等研究生为本书的完成也付出了辛勤的劳动，在此一并致谢。本书的顺利完成，还要感谢上海航天设备制造总厂有限公司等单位的大力支持和帮助。另外，特别感谢科学出版社工作人员在书稿出版过程中付出的辛苦。

由于作者水平有限，书中难免存在不足之处，恳请读者不吝指正。

作　者

2023 年 3 月

# 目　　录

# 第 1 章

## 绪　　论

### 1.1　高性能铝合金在航空航天领域的应用

　　轻量化、强韧化、高可靠是未来飞行器的发展趋势。为了减轻飞行器的自重以提升运载能力，轻量化的材料与结构得到越来越多的应用。铝合金作为一种重要的轻质工程材料，以其优异的物理、化学和机械性能，在航空航天制造业中得到广泛的应用 [1]。

　　第一代铝合金采用时效强化以提高静强度，典型应用如运-5 运输机、轰-5 轰炸机等；第二代铝合金采用过时效热处理以获得高强耐蚀性能，典型应用如运-6 运输机、运-8 运输机、轰-6 轰炸机等；第三代铝合金主要关注高强高韧耐蚀性能，典型应用如歼-10 战斗机、枭龙战斗机等；第四代铝合金以精确控制第二相为基础，重点关注超强高韧耐蚀抗疲劳性能，典型应用如 ARJ21 飞机、大型运输机等；目前正在研发的第五代铝合金是一种具有高综合性能的铝合金，典型应用如大型运载工具等。

　　飞机上不同部位应用的铝合金主要分为 2000 系和 7000 系两大类。2000 系铝合金为铝铜合金，也就是硬铝，它的运用最为广泛，如 2024 和 2A12 等。2000 系铝合金的强度、韧性、抗疲劳性较好，并且塑性优异，多用于制造飞行器的蒙皮、隔框、翼肋等部位。7000 系铝合金为铝锌镁铜合金，也就是超硬铝，其极限强度和屈服强度高，可承受载荷大，一般用于制造翼面蒙皮、大梁等部位。

　　铝锂合金主要为航空航天器的减重而研制，在航空航天领域的应用可追溯到 20 世纪 50 年代，美国研制生产的 2020 系铝合金开始兴起并逐步应用 [2,3]。但是由于其具有较差的延展性和断裂韧性、高缺口敏感性、较快的疲劳裂纹扩展速率等缺点，这种铝锂合金仅仅被应用了很短的时间就停产了。20 世纪 80 年代，第二代铝锂合金被设计并开发出来，其牌号主要有 2090、2091、8090、8091 等 [4,5]。第二代铝锂合金含有质量分数为 1.9%~2.7% 的锂，相比于 2000 系和 7000 系铝合金，该类合金密度降低约 10%，比刚度提高约 25%。然而，第二代铝锂合金具有机械性能各向异性，且韧性和耐腐蚀性等较差，因此在航空领域中并没有得到广泛的应用。随着航空设计技术的快速发展，航空领域对结构材料的性能提出了更高的要求。为了改善第二代铝锂合金性能上的不足，在第三代铝锂合金的研制中适当减少了 Li 元素的含量，并添加了多种合金元素，如 Cu、Mg、Zr、Ag 等，提高了铝锂合金的塑性、韧性与综合断裂性能[6-9]。在 20 世纪 80 年代后期，一些被研制开发的新型 Al-Cu-Li 合金显著表现出较大的优势，具有高韧性 (如 2097 合金和 2197 合金)、良好的抗疲劳裂纹扩展能力 (如 C-155 合金) 和可焊性 (如 1460 合金) 等，因此被广泛应用于大型客机机身结构件[10-12]。

我国直至 20 世纪 80 年代中期才正式启动铝锂合金的研发工作，起步较晚。中南大学、北京航空材料研究院、航天材料及工艺研究所、北京有色金属研究总院以及西南铝业 (集团) 有限责任公司等高校和科研单位依托国家相关课题项目，围绕铝锂合金的成分设计、组织调控以及性能优化等方面进行了系统研究，现已实现产业化制备多种铝锂合金。根据航空航天领域铝合金的应用背景和性能要求，各大高校和科研单位研发出了综合性能良好的铝锂合金，建立了具有自主知识产权的合金牌号，如 2A97、X2A66 等[13]。

此外，铝锂合金在我国航空航天领域已获得成功应用。2010 年，中国航空工业集团有限公司首次采用铝锂合金制造了 C919 国产大型客机的机身等直部段，其尺寸规格为 7.4m×4.2m×4.2m (长 × 宽 × 高)。2011 年，我国采用铝锂合金使天宫一号资源舱段质量减轻 10% 以上。2017 年，我国拥有全部自主知识产权的 C919 大型客机在上海圆满完成首飞，铝锂合金材料在 C919 大型客机中的用量约 15.5%，其中航空工业江西洪都航空工业集团有限责任公司采用 Al-Li-S4 和 2198 铝锂合金厚板制造了 C919 大型客机的前机身蒙皮、机头蒙皮以及中机身蒙皮等。我国在铝锂合金基础理论研究以及工程化研制和使用等方面均取得了丰硕的成果，使我国成为可以工业化生产和应用先进铝锂合金的少数国家之一。

铝合金在飞机中的应用广泛。例如，在波音 777 双发宽体客机中，2224 和 2524 等铝合金分别成功应用在机翼和蒙皮等部位，以满足性能需求。C919 大型客机采用大量常规高性能铝合金材料，如 7X49、7055、7075 等，铝合金材料占全部材料的 70%，其中 7055 合金主要应用于外翼上壁板。7075 铝板是第一个实际应用的 7000 系铝合金，它被成功应用于 B-29 轰炸机上。在 7075 基础上研制出的 7050，具有更高强度和抗应力腐蚀等综合性能，在 F-18 战斗机中被广泛应用于抗压构件。

在航天领域，迄今为止世界各国以液体火箭为动力的大型运载火箭箭体结构几乎毫无例外地选用铝合金。我国长征 3B 运载火箭箭体结构中，一、二、三子级推进剂贮箱均采用 2A14 合金，一子级尾段及其余子级间段采用 2A12、7A04 和 7A09 合金。长征 2F 运载火箭仪器舱还选用了 1420 铝锂合金型材。20 世纪 80 年代末，美国研制成功的现役固体洲际导弹——MX 导弹，其一/二、二/三子级的级间段和末助推器 (四子级) 的壳体，以及弹头承载壳体等仍然采用 2024 和 7075 等铝合金制造。我国两次发射成功的神舟飞船的附加舱、轨道舱、返回舱和推进舱四个舱段主要结构的材料都是铝合金。

在航空航天产品的制造过程中，焊接技术始终是一个不可或缺的工艺环节。长期以来，铝合金焊接结构件在大量航空航天型号中得到了应用。苏联采用 1460 铝锂合金，通过钨极氩弧焊和真空电子束焊工艺成功制造出了"能源号"运载火箭贮箱。美国采用 Weldalite049 铝锂合金，采用变极性等离子弧焊工艺制造出了航天飞机外贮箱。

近年来，铝锂合金的激光焊接技术得到极大关注。空中客车公司 (简称空客公司) 率先将激光焊接技术应用于空客 A 系列产品下机身铝合金壁板制造，满足了民用飞机的制造要求。应用结果表明，用激光焊接替代铆接，在相同的结构刚度下，焊接结构相对于铆接结构重量可减少 20%，并且成本可降低 25%。采用激光焊接对铝合金结构件进行连接，可以充分满足航空航天领域对结构减重的要求，但铝合金激光焊接接头的可靠性仍需进一步提高 [14-17]。激光焊接具有能量密度大、精度高、焊后接头变形小等优点，已成为铝合金结构件常见的连接方法之一。其中，利用双激光束双侧同步焊接 (double laser-beam bilateral synchronous welding, DLBSW) 飞行器蒙皮-桁条结构件，对飞行器减重具有重要的意义 [18-22]。

## 1.2　铝合金激光焊接技术的特点与难点

自 1960 年第一台激光器诞生以来，激光焊接技术发展迅速 [23]。1965 年美国研制出用于厚膜组件焊接的红宝石激光焊接机，1974 年世界上第一台五轴激光加工机——龙门式激光焊接机在福特汽车公司研制。时至今日，可用于焊接的激光器已经由第一代 $CO_2$ 气体激光器发展到钇铝石榴石 (yttrium aluminum garnet, YAG) 固体激光器，以及最新的光纤激光器等种类。随着激光光束质量的不断改进，激光焊接日趋成为一种成熟的焊接方法，广泛应用于国民经济多个领域。

铝合金的比强度高、密度小、延展性好，同时具有优异的耐腐蚀和抗疲劳性能，是飞机结构的重要工程材料。铝合金激光焊接具有焊缝深宽比大、焊接热影响区 (heat affected zone, HAZ) 小、焊接变形小、焊接效率高、冷却速度快等诸多优点，但该焊接方法需要解决一般熔焊的气孔、裂纹和接头软化等问题。铝合金激光焊接的问题主要表现在以下几个方面。

1) 焊接过程稳定性差

焊接过程中，匙孔前壁因受高功率密度激光的辐射而强烈蒸发产生反冲压力，铝合金蒸气压力和表面张力较低，导致熔池不稳定，焊接时会产生飞溅。严重时匙孔会突然闭合，焊后会形成严重的塌陷和咬边等缺陷。

2) 气孔

气孔是铝合金激光焊接的主要缺陷之一。在焊接过程中，气孔的形成主要分为两类：① 冶金气孔，以氢气孔为主 [24,25]，氢的来源有两种，一种是由于在铝合金熔点附近，氢的溶解度产生突变，另一种是由于金属表面的氧化膜在焊接过程中会溶解到熔池，氢在熔池中不易上浮逸出，焊后极易产生气孔；② 工艺气孔，焊接过程中的不稳定造成匙孔的坍塌与闭合而产生的气孔[26]。

3) 焊接裂纹

铝合金属于典型的共晶型合金，熔焊时容易产生热裂纹。激光焊接的加热速度和冷却速度极快，焊缝深宽比大，焊缝结晶组织的方向性强，铝合金激光焊接较常规熔焊方法具有更大的裂纹敏感性。

4) 焊缝机械性能损失

含有低沸点元素 (如镁、锂等) 的铝合金激光焊接时容易蒸发、烧损，从而改变焊缝金属的化学成分，导致焊缝硬度和强度下降，降低焊接接头的力学性能[27]。

5) 焊接变形

铝合金线膨胀系数大，激光焊接时能量密度高，焊后易产生较大的变形。

除此之外，激光焊接的热源集中，导致焊接路径跟踪困难，同时激光焊接间隙适应性低，对焊接件的装配精度要求很高[28]。激光焊接薄板铝合金 T 型接头既存在铝合金焊接常见问题，由于自身特点又存在其他问题，突出表现在变形、气孔、裂纹以及焊缝成形差[29]。铝合金 T 型接头激光焊接时，若约束条件施加不当，则底板两侧容易出现翘起。单侧焊时，立板容易弯曲及向焊缝侧倾斜。此外，焊接过程中激光束一般与底板有一定的夹角，熔池受力情况更加复杂，匙孔闭合倾向更大，桁条的存在限制了气体的上浮，因此铝合金 T 型接头激光焊接气孔问题更严重。在焊接区域，铝合金 T 型接头的传导方式是三维的，与平板焊接相比，其冷却速度更快，且不同方向热传导的差异更大，裂纹敏感性更差。受 T 型接头及夹具空间限制，填充焊丝比较困难且不稳定，易出现咬边、未熔合、未焊透等缺陷。

尽管激光焊接技术存在上述诸多难点，但其仍然是目前航空航天领域铝合金焊接最有效的方法之一。与传统的非熔化极惰性气体钨极保护焊 (tungsten inert gas welding, 简称 TIG 焊)、熔化极惰性气体保护电弧焊 (metal inertgas arc welding, 简称 MIG 焊) 相比，激光焊接具有质量更高、精度更高、速度更快等特点，是当前发展速度最快、应用研究最多的方法之一。近年来，国内外众多科研人员针对铝合金激光焊接开展了大量研究，逐步形成了较为可靠的铝合金激光焊接技术。

# 1.3 航空航天壁板-桁条结构制造工艺应用现状

## 1.3.1 航空航天壁板-桁条结构应用背景

壁板按照制造技术分类，主要分为机加壁板、铆接壁板、焊接壁板等，如图 1.1 所示。根据结构设计的不同，连接工艺略有不同。

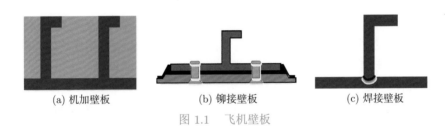

(a) 机加壁板　　　　　　(b) 铆接壁板　　　　　　(c) 焊接壁板
图 1.1　飞机壁板

机加壁板通过厚板机械加工或挤压成形制备,该类壁板主要用在现役的军用运输机上,现役的民用运输机上较少采用,其上下壁板多采用便于机械加工的"⊥"字形,且上下壁板的结构形式、材料均相同,一般为 7075-T6 高强度铝合金,也可采用国外一些先进的铝合金材料。

目前国内民用客机机身铝合金壁板蒙皮-桁条结构主要采用传统的铆接技术进行制造。整体机加壁板由于其生产效率低、材料利用率低等,目前在民用飞机制造中的应用越来越少。相对于目前大量使用的铆接壁板,焊接壁板具有诸多优点,它不仅能极大地减轻构件的重量,还具有良好的气密性,并能减少装配工作量,提高生产效率。因此,通过焊接工艺制造飞机壁板已成为飞机制造技术的发展趋势之一[30]。然而,基于焊接的整体机身壁板制造,仍然是当代民用客机制造技术中的难点之一。在大型民用客机领域,目前也仅有空客公司在其多个型号的机体结构中采用了激光焊接壁板制造工艺。

### 1.3.2　航空航天壁板-桁条结构连接工艺

1) 铆接

铆接作为应用最为广泛的连接方法,其操作工艺简单,铆接质量便于检查,所用设备机动灵活,能够适应比较复杂和不够开敞的结构,可应用于不同材料之间的连接,如图 1.2 所示。

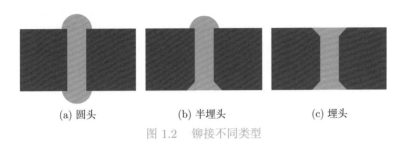

(a) 圆头　　　　　　　(b) 半埋头　　　　　　(c) 埋头
图 1.2　铆接不同类型

例如,伊尔-86 机体主要连接形式采用的就是铆接,全机共采用 148 万个铆钉,其中普通铆钉占全部铆钉的 58.8%,特种铆钉占全部铆钉的 41.2%。铆接是目前航空蒙皮-桁条结构主要且成熟的连接技术,但其具有明显的缺点,如在结构上既削弱了强度，又增加了重量，而减轻结构重量已经成为现代航空制造中的迫切任务。除此之外，铆缝的抗疲劳性能较低，铆接变形较大，蒙皮表面不够光滑，铆缝的密封性较差。在生产中，铆接劳动强度大，生产效率低。

2) 螺栓连接

螺栓连接是飞机结构的主要连接形式之一，如图 1.3 所示。它的构造简单，安装方便，易于拆卸，并具有连接强度高、可靠性好等特点，因此螺栓连接技术发展十分迅速，应用范围也较为广泛。

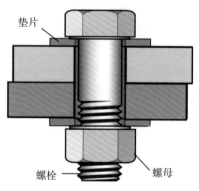

垫片　螺栓　螺母

图 1.3　螺栓连接示意图

螺栓连接以普通螺栓、螺钉连接为主要形式。近年来，高锁螺栓连接、锥形螺栓连接、干涉配合螺栓连接和钢丝螺套连接的应用范围不断扩大。为了提高螺栓连接的疲劳寿命，发展了冷挤压、压印和喷丸等孔的强化技术，以及一些新型工具和设备，使螺栓连接技术在飞机制造中占据重要的地位。

螺栓连接主要应用于飞机主要承力结构部位的连接。在飞机大部件对接中，如机翼与机身对接，多采用高强度的重要螺栓，还有一些需要经常或定期拆卸的结构，如可拆卸壁板、封闭结构的连接，以及易损结构件，如前缘、翼尖等的连接，广泛采用托板螺母连接，可以很好地解决工艺性差、检查维修和更换不便等问题。

螺栓连接具有非常显著的优点，可承受较大的拉力与剪力，是飞机机体上广泛采用的一种可卸连接。特别是随着整体壁板的大量应用，螺栓连接比以前应用更为广泛。但在现代运输制造业中，减轻运输工具自重已成为发展重点，而螺栓连接会增加机体重量，因此造成了一定程度的能源浪费。

3) 胶接

胶接可用于连接不同材料、不同厚度、二层或多层结构，如图 1.4 所示。胶接结构重量轻，密封性能好，抗声振和颤振的性能突出。胶层能阻止裂纹的扩展，具有良好的抗疲劳性能。此外，胶接结构制造成本和维修成本均较低。蜂窝胶接结构及金属层板结构在大型飞机上的应用前景广阔。

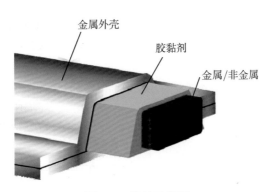

图 1.4　胶接示意图

　　金属胶接所形成的胶缝是连续的，应力分布均匀，抗疲劳性能较好，疲劳寿命可比铆接或点焊接头提高 10 倍左右。胶接不会削弱基体的金属强度，也无铆钉头等多余材料，胶接结构效率较高。胶接表面光滑，没有铆钉头的凸起或点焊的凹陷，结构变形较小，因此气动性能好。此外，胶缝本身具有良好的密封性，适用于各种不同材料的连接 (金属与金属、金属与非金属) 以及厚度不等的多层结构的连接。

　　金属胶接存在一些不足，如不均匀扯离强度 (剥离强度) 差、胶接质量不稳定、不易直接检验判断等，其中胶黏剂还存在老化问题，致使胶接强度降低。在构件投入使用后，受应力-环境作用，胶接接头还容易发生腐蚀、分层破坏，暴露了胶接结构不耐久的致命弱点。

　　胶接起初用于蒙皮与桁条的连接，后来主要广泛应用于蜂窝夹层结构和泡沫夹层结构，现代各种直升机的旋翼桨叶，几乎无例外地采用胶接结构。

### 1.3.3　航空航天壁板-桁条结构焊接现状

#### 1. 常见的焊接方法

1) 熔化极气体保护焊

　　熔化极气体保护焊是指利用焊丝与工件间产生的电弧作热源将金属熔化的焊接方法。焊接过程中，电弧熔化焊丝和母材形成的熔池及焊接区域在惰性气体或活性气体的保护下，可以有效地阻止周围环境空气的有害作用。熔化极气体保护焊适用于焊接大多数金属和合金，最适于焊接碳钢和低合金钢、不锈钢、耐热合金、铝及铝合金、铜及铜合金及镁合金。

2) 电阻焊

　　电阻焊利用电流流经工件接触面及邻近区域产生的电阻热效应将其加热到熔化或塑性状态，使之形成金属结合的一种方法。电阻焊方法主要有四种，即点焊、缝焊、凸焊、对焊。电阻焊通常使用较大的电流,同时为了锻压焊缝金属并防止在接触面上发生电弧,焊接过程中始终要施加压力。

3) 电子束焊

电子束焊利用高速电子束轰击工件表面时所产生的热能进行焊接,如图 1.5 所示。

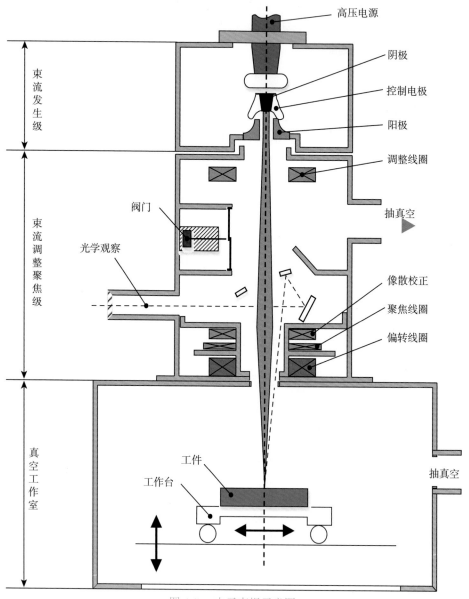

图 1.5　电子束焊示意图

电子束焊接时，由电子枪产生电子束并加速。常用的电子束焊有高真空电子束焊、低真空电子束焊和非真空电子束焊。高真空电子束焊和低真空电子束焊都是在真空室内进行的，焊接准备时间 (主要是抽真空时间) 较长，工件尺寸受真空室大小限制。

电子束焊与电弧焊相比，其主要的特点是焊缝熔深更大、熔宽更小、焊缝金属纯度更高。它既可以用于超薄材料的精密焊接，又可以用于超厚 (最厚达 300mm) 构件的焊接。所有能用其他焊接方法进行熔化焊的金属及合金都可以用电子束焊接，主要用于要求高质量的产品的焊接，还可用于异种金属、易氧化金属和难熔金属的焊接，但不适于大批量产品。

4) 超声波焊

超声波焊是一种以机械能为能源的固相焊接方法，如图 1.6 所示。在进行超声波焊接时，焊接工件处在较低的静压力下，声极发出的高频振动能使接合面产生强烈摩擦并加热到焊接温度而接合。

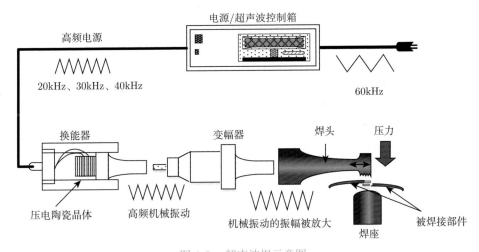

图 1.6　超声波焊示意图

超声波焊可用于大多数金属材料之间的焊接，能实现金属、异种金属及金属与非金属间的焊接，还可用于金属丝、箔或厚度在 2~3mm 以下的薄板金属接头的重复生产。

5) TIG 焊

TIG 焊是在惰性气体保护中使用钨电极进行焊接的一种方法，在 1930 年成功被开发。最初大多是以氦气作为保护气体，因此当时称为氦弧焊。而目前 TIG 焊接时一般使用氩气作为保护气，因此 TIG 焊也称为氩弧焊，如图 1.7 所示。

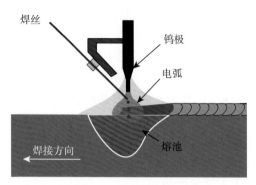

图 1.7　TIG 焊原理

TIG 焊是在非熔化的钨电极及母材 (base material，BM) 间产生电弧，利用氩气等惰性气体将熔融金属从大气中保护起来，通过电极及母材间产生的电弧热熔化母材而接合的方法。

TIG 焊使用惰性保护气体，对金属的保护效果较好，可以得到高质量的焊接效果，而且可以对几乎所有工业中使用的金属进行焊接。目前，TIG 焊不但可以焊接任何形状的接头，而且对焊接姿势几乎没有限制。除此之外，TIG 焊在小电流区可以得到稳定的电弧，因此可用于薄板焊接。另外，TIG 焊可较容易地得到单面焊双面成形。

6) 搅拌摩擦焊

搅拌摩擦焊利用搅拌头在待焊工件接缝处高速旋转、摩擦生热，并挤压以形成焊缝，属于一种固态连接方法，如图 1.8 所示。采用搅拌摩擦焊取代传统的氩弧焊，不仅能完成材料的对接、搭接、丁字等多种接头方式的焊接，而且能用于高强铝合金、铝锂合金的焊接，大大提高了焊接接头的力学性能，且排除了熔焊产生的冶金缺陷。搅拌摩擦焊工艺在飞行器铝合金结构制造中的推广应用，在国外已经显示出强劲的技术创新活力，对传统制造工艺带来革命性的改造。

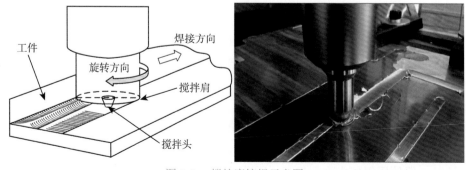

图 1.8　搅拌摩擦焊示意图

　　搅拌摩擦焊与其他焊接方法相比，其焊接变形更小，调整、返修频率更低，某航空发动机采用搅拌摩擦焊后，成本比原来降低了 60%。搅拌摩擦焊接过程中的摩擦和搅拌可以有效去除焊接件表面的氧化膜及附着的杂质，而且焊接过程中不需要保护气体、焊条及焊料。除此之外，搅拌摩擦焊效率高、操作简单，焊接过程中无烟尘、辐射、飞溅、噪声及弧光等有害物质产生，是一种环保型工艺方法。

　　在飞机制造中，搅拌摩擦焊也展现了新的应用前景，美国的 AISI4340 超高强钢因其具有高缺口敏感性和焊接脆化倾向，制造飞机起落架时，采用 4340 管与 4030 锻件起落架、拉杆的摩擦焊。直升机旋翼主传动轴的 Nitralloy N 合金齿轮与 18% 高镍合金钢管轴、双金属飞机铆钉、飞机钩头螺栓等焊接均采用搅拌摩擦焊。

　　7) 激光焊

　　激光焊是利用大功率相干单色光子流聚焦而成的激光束作为热源进行焊接。激光焊通常可分为连续激光焊和脉冲激光焊，其示意图如图 1.9 所示。激光焊以细聚焦的高能激光束作为热源，它与金属焊接件作用可以产生匙孔，激光束被聚焦到工件的表面或表面以下的位置，在与焊接件作用时，大部分能量被金属表面反射，工件只能吸收一部分能量。随着表面温度升高，材料吸收激光的能力增强，金属发生熔化，形成熔池。激光的进一步辐射将会使金属液体发生汽化，在熔池中心形成一个匙孔，金属的持续汽化维持匙孔稳定，同时金属蒸气产生的压力可使金属液体沿匙孔壁向上流动。

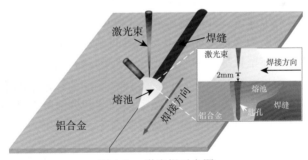

图 1.9　激光焊示意图

　　激光焊接代替传统的铆接，用于连接机身下部壳体的 "桁条" (纵向加固)。这种技术不仅可以减轻飞机的潜在重量，而且比传统的铆接速度更快。激光焊接结构避免了铆钉穿透蒙皮，从而保持了蒙皮结构的气动外形和气密性。结果表明，激光焊接结构的性能等于或优于常规的合金结构。

　　与电子束焊相比，激光焊的优点是不需要在真空中进行，缺点是穿透力较弱。激光焊能进行精确的能量控制，因此可以实现精密微型器件的焊接，还可应用于多种金属材料，特别是可以解决一些难焊金属及异种金属的焊接问题。激光点焊是在 A318 飞机上开发的焊接工艺，用于替代下机身壁板-桁条的铆接工艺。激光焊接技术的应用使机身壁板结构从过去的 "装配式结构" 概念转变为 "整体式结构" 概念。从机械的角度来看，二者主要的差别在于蒙皮损坏后能否减少裂纹的增长。空客公司准备将激光焊接技术扩展到铝合金 6056 和 6013 的焊接领域。

试验结果表明，激光焊适用于单曲度和双曲度壁板的焊接，能显著降低生产成本，提高防腐性能和减轻重量。未来空客公司进一步将激光焊接技术应用在蒙皮和支架接头，以及起落架舱压力隔框的制造。

飞机壁板作为民用飞机上最重要的一类零件，既对飞机气动外形有重要的影响，同时也承载了飞机机身、机翼等部件的重量 [31]。飞机壁板通常由蒙皮和纵向、横向加强零件，依靠铆接、胶接或者点焊装配而成。随着飞机性能要求的提高和技术的发展，民用飞机逐渐用整体壁板代替装配壁板，即蒙皮、加强凸台、桁条等结构之间不使用任何机械方式连接。采用整体壁板具有以下几方面的优势 [32-35]：

(1) 可减少装配壁板连接件的数量，从而显著降低机体重量。

(2) 可减少装配量，装配工序的周期和工作量缩减 80%～90%。

(3) 可提高构件的强度和刚度，进而提高气动表面的装配质量。

(4) 可提高壁板的密封可靠性。

整体壁板具有上述优点，因此在现代民用飞机领域得到了广泛应用。近年来，航空制造业为适应市场需求不断对机体实施薄壁轻量化的改进。在民用飞机整体壁板的加工制造中采用焊接，如高能束焊接 (激光焊、电子束焊)、搅拌摩擦焊等方法实现蒙皮和加强筋的连接是满足这一需求的重要手段。而铝合金薄壁件在焊接过程中的变形是整体壁板加工的一大难题，对机身的整体装配过程具有重要的影响。

我国大型客机项目研制方案中初步确定在机身壁板部分位置采用焊接制造工艺，考虑在前机身、中后机身的部分下壁板制造工艺中采用激光焊接工艺。针对目前我国大型客机设计方案中的机身壁板新型铝合金焊接技术，前期有两种备选方案，即激光焊接机身壁板与搅拌摩擦焊接机身壁板。截至目前，中国商用飞机有限责任公司 (简称中国商飞) 已经研制出 1:1 的激光焊接机身壁板结构件和搅拌摩擦焊接机身壁板样件。

2. 飞机壁板和机身壁板焊接技术应用现状

1) 飞机壁板搅拌摩擦焊接技术应用现状

搅拌摩擦焊接过程峰值温度低于被连接合金的液相线温度，因此其具有常规熔化焊接所不具备的诸多优点。搅拌摩擦焊接在机体结构中的应用已经有诸多先例，主要应用在对接结构和搭接结构中。大量报道显示，波音公司和洛克希德·马丁公司在其产品 C-17 和 C-130 运输机中都使用了搅拌摩擦焊接的地板结构 [36,37]。同时，也有文献报道称，空客公司在其主流产品的机身结构中大量使用了搅拌摩擦焊接技术。

关于搅拌摩擦焊接在飞机主承力结构上的应用，N500商务飞机在多个部位大量采用了搅拌摩擦焊接结构。

另外，根据搅拌摩擦焊接中心的相关宣传资料，我国正在研制的某型运输机中，其地板结构采用搅拌摩擦焊接技术制造。

2) 机身壁板激光焊接技术应用现状

针对大型客机焊接整体壁板制造技术，国外已经开展了大量的系统性研究工作。以波音 787 与空客 A380、A350 为代表的新型客机大量采用轻质高强整体壁板结构，在减轻结构重量、延长使用寿命、降低维修成本等方面取得了显著的成果，典型代表之一就是结合新材料新工艺的新型高强铝合金焊接壁板等机身结构。

空客公司采用激光焊接技术将 A318 机身两块下壁板的蒙皮与桁条焊接成整体机身壁板，焊缝长度达 110m，使激光双光束焊接技术在飞机整体壁板制造上有了突破性的应用。在后续的 A380、A340 等机型上，机体焊接结构用量不断增加，在 A350 机型上，焊缝总长度更是达到 1000m[38]。

相关资料表明,空客公司机身壁板采用的即是图 1.10(a)所示的 DLBSW 工艺。

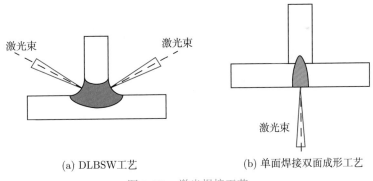

(a) DLBSW工艺　　　　　(b) 单面焊接双面成形工艺

图 1.10　激光焊接工艺

对于民用客机机身壁板，图 1.10(b) 所示的单面焊接双面成形工艺会对蒙皮完整性造成破坏，从而影响机身的气动外形；若加以打磨等处理后服役，则会降低其疲劳寿命。T 型结构双激光束双侧同步焊接工艺避免了传统的 T 型结构单面焊接双面成形工艺对底板 (蒙皮) 完整性的破坏，同时该工艺相比于传统的铆接工艺能极大地减轻构件的重量，因此该工艺在航空制造业中得到了青睐。

## 1.4　铝合金 DLBSW 技术应用现状

航空航天轻质合金薄壁结构件制造过程中，通常涉及壁板 (蒙皮) 与加强筋 (桁条) 的连接。传统连接工艺以铆接、机械连接等技术为主，或者直接将大厚度材料机械加工成带筋壁板整体结构，工作量与制造成本较高。采用对称的高能束流从两侧将壁板与桁条焊接到一起，可有效减轻结构件的重量，改善气密性，显著提高生产效率。近年来，随着航空制造行业的需求驱动与激光加工技术的发展，壁板-桁条 T 型结构 DLBSW 技术逐渐兴起，并得到了广泛的应用。

DLBSW 技术是将两束激光对称布置于 T 型接头的两侧，并以相同的入射角作用于壁板与桁条之间，同时填入焊丝，最终形成对称美观的角焊缝，如图 1.11(a) 所示。送焊丝嘴和保护气喷嘴与桁条的夹角均为 20°，桁条一侧的送焊丝嘴、保护气喷嘴、激光束均处于同一平面内，且该平面与壁板的夹角为 $\alpha$，该夹角也称为激光的入射角，如图 1.11(b) 所示。两束激光形成的熔池相互贯通，如图 1.11(c) 所示。

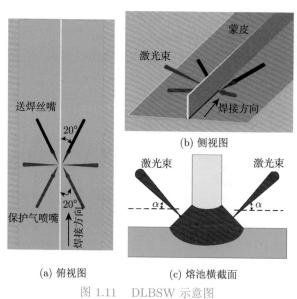

图 1.11　DLBSW 示意图

飞行器壁板-桁条铆接结构与 DLBSW 结构对比如图 1.12 所示。与传统壁板-桁条结构铆接技术相比，DLBSW 技术具有如下优势：

(1) 实现轻量化制造。使用 DLBSW 技术制造飞机壁板，可以省去桁条与壁板中的搭接部分，大幅度减轻壁板的重量。空客公司经过 10 多年的研究，成功将 DLBSW 技术代替铆接技术，最早应用于空客 A318 机身壁板上，为激光焊接技

术在航空工业中的应用做出了开创性贡献。在空客 A380 标准型号中，激光焊接
缝总长度达 798m，飞机壁板-桁条结构件减重 20‰。

（2）对壁板外表面无损害。DLBSW 技术对壁板外表面无损害，可保证壁板外
表面的完整性，能有效防止壁板产生应力集中和腐蚀。

（3）提升生产效率。传统铆接工艺需要多个制造工序，飞机壁板-桁条结构的
铆接速度通常为 0.15～0.25m/min，而壁板-桁条结构的 DLBSW 速度可以超过
5m/min，极大地提高了生产效率。

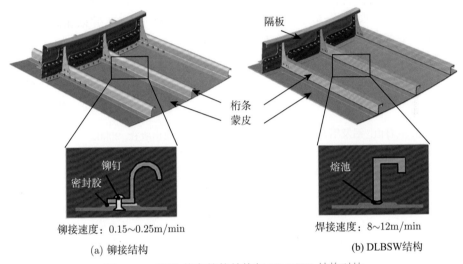

图 1.12　壁板-桁条铆接结构与 DLBSW 结构对比

　　除此之外，相对于 T 型结构的传统焊接方法，DLBSW 还能够有效减少焊
接过程中的变形。空客公司率先将蒙皮-桁条 T 型结构 DLBSW 技术成功应用于
A318 飞机整体机身壁板的制造中，并于 2003 年实现批量化生产[39]。随后，其
产品 A340、A380、A350 等型号都大量采用了基于 DLBSW 工艺的铝合金整体
壁板结构。以 A380 为例，机身下部有 8 块壁板采用 DLBSW 工艺，可节省铆钉
重量达 7t 以上[40]。因此，DLBSW 技术对实现机身壁板结构的轻量化制造具有
重要意义。国内航空制造企业目前也在探索研发基于 DLBSW 技术的整体壁板结
构，用于其相关型号。此外，在航天制造领域，研发机构也开始逐渐关注并尝试
开发面向壁板-骨架 T 型结构的 DLBSW 技术，以实现燃料贮箱的轻量化制造。

　　在国内航空航天领域，机身壁板结构从早期的 6056/6156 铝合金逐渐发展到
2060/2099、2198/2196、2097、2098 等铝锂合金；燃料贮箱结构从早期的 5A06
铝合金逐渐发展到 2A14、2219 铝合金，再到目前性能更好、质量更轻的 2195 铝
锂合金。

近年来，国内外知名学者针对轻合金 T 型结构的 DLBSW 工艺开展了大量研究，并已经有诸多型号应用的案例。但是，由于铝合金 (特别是铝锂合金)、钛合金本身的材料性能，T 型结构 DLBSW 这一新技术具有特殊性，面向铝合金的 T 型结构 DLBSW 技术仍然存在诸多细节问题有待深入探索，本书主要内容包括：

(1) DLBSW 基本原理。

(2) 铝合金 DLBSW 工艺研究。

(3) 铝合金 DLBSW 缺陷抑制研究。

(4) DLBSW 有限元仿真。

(5) 飞船推进舱蒙皮-桁条结构 DLBSW 仿真研究。

(6) 大型客机机身壁板铝合金 DLBSW 研究。

(7) 新一代运载火箭贮箱结构 DLBSW 技术。

## 参 考 文 献

[1] 周万盛, 姚君山. 铝及铝合金的焊接 [M]. 北京: 机械工业出版社, 2006.

[2] 牟海阔. 铝锂合金高速切削表面完整性研究 [D]. 武汉: 华中科技大学, 2014.

[3] 宋鹏超. 电塑性效应下 5A90 铝锂合金板材的冲压特性实验研究 [D]. 上海: 上海交通大学, 2014.

[4] 樊琦. 5A90 铝锂合金焊接接头组织及性能研究 [D]. 南昌: 南昌航空大学, 2015.

[5] Dursun T, Soutis C. Recent developments in advanced aircraft aluminium alloys[J]. Materials and Design, 2014, 56: 862-871.

[6] Moser Z, Gasior W, Onderka B, et al. Al-Cu-Li system electromotive force and calorimetric studies—Phase diagram calculations of the Al-Rich part[J]. Journal of Phase Equilibria, 2002, 23(2): 127-133.

[7] 唐彩. Al 合金中 Sn-Hf、Sn-Y、Sc-Zn、Al-Li-Mn、Al-Cu-Li 体系的热力学研究 [D]. 长沙: 中南大学, 2013.

[8] Decreus B, Deschamps A, de Geuser F, et al. The influence of Cu/Li ratio on precipitation in Al-Cu-Li-x alloys[J]. Acta Materialia, 2013, 61(6): 2207-2218.

[9] 高珍. Al-Cu-Li-Mg 合金时效中纳米析出相及演变规律研究 [D]. 长沙: 湖南大学, 2015.

[10] 吴为, 闫晶, 吕凤工, 等. 新型 Al-Li-Cu-Mg 合金蒙皮拉伸成形特性试验研究 [J]. 航空制造技术, 2016, 56(9): 79-83, 87.

[11] 李红英, 孙远, 王晓峰, 等. 时效时间对一种新型 Al-Cu-Li 系合金显微组织和力学性能的影响 [J]. 材料工程, 2008, 36(12): 41-45.

[12] 汪啸虎, 刘志义, 柏松, 等. 新型 Al-Cu-Li 合金时效过程中组织和性能的变化研究 [J]. 矿冶工程, 2016, 36(4): 96-99.

[13] 乔勇. X2A66 铝锂合金固态相变及微观组织演变规律的研究 [D]. 北京: 北京工业大学, 2016.

[14] 王敏. 激光焊接技术与航空制造 [J]. 航空制造技术, 2009, 52(9): 48-50.

[15] 高洪祥, 张涛, 王斌. 激光焊接技术在我国航空制造业中的发展思考 [C]. 第二届民用飞机制造技术及装备高层论坛, 沈阳, 2010: 1-4.

[16] 唐思熠, 张学军, 郭绍庆, 等. 航空铝合金激光焊接的研究进展 [J]. 电焊机, 2014, 44(6): 7-12.

[17] 陈志翔, Boillot J P, Noruk J. DIGI-LAS 激光焊接头在汽车及航空航天部件焊接中的应用 [J]. 焊接, 2009, (5): 30-35.

[18] Subbaiah K, Geetha M, Shanmugarajan B, et al. Comparative evaluation of tungsten inert gas and laser beam welding of AA5083-H321[J]. Sadhana, 2012, 37(5): 587-593.

[19] Alfieri V, Cardaropoli F, Caiazzo F, et al. Investigation on porosity content in 2024 aluminum alloy welding by Yb: YAG disk laser[J]. Advanced Materials Research, 2011, 383-390: 6265-6269.

[20] Caiazzo F, Alfieri V, Cardaropoli F, et al. Bead characterization of disk-laser butt welding of thin AA 2024 sheets[C]. High Power Laser Materials Processing: Lasers, Beam Delivery, Diagnostics, and Applications, San Francisco, 2012: 1-12.

[21] Yan J, Gao M, Li G, et al. Microstructure and mechanical properties of laser-MIG hybrid welding of 1420 Al-Li alloy[J]. The International Journal of Advanced Manufacturing Technology, 2013, 66(9): 1467-1473.

[22] Xiao R S, Zhang X Y. Problems and issues in laser beam welding of aluminum-lithium alloys[J]. Journal of Manufacturing Processes, 2014, 16(2): 166-175.

[23] 陈彦宾. 现代激光焊接技术 [M]. 北京: 科学出版社, 2005.

[24] Kutsuna M, Yan Q. Study on porosity formation in laser welds in aluminium alloys (Report 1): Effects of hydrogen and alloying elements[J]. Welding International, 1998, 12(12): 937-949.

[25] Katayama S, Matsunawa A, Kojima K. $CO_2$ laser weldability of aluminium alloys (2nd Report): Defect formation conditions and causes[J]. Welding International, 1998, 12(10): 774-789.

[26] Kaplan A, Mizutani M, Katayama S. Analysis of different methods for the prevention of pore formation in keyhole laser spot welding[J]. Welding in the World, 2002, 9: 32-38.

[27] 焦传江. 铝合金 T 型接头激光-电弧两侧同步焊接技术研究 [D]. 北京: 北京工业大学, 2009.

[28] 金阳明. 铝锂合金激光电弧复合及双光点激光焊接技术研究 [D]. 武汉: 武汉理工大学, 2008.

[29] 张盛海. 高强铝合金 T 型接头的激光焊接 [D]. 北京: 北京工业大学, 2005.

[30] 陈洁, 杨志斌, 占小红, 等. 铝合金 T 型接头激光双侧填丝焊接工艺研究 [J]. 应用激光, 2011, 31(2): 130-134.

[31] 《航空制造工程手册》总编委会. 航空制造工程手册. 飞机钣金工艺 [M]. 北京: 航空工业出版社, 1992.

[32] 李艳华, 蔺国民. 现代飞机关键制造技术浅析 [J]. 航空制造技术, 2009, 52(4): 60-63.

[33] 赵长喜, 李继霞. 航天器整体壁板结构制造技术 [J]. 航天制造技术, 2006, (4): 44-48.

[34] 韩志仁, 戴良景, 张凌云. 飞机大型蒙皮和壁板制造技术现状综述 [J]. 航空制造技术, 2009, 52(4): 64-66.

[35] 曾元松, 黄遐. 大型整体壁板成形技术 [J]. 航空学报, 2008, 29(3): 721-727.

[36] 栾国红, 柴鹏, 孙成彬, 等. 飞机制造的前景技术: 搅拌摩擦焊 [J]. 航空制造技术, 2004, 11: 44-47.

[37] 薛松柏, 张亮, 皋利利, 等. 航空器制造中的焊接技术 [J]. 航空制造技术, 2009, 52(19): 26-29.

[38] 刘红兵, 陈洁, 占小红, 等. 机身壁板结构双光束双侧激光焊工艺及设备研究进展 [J]. 焊接, 2012, (4): 14-18, 69.

[39] Dittrich D, Standfuss J, Liebscher J, et al. Laser beam welding of hard to weld Al alloys for a regional aircraft fuselage design-first results[J]. Physics Procedia, 2011, 12: 113-122.

[40] Rendigs K H. Airbus and current aircrafts metal technologies[R]. Chicago: Presentation for the 8th Metallic Materials Properties Development and Standardization, 2005.

# 第 2 章

## 双激光束双侧同步焊接基本原理

### 2.1 DLBSW 能量传递

DLBSW 是一个复杂的热力学过程，涉及金属工件对激光能量的吸收、热量在工件内部的传递、热量通过辐射和对流散失。能量传递和质量迁移导致焊缝的熔化区和热影响区发生相变，激光束的移动速度、激光功率和激光斑点尺寸主导熔池轮廓和凝固参数，凝固参数进一步影响焊缝晶粒的形态和尺寸。

#### 2.1.1 DLBSW 热源效率与热源模型

传递到工件表面的能量影响整体焊接的热量分布与热循环，因此计算传递到工件表面的能量 $Q$ 非常重要。DLBSW 的热源效率 $\eta$ 定义为

$$\eta = \frac{P}{P_n} \tag{2.1}$$

式中，$P$ 为热源到工件的有效功率；$P_n$ 为热源的名义功率。热源提供的热量只有一部分传递到工件中，剩余部分的热量则会散失在周围的介质中，因此 $\eta < 1$。若热源效率 $\eta$ 已知，则很容易计算出传递到工件上的有效功率 $P$。各种焊接方法的热源效率如图 2.1 所示。金属表面具有高反射率，激光焊接的热源效率 $\eta$ 较低，可以通过表面粗糙化、氧化或涂层等表面改性手段提高热源效率。

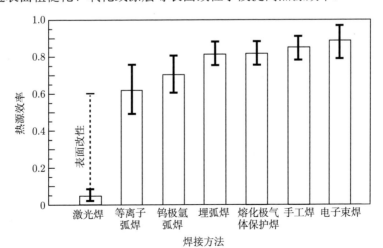

图 2.1 各种焊接方法的热源效率

　　DLBSW 具有能量集中、焊缝深宽比大的特点，热源呈现 "高斯面热源 + 高斯体热源" 复合热源，如图 2.2 所示。其中，面热源模拟的是等离子体对焊接件的加热作用，其表达式如式 (2.2) 所示；体热源模拟的是激光束的匙孔效应，其表达式如式 (2.3) 所示；实际施加在工件上的总热量为两热源能量的代数和，其表达式如式 (2.4) 所示。

$$q_{\mathrm{s}}(x, y) = \frac{\alpha Q_{\mathrm{s}}}{\pi R_0^2} \exp\left[-\frac{\alpha\left(x^2 + y^2\right)}{R_0^2}\right] \tag{2.2}$$

$$q_{\mathrm{v}}(x, y, z) = \frac{9Q_{\mathrm{v}}}{\pi R_0^2 H\left(1 - \mathrm{e}^{-3}\right)} \exp\left[-\frac{9\left(x^2 + y^2\right)}{R_0^2}\right] \tag{2.3}$$

$$\eta Q = Q_{\mathrm{s}} + Q_{\mathrm{v}} \tag{2.4}$$

式中，$q_{\mathrm{s}}(x, y)$ 和 $q_{\mathrm{v}}(x, y, z)$ 分别为高斯面热源和高斯体热源的热流密度分布；$Q_{\mathrm{s}}$ 和 $Q_{\mathrm{v}}$ 分别为高斯面热源和高斯体热源的有效功率；$Q$ 为激光功率；$\alpha$ 为面热源能量集中系数；$R_0$ 为体热源的有效半径；$H$ 为体热源的作用深度；$\eta$ 为热源效率。

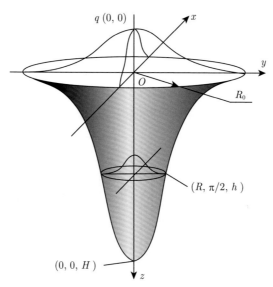

图 2.2　　高斯面体组合热源模型示意图

　　图 2.3 展示了一个功率为 1000W、半径为 1mm 的热源在不同能量集中系数下的能量密度。由图可知，随着面热源能量集中系数 $\alpha$ 增大，更多的热量分布在热源中心处。对于激光焊接，能量集中系数 $\alpha$ 通常选为 2。

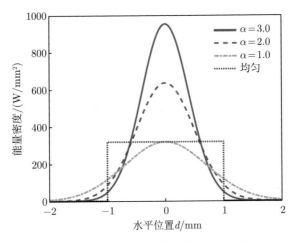

图 2.3　不同能量集中系数下的能量密度分布

## 2.1.2　DLBSW 过程热传导

　　热传导是指物体各个部分之间不产生相对运动，依靠分子、原子及自由电子等微观粒子的热运动而产生的热量传递过程。DLBSW 是一个局部快速加热、快速冷却的过程。随着焊接热源的移动，整个焊接工件的温度随时空剧烈变化，材料的热物理性能也随着温度剧烈变化。熔池外部的固体金属传热以热传导为主。在固定直角坐标系 $(x, y, z)$ 中，焊接瞬时热传导方程为

$$\rho c_{\mathrm{p}} \frac{\partial T}{\partial t} = \frac{\partial}{\partial x}\left(k\frac{\partial T}{\partial x}\right) + \frac{\partial}{\partial y}\left(k\frac{\partial T}{\partial y}\right) + \frac{\partial}{\partial z}\left(k\frac{\partial T}{\partial z}\right) + q \qquad (2.5)$$

式中，$\rho$ 为材料的密度；$c_{\mathrm{p}}$ 为材料的比热容；$k$ 为材料的热导率；$q$ 为内热源强度；$T$ 为温度；$t$ 为时间。一般情况下，$\rho$、$c_{\mathrm{p}}$ 和 $k$ 是 $x$、$y$、$z$ 和 $T$ 的函数。假设 $\rho$、$c_{\mathrm{p}}$ 和 $k$ 都是常数，则式 (2.5) 可以简化为

$$\frac{\partial T}{\partial t} = \frac{k}{\rho c_{\mathrm{p}}}\left(\frac{\partial^2 T}{\partial x^2} + \frac{\partial^2 T}{\partial y^2} + \frac{\partial^2 T}{\partial z^2}\right) + \frac{q}{\rho c_{\mathrm{p}}} = a\nabla^2 T + \frac{q}{\rho c_{\mathrm{p}}} \qquad (2.6)$$

式中，$a$ 为热扩散率，$a = \dfrac{k}{\rho c_{\mathrm{p}}}$，它表示物体在加热或冷却时，各部分温度趋于一致的能力，单位是平方米每秒 $(\mathrm{m}^2/\mathrm{s})$。式 (2.6) 的假设条件是热导率在各个方向上均相同 (各向同性材料)，且与温度无关 (仅适用于特殊情况下的极少数材料)。式 (2.5) 是热传导微分方程式的普遍形式，它描述的温度场 $T(x,y,z,t)$ 是三维坐标和时间的函数，是非稳定态 (也称瞬态) 的温度场。若 $\partial T/\partial t = 0$，则温度场仅是坐标的函数，而与时间无关 (不随时间变化)，即稳定态温度场。

### 2.1.3　DLBSW 能量散失

在 DLBSW 过程中，热量的损失主要包括辐射热损失和对流热损失。

(1) 辐射热损失。辐射热流 $F_r$ 可以表示为

$$F_r = -\delta\varepsilon(T^4 - T_0^4) \tag{2.7}$$

式中，$\delta$ 为斯特藩-玻尔兹曼常数，取值为 $5.67\times10^{-8}\mathrm{W}/(\mathrm{K}^4\cdot\mathrm{m}^2)$；$\varepsilon$ 为发射率[1]；$T$ 为热力学壁温；$T_0$ 为环境温度。

(2) 对流热损失。对流热流 $F_c$ 可以表示为

$$F_c = -h_c(T - T_0) \tag{2.8}$$

式中，$h_c$ 为传热系数，是一个与温度密切相关的变量。

图 2.4 为 T 型结构件温度场仿真熔池形貌与实际焊接件横截面焊缝形貌对比结果，灰色区域为超过熔点 630℃ 的熔化部分。仿真与试验所选用的参数均为：激光功率 2000W，焊接速度 5.5m/min，光束入射角度 23°。可以发现，校核完成后，仿真结果与试验结果吻合较好。

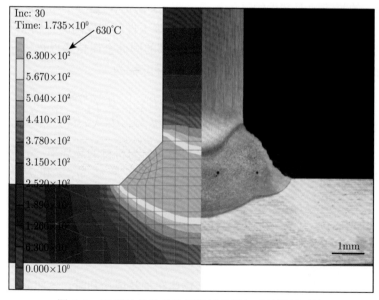

图 2.4　T 型结构件校核后模拟结果与试验结果对比

## 2.2　DLBSW 流体流动行为

DLBSW 过程涉及熔池金属在表面张力和重力驱动作用下对流以及对流传热等流体物理过程。T 型结构 DLBSW 过程中横截面熔池流动特征如图 2.5 所示。

两激光束的热作用导致贯通匙孔产生,进而对整个熔池的流动产生影响。在激光入射位置,Marangoni 对流的影响使单侧激光束所影响的熔宽略有增加。而在熔池内部,两激光束产生交汇,进而对另一侧熔池的流动产生影响,因此较之对接接头熔池流动略有差别[2]。对于匙孔上方的熔体,在两激光束交汇所产生的反冲压力下,会有一个沿该侧匙孔斜向上的运动趋势;同时,由于匙孔处温度较高,桁条处温度较低,在热浮力流的作用下熔体也会产生一个向上的运动趋势。在两种力的作用下,熔体向上运动,并在重力及桁条的阻力下向下形成回流。同理,匙孔下方的熔体流动机理同上方区域,在反冲压力及热浮力的作用下,匙孔附近的熔体会流向下熔合边界,并在蒙皮的阻力下向上形成回流。

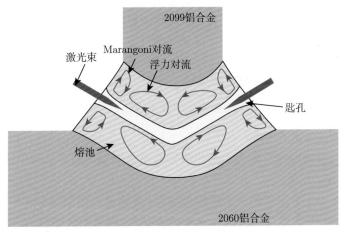

图 2.5 T 型结构 DLBSW 过程中横截面熔池流动特征

图 2.6 为 T 型结构 DLBSW 过程中纵截面熔池流动特征。在近匙孔区,高温

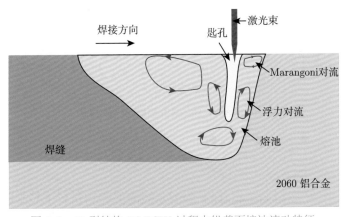

图 2.6 T 型结构 DLBSW 过程中纵截面熔池流动特征

熔体在 Marangoni 对流及热对流的驱动下向上运动；在匙孔底部，另一侧激光的影响及热对流的作用，使熔体具有向下的运动趋势；在熔池尾部，激光束的运动使熔体具有先流向熔池后方，然后流向熔池表面的运动趋势。在这样的熔体流动趋势的影响下，熔池底部的形核质点会沿着熔池流动方向的切向被带入熔池中心。

### 2.2.1　流体对流驱动力

DLBSW 过程中熔池内部的流体流动直接影响焊缝的形状和尺寸，流体流动的驱动力主要有浮力、Marangoni 效应，以及等离子流产生的剪切力和冲击力。

1) 浮力

浮力是由熔池内部的温度梯度引起密度变化造成的。熔池上表面中心位置的温度最高，因此密度最小；熔池上表面边缘位置的温度为固相线温度，温度最低，因此密度最大。熔池内部密度变化促使流体在高温低密度区域上浮，在低温高密度区域下沉，如图 2.7(a) 所示。

浮力的计算公式为

$$F_{\rm b} = \rho g \beta (T - T_{\rm ref}) \tag{2.9}$$

式中，$\rho$ 为液态金属的密度；$g$ 为重力加速度；$\beta$ 为热膨胀系数；$T$ 为温度；$T_{\rm ref}$ 为任意选取的参考温度。浮力引起的流体对流会增加熔宽并且减小熔深。

2) Marangoni 效应

表面张力 $(\gamma)$ 是流体的一个热物理特性，表面张力的空间分布形成了 Marangoni 效应。在不考虑添加表面活性元素的情况下，液体的表面张力 $(\gamma)$ 随温度 $(T)$ 的增加而减小，即 $\partial \gamma / \partial T < 0$。Marangoni 效应方向以及驱动流体对流的方向如图 2.7(b) 所示，$a$ 点温度较高，表面张力较小，$b$ 点温度较低，表面张力较大，$b$ 点的液态金属对 $a$ 点的液态金属向外拉动。液态金属的黏性和表面张力致使流体对流。

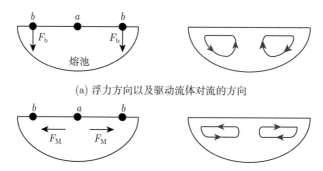

(a) 浮力方向以及驱动流体对流的方向

(b) Marangoni效应方向以及驱动流体对流的方向

图 2.7　熔池内致使流体对流的各种驱动力及驱动流体对流方向

Marangoni 效应计算公式如下:

$$\tau = \frac{\partial \gamma}{\partial T}\frac{\partial T}{\partial r} + \frac{\partial \gamma}{\partial C}\frac{\partial C}{\partial r} \tag{2.10}$$

式中,$\tau$ 为表面张力引起的剪切力;$T$ 为温度;$r$ 为沿着上表面离热源的距离;$C$ 为表面活性元素的浓度。若试验没有添加表面活性元素,即 $\partial \gamma / \partial C = 0$,则剪切力 $\tau$ 只由熔池表面的 $\partial \gamma / \partial T$ 和空间温度梯度 $\partial T / \partial r$ 来决定。与浮力的作用相同,Marangoni 效应引起的流体对流会增加熔宽并且减小熔深。

无量纲数表征流体流动各种驱动力的相对重要性,其能够用于预测熔化区和热影响区的尺寸及形状。若 Marangoni 效应是主导性的对流驱动力,则熔池的形状为浅而宽。以下的无量纲数用于评估对流驱动力的相对重要性。

浮力与黏性力的比值是由格拉晓夫数 $(Gr)$ 决定的,通过式 (2.11) 计算:

$$Gr = \frac{g\beta L_{\mathrm{B}}^3 \Delta T \rho^2}{\mu^2} \tag{2.11}$$

式中,$g$ 为重力加速度;$\beta$ 为热膨胀系数;$\Delta T$ 为熔池的最高温度与材料固相线温度的差值;$L_{\mathrm{B}}$ 为熔池内浮力的特征长度,其大小近似为熔池宽度的 1/8;$\mu$ 为流体的黏度。

磁雷诺数 $(Rm)$ 定义为电磁力与黏性力的比值,通过式 (2.12) 计算:

$$Rm = \frac{\rho \mu_{\mathrm{m}} I^2}{4\pi^2 \mu^2} \tag{2.12}$$

式中,$\rho$ 为密度;$I$ 为电流;$\mu_{\mathrm{m}}$ 为磁导率;$\mu$ 为流体的黏度。

表面张力雷诺数 $(Ma)$ 用于描述 Marangoni 效应与黏性力的比值,通过式 (2.13) 计算:

$$Ma = \frac{\rho L_{\mathrm{R}} \Delta T \left| \partial \gamma / \partial T \right|}{\mu^2} \tag{2.13}$$

式中,$L_{\mathrm{R}}$ 为熔池的特征长度,定义为熔池宽度的 1/2;$\partial \gamma / \partial T$ 为表面张力温度系数。

在确定 $Gr$、$Rm$ 和 $Ma$ 之后,就可以对比浮力、Marangoni 效应和电磁力的相对重要性。电磁力与浮力的比值为

$$R_{\mathrm{M/B}} = \frac{Rm}{Gr} \tag{2.14}$$

Marangoni 效应与浮力的比值为

$$R_{\mathrm{S/B}} = \frac{Ma}{Gr} \tag{2.15}$$

　　无量纲数可以通过式 (2.11)～ 式 (2.15) 得出，计算得到的各种无量纲数如表 2.1 所示。由表 2.1 可知，Marangoni 效应远大于浮力，浮力对流对熔池内部传热的影响可以忽略不计，Marangoni 效应引起的对流占主要因素。

表 2.1　计算得到的焊接熔池各种无量纲数[3]

| 无量纲数 | 含义 | 数值 |
|---|---|---|
| $Gr$ | 浮力与黏性力的比值 | 23 |
| $Rm$ | 电磁力与黏性力的比值 | $2.34 \times 10^4$ |
| $Ma$ | Marangoni 效应与黏性力的比值 | $3.74 \times 10^4$ |
| $R_{\mathrm{S/B}}$ | Marangoni 效应与浮力的比值 | 1627 |

### 2.2.2　流体对流对熔池形貌的影响

　　图 2.8 为负 Marangoni 剪切力作用下 T 型结构横截面熔池速度矢量分布。由图 2.8 可以看出，在负 Marangoni 剪切力的作用下，熔池流动速度明显加快，可达到 0.6m/s。速度方向都是在熔池中心发生改变。在熔池上表面，液态金属的流动方向是从焊缝中心到熔池边缘，在靠近激光束中心线附近垂直流动。随着到表面的距离逐渐减小，熔池流动速度逐渐减小。液态铝合金表面张力梯度为负值，熔池边缘附近温度较低，其表面张力较大，而熔池中心附近温度较高，表面张力较小，因此熔池在负表面张力温度系数作用下，表面的液态金属从焊缝中心向四周流动。

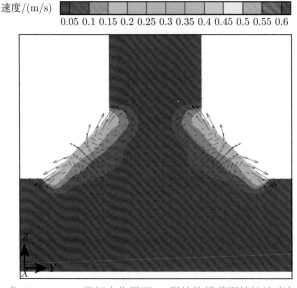

图 2.8　负 Marangoni 剪切力作用下 T 型结构横截面熔池速度矢量分布

图 2.9 为计算的不同 Marangoni 剪切力作用下的熔池及焊缝几何形状。为了更清晰地研究熔池的几何形状，截取熔池中液相体积分数为 0.5～1.0 的部分。由图 2.9 可以看出，负 Marangoni 剪切力对熔池的几何形状有很大的影响。在负Marangoni 剪切力作用下，焊缝的熔深更大，焊接过程中材料熔化部分更多。两激光束在 T 型结构桁条的正下方形成联合熔池，单个熔池的几何形状为"钉头状"，符合典型的激光深熔焊特征。说明液态金属表面张力所导致的剪切力是熔池中流体流动的主要驱动力，而且可以推知表面张力温度系数越大，流体速度就越大，从而导致形成的焊缝熔宽较大而熔深较小。

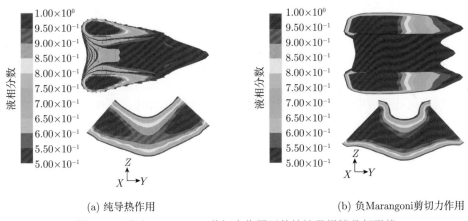

(a) 纯导热作用                     (b) 负Marangoni剪切力作用

图 2.9    不同 Marangoni 剪切力作用下的熔池及焊缝几何形状

## 2.3    DLBSW 双激光束作用机理及匙孔稳定性

对于大多数铝合金的激光焊接，首要的问题在于如何提高激光的吸收率。当照射在铝合金表面的激光功率密度超过 $3.5 \times 10^6 \mathrm{W/cm^2}$ 时，铝合金表面的温度快速升高，并在极短的时间内 ($10^{-8} \sim 10^{-6}$s) 达到甚至超过铝合金的沸点 [4]。铝合金在此作用下迅速熔化及汽化，金属蒸气一方面上浮形成致密的金属等离子体，另一方面向周围压迫熔融的液态金属，形成充满金属蒸气的狭长匙孔。图 2.10 展示了不锈钢激光焊接匙孔形成过程模拟结果 [5]。开始阶段，工件表面受热熔化，在 0.002s 熔池受到金属蒸气反冲压力而变得很薄；然后形成一个窄而深的匙孔，同时表面张力随着匙孔的变深而增大，结果是表面张力和反冲压力相互作用导致匙孔不再增大；最后匙孔内部的作用力达到平衡状态，匙孔的深度处于动态平衡。匙孔形成后，激光束通过金属蒸气和等离子体照射在匙孔壁上并且多次反射，从而提高能量吸收率，最终结果导致匙孔变深。

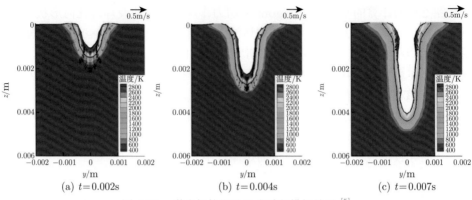

(a) $t$=0.002s          (b) $t$=0.004s          (c) $t$=0.007s

图 2.10    激光焊接匙孔形成过程模拟结果[5]

在激光焊接过程中，具有极高能量密度的大功率激光与工件作用会产生激光匙孔，激光束在匙孔内部多次反射，从而大大提高金属对激光的能量吸收率，激光能量由匙孔壁吸收并向熔池内部传输。在激光深熔焊接过程中，匙孔内部的金属蒸气压力与液态金属的表面张力、重力、流体动压力等平衡以后，匙孔的深度不再加深。上述的各种力直接决定匙孔壁面的受力状态和熔池的流动状态，因此对匙孔壁面的受力状态进行分析，研究其平衡条件，对于理解激光深熔焊接过程的不稳定现象，并为熔池流场建模提供压力边界条件，具有非常重要的意义。

### 2.3.1    匙孔壁面受力平衡方程

一般认为，匙孔壁液态金属主要受到以下几个力的作用：

(1) 由于液气表面自由能不同而产生的液态熔池表面张力附加压力 $P_\sigma$。

(2) 液态金属汽化所产生的蒸气反冲压力 $P_r$。

(3) 流体静压力，即匙孔壁单位液态金属所受重力 $P_g$。

(4) 流体动压力，即匙孔周围熔池流动引发的流体动压力 $P_c$。

(5) 激光束打在金属表面所产生的光束冲击压力 $P_b$，其方向垂直于激光束方向。匙孔壁与激光束之间的夹角非常小，因此认为单位匙孔壁所受的光束压力非常小，可基本忽略不计。

(6) 由切向速度引起的黏性流体剪切力 $F_s$，以及由表面张力梯度引起的 Marangoni 剪切力 $F_\sigma$。

流体在切向上的受力与流体的流速以及液体的表面张力梯度系数相关，目前流体的流速是未知的，因此需要着重对法向受力平衡方程进行分析。法向受力平衡方程中包含自由表面的一阶、二阶导数，如果能够确定自由表面的形状，就可以确定法向上各个力的分布。

1. 蒸气反冲压力 $P_r$ 的计算

根据热力学原理，在匙孔内部，液态金属的饱和蒸气与液态金属构成两相平衡系统。通常使用克拉佩龙 (Clapeyron) 方程来描述两相平衡系统。

克拉佩龙方程为

$$\frac{\mathrm{d}P}{\mathrm{d}T} = \frac{\Delta_\alpha^\beta H_\mathrm{m}}{\Delta_\alpha^\beta V_\mathrm{m}} \tag{2.16}$$

假设金属蒸气符合热力学三大守恒定律，在该种平衡状态下，金属蒸气在任意温度下的饱和蒸气压力可以根据以上方程计算。

假设 $\alpha$ 相为匙孔周围的液态金属，$\beta$ 相为匙孔内部的金属蒸气，则有 $V_\alpha^\beta = RT/P$。液相密度远比气相小，因此液相摩尔体积 $V_\mathrm{m}^\alpha$ 与气相摩尔体积 $V_\mathrm{m}^\beta$ 相比可以忽略。假设 $\Delta_\mathrm{v} H_\mathrm{m}$ 表示摩尔蒸发潜热，则式 (2.16) 可写为

$$\frac{\mathrm{d}P}{\mathrm{d}T} = \frac{\Delta_\mathrm{v} H_\mathrm{m}}{RT^2} \cdot P \tag{2.17}$$

对式 (2.17) 积分即可得到蒸气压力与液态金属表层温度之间的关系。假设匙孔达到一个准稳态，则匙孔内的蒸气反冲压力 $P_r$ 保持恒定。蒸气反冲压力的大小与金属气体的饱和蒸气压力成正比，与表层温度 $T_\mathrm{v}$ 有如下关系 [6]：

$$P_r = AB_0 T_\mathrm{v}^{\frac{1}{2}} \exp\left(\frac{-U}{T_\mathrm{v}}\right) \tag{2.18}$$

式中，$A$ 为常数，其大小取决于环境压力，在 0.55~1.0 变化，真空条件下 $A$ 接近最小值 0.55；$B_0$ 为汽化常数，根据标准状态下纯铝在 2790K 时的饱和蒸气压力 [7] 确定，取 $2.05 \times 10^{13} \mathrm{g/(cm \cdot s^2)}$。

其中，$U$ 通过式 (2.19) 计算：

$$U = \frac{M_\mathrm{a} L_\mathrm{v}}{N_\mathrm{a} k_\mathrm{b}} \tag{2.19}$$

式中，$M_\mathrm{a}$ 为相对原子质量 (铝为 27)；$L_\mathrm{v}$ 为金属蒸发潜热，一般可在铝合金手册中查到，根据本节所采用的铝合金，取值 $3.96 \times 10^6 \mathrm{J/kg}$；$N_\mathrm{a}$ 为阿伏伽德罗常数 (Avogadro constant)，数值取 $6.02 \times 10^{23}$；$k_\mathrm{b}$ 为玻尔兹曼常数 (Boltzmann constant)，取值 $1.38 \times 10^{-23} \mathrm{m^2 \cdot kg/(s^2 \cdot K)}$ 或者 J/K。

2. 匙孔壁表面张力附加压力 $P_\sigma$ 的计算

基于物理化学中的弯曲界面附加压力模型, 根据杨-拉普拉斯方程 (Young-Laplace equation), 匙孔壁表面张力附加压力可用式 (2.20) 表示:

$$P_\sigma = \sigma \left( \frac{1}{r_1} + \frac{1}{r_2} \right) \tag{2.20}$$

式中, $P_\sigma$ 为熔池所受到的表面张力附加压力, Pa; $\sigma$ 为表面张力系数, N/m, 其大小由液态金属本身的物理化学性质决定; $r_1$、$r_2$ 分别为匙孔壁曲面的最大曲率半径和最小曲率半径。

微分几何学中, 采用平均曲率半径来描述曲面的弯曲程度。在本模型中, 假设匙孔壁为形状规则的旋转体, 则 $P_\sigma = 2\sigma/r$, 其中 $r$ 为匙孔与液态金属接触面的曲率半径。

3. 流体动压力 $P_c$ 的计算

流体动压力的定义: 匀速流动的流体, 当动能全部且无损耗地转换为压力能 (等熵转换) 时, 所增加的部分压力。

根据定义, 流体动压力是指流体内部之间的相互作用。由伯努利方程的意义可知, 流体流动速度的变化导致流体内部相互作用改变, 因此流体动压力不能从本质上改变或者影响流体的运动。

激光焊接过程中, 匙孔周围熔池流动速度的变化与熔池流体动压力的产生本质上只是一种规律关系, 而非因果关系。

4. 光束冲击压力 $P_b$ 的计算

根据文献 [8] 的研究成果, 激光束流在材料表面与材料发生剧烈反应, 激光束流对材料的表面有一定的冲击压力, 其压力值大小可用式 (2.21) 进行计算:

$$P_b = \frac{A_1 \cdot P_1}{S_1 \cdot c} \tag{2.21}$$

式中, $A_1$ 为材料对激光的吸收率; $P_1$ 为激光功率; $S_1$ 为作用在工件表面上的激光光束面积; $c$ 为光速。

5. 匙孔壁剪切力 $F_s$ 与 $F_\sigma$ 的计算

1) 黏性流体剪切力 $F_s$ 的计算

试验研究已经证明激光熔池内存在强烈的对流现象, 熔池的对流正是激光合金化、成分均匀化的原动力, 激光熔池的对流受表面张力梯度的驱动。在激光辐射下, 熔池内温度分布不均匀, 造成表面张力大小不等, 这种表面张力差驱使液体从低张力区流向高张力区，这样对流的结果又使液面产生高度差，在其他力的作用下，溶液重新回流，形成对流 [8]。黏性流体剪切力可以由式 (2.22) 表示：

$$F_s = \mu \left( \frac{\partial u_s}{\partial v_n} + \frac{\partial v_n}{\partial s} \right) \tag{2.22}$$

式中，$F_s$ 为黏性流体剪切力；$\mu$ 为黏度系数；$u_s$ 为流体在切向上的速度分量；$v_n$ 为流体在法向上的速度分量；$s$ 为法向上的单位向量。

2) Marangoni 剪切力 $F_\sigma$ 的计算

由表面张力梯度引起的 Marangoni 剪切力是焊接熔池流动的主要驱动力。它使液态金属沿表面张力增加的方向流动，对焊接熔池的流动、传热和传质过程有非常大的影响。表面张力梯度的大小直接影响焊缝的成形质量。

在焊接过程中，液态金属表面张力受温度梯度和浓度梯度的共同影响，可用式 (2.23) 表示：

$$\sigma = \sigma_0 + \frac{\partial \sigma}{\partial T} \Delta T + \frac{\partial \sigma}{\partial C} \Delta C \tag{2.23}$$

式中，$\sigma_0$ 为纯金属在熔点时的表面张力，为常数。

表面张力与液态金属表面的曲率半径 $r$ 有关，令 $\Delta \sigma = \sigma - \sigma_0$，通过式 (2.23) 对 $r$ 微分可以得到

$$\frac{\Delta \sigma}{\Delta r} = \frac{\partial \sigma}{\partial T} \cdot \frac{\mathrm{d}T}{\mathrm{d}r} + \frac{\partial \sigma}{\partial C} \cdot \frac{\mathrm{d}C}{\mathrm{d}r} \tag{2.24}$$

在焊接过程中，熔池内的温度和液态金属浓度分布极不均匀，因此熔池表面必然产生表面张力梯度，由此引起剪切力，即 Marangoni 剪切力 $F_\sigma$：

$$F_\sigma = \frac{\partial \sigma}{\partial T} \cdot \frac{\mathrm{d}T}{\mathrm{d}r} + \frac{\partial \sigma}{\partial C} \cdot \frac{\mathrm{d}C}{\mathrm{d}r} \tag{2.25}$$

式中，$F_\sigma$ 为 Marangoni 剪切力；$\partial \sigma / \partial T$ 为表面张力随温度变化的梯度；$\mathrm{d}T/\mathrm{d}r$ 为自由表面切向温度梯度。

### 2.3.2 匙孔壁表面受力平衡分析

以往研究 [9] 认为，维持匙孔稳定与平衡的力主要有两个，即蒸气反冲压力和熔池表面张力，其他的力由于数量级较小，可以相对忽略不计，用公式表达为

$$P_r = P_\sigma \tag{2.26}$$

匙孔内壁的曲率半径，根据材料物性参数和焊接工艺参数解得 $r = 5.43 \times 10^{-6}$m，计算结果明显小于实际匙孔的半径，与实际观测的匙孔半径不符。造成这个现象的原因大致可归纳为以下两点：

(1) 匙孔内壁并非光滑的连续曲面，而是存在很多小凹坑和凸起，造成曲率半径减小，这些小凹坑和凸起促使匙孔塌陷。

(2) 除了表面张力，匙孔壁面还受到其他的力与蒸气压力相平衡，主要有液体传递的压力和金属蒸汽反冲压力。

假设熔池金属流体为不可压缩流体，符合纳维-斯托克斯方程 (Navier-Stokes equations)，简称 N-S 方程，那么焊接熔池内流体流动是匙孔、等离子体和熔池各种因素综合作用的结果。各种流体之间相互作用必然产生流场的波动，形成一个复杂的流动系统。作用在流体上的力主要有两种类型，一类为外力场对液态金属的作用，称为体积力，如重力、电磁力等。重力作用于匙孔壁的每个节点上，因此它以源项的形式出现在动量方程中。另一类为表面力，表面力只作用在表面节点上，如表面张力、蒸气压力等，因此它作为边界条件引入动量方程。

1) N-S 方程

N-S 方程如下：

$$\frac{\mathrm{d}v}{\mathrm{d}t} = \frac{\partial v}{\partial t} + (v \cdot \nabla)\, v = \frac{-1}{\rho}\nabla P + \mu \nabla^2 v + f \tag{2.27}$$

式中，$f$ 为体积力项，包括重力、向心力、电磁力等，在 DLBSW 过程中忽略熔池的旋转，只考虑熔池所受的重力；$\mu$ 为流体的黏度系数；$v$ 为流体的运动速度；$\rho$ 为流体的密度，对于航空用铝合金，$\rho$ 一般为 2400kg/m$^3$；$P$ 为流体所受压力梯度，一般由金属蒸气反冲压力计算。

2) N-S 方程组在本模型中的应用

根据匙孔模型，DLBSW 的匙孔壁有两种基本受力状态，如图 2.11 所示。一种是两侧的匙孔壁，匙孔壁与重力状态和光束入射角有关，与表面张力附加压力和蒸气反冲压力夹角有关；另一种是两束激光交汇处的匙孔对称中心线处的匙孔壁，可认为该处匙孔壁所受重力方向与表面张力以及蒸气压力的方向在同一直线上。

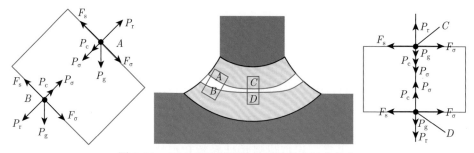

图 2.11　DLBSW 匙孔壁的两种基本受力状态

用 N-S 方程组描述匙孔周围的流体流动，$v_\mathrm{m}$ 为流体运动的速度，$\nabla P$ 为流体所承受的压力梯度，则可以得到以下方程：

$$\frac{\mathrm{d}v_{\mathrm{m}}}{\mathrm{d}t} = -\frac{-1}{\rho_{\mathrm{m}}}\nabla P + f \tag{2.28}$$

其中，$\nabla P$ 可以用式 (2.29) 计算：

$$\nabla P = \frac{P_{\sigma} - P_{\mathrm{r}}}{r} \tag{2.29}$$

式中，$P_{\sigma}$ 为熔池所受到的表面张力附加压力，其合力方向指向匙孔内部；$P_{\mathrm{r}}$ 为流体所受的蒸气压力，其方向由匙孔内部指向熔池金属；$f$ 为流体所受的体积力项，在本模型中，主要考虑重力 $P_{\mathrm{g}}$ 的作用。

将 $P_{\sigma}$、$P_{\mathrm{r}}$、$f$ 的表达式代入式 (2.28) 和式 (2.29) 后，可得到公式：

$$\frac{\mathrm{d}v_{\mathrm{m}}}{\mathrm{d}t} = \frac{1}{\rho_{\mathrm{m}}}\frac{P_{\mathrm{r}} - P_{\sigma}}{r} + f \tag{2.30}$$

对于两侧的匙孔，各取上下匙孔壁的一小部分 $A$、$B$ 进行受力分析，并认为 $A$、$B$ 处的熔池流体来自匙孔前进方向前壁。

对 $A$、$B$ 从匙孔前壁流动到匙孔上下两处的过程应用 N-S 方程组，假设 $A$、$B$ 的初始流动速度为 0，则可以得到以下结果。

(1) $A$、$B$ 两点的流动速度分别为

$$V_A = \left[2r\left(\frac{1}{\rho_{\mathrm{m}}}\frac{P_{\mathrm{r}} - P_{\sigma}}{r} - g \cdot \cos\alpha\right)\right]^{\frac{1}{2}} \tag{2.31}$$

$$V_B = \left[2r\left(\frac{1}{\rho_{\mathrm{m}}}\frac{P_{\mathrm{r}} - P_{\sigma}}{r} + g \cdot \cos\alpha\right)\right]^{\frac{1}{2}} \tag{2.32}$$

由以上所做的假设以及推导可以看出，在各个力的综合作用下，$A$、$B$ 两点液态金属的流动速度不同。

(2) 对于两束激光交汇处的匙孔，$A$、$B$ 两点的流动速度分别为

$$V_A' = \left[2r\left(\frac{1}{\rho_{\mathrm{m}}}\frac{P_{\mathrm{r}} - P_{\sigma}}{r} - g\right)\right]^{\frac{1}{2}} \tag{2.33}$$

$$V_B' = \left[2r\left(\frac{1}{\rho_{\mathrm{m}}}\frac{P_{\mathrm{r}} - P_{\sigma}}{r} + g\right)\right]^{\frac{1}{2}} \tag{2.34}$$

由式 (2.31)~ 式 (2.34) 即可得出，上匙孔壁熔体的流动速度小于下匙孔壁熔体的流动速度。

### 2.3.3　DLBSW 稳定性

假设焊接速度 (激光束的移动速度) 为 $V_w$, 存在以下几种情况。

(1) 上下匙孔壁的移动速度均小于激光束移动速度, 此时焊接速度较快, 匙孔壁上的液态金属来不及流向匙孔后方, 匙孔已经趋向闭合, 蒸气压力和表面张力附加压力同时消失。在重力作用下, 匙孔壁上方的液态金属只能向下流动, 以填充匙孔移动过后留下的空缺。这样, 匙孔离去时所留下的气泡来不及逸出, 极易产生气孔和焊缝组织不均匀等激光焊常见的缺陷, 进而影响焊接接头的强度、耐蚀性等。

(2) 上下匙孔壁的移动速度均大于激光束移动速度, 此时焊接速度较慢, 匙孔壁上的液态金属已经流向匙孔后方, 能够较好地填补匙孔移动过后留下的空缺。但是焊接速度小于匙孔壁液态金属的移动速度, 因此液态金属移动后, 剩余激光束的能量使匙孔壁周围的固态金属继续熔化, 并且液态金属的汽化量增大, 使匙孔变大。一方面容易造成匙孔的形状不能稳定存在; 另一方面, 熔化金属量增大, 焊缝变宽, 对于薄板 T 型接头的激光焊接, 容易产生构件基板背面焊穿的现象。

(3) 激光束移动速度介于上下匙孔壁移动速度之间, 此时焊接速度略大于匙孔上方液态金属的流动速度, 而小于匙孔下方液态金属的流动速度, 能够填补匙孔移动后留下的空缺。在这种焊接速度下, 激光焊产生气孔等缺陷的可能性将减小, 匙孔稳定存在。

对于双激光束交汇处匙孔壁, 匙孔壁上下液态金属的流动速度 $V_A'$ 和 $V_B'$ 相差不大, 可以得出以下结论。

(1) DLBSW 匙孔的不稳定性主要是由光束交汇处匙孔上下壁液态金属的流动速度不同引起的。

(2) 匙孔壁液态金属受蒸气反冲压力、重力、流体动压力、表面张力附加压力、光束冲击压力的作用。其中, 蒸气反冲压力、重力、表面张力附加压力作为主要作用力维持匙孔的稳定和平衡。

(3) 通过受力平衡方程解得匙孔内壁曲率半径远小于实际观测匙孔半径, 出现这种现象的原因为匙孔内壁为非光滑的连续曲面, 存在小凹坑和凸起, 造成曲率半径减小; 除了表面张力, 匙孔壁面还受到其他的力与蒸气压力相平衡。

(4) 建立薄板铝合金 T 型结构 DLBSW 特殊形态匙孔的力学模型, 通过对模型研究发现, 对于焊接熔池中的牛顿流体, 可以通过 N-S 方程研究流体所受压力与流体流动速度之间的关系。

(5) 在薄板铝合金 T 型结构 DLBSW 中, 匙孔倾斜导致匙孔上下壁受力不均匀。两激光束交汇处匙孔上下壁液态金属的流动速度不同, 这也是导致匙孔不稳定塌陷的直接原因。

研究表明,在激光深熔焊接过程中,在连续输出的激光功率条件下,熔池对激光能量的吸收随时间和空间呈周期性变化,因此熔池与匙孔的不稳定波动密切相关。熔池的流动行为不仅直接影响匙孔的闭合和液态金属的填充行为,还直接影响焊缝中气孔的形成,因此对激光深熔焊接熔池流动行为进行研究具有非常重要的意义。目前,针对激光深熔焊接熔池流动行为的研究以计算机模拟分析为主。

杨志斌[2]研究了匙孔贯通状态下熔池横截面及纵截面的流场分布特征。结果表明,匙孔贯通状态的改变显著影响熔池内部液态金属的流动趋势。当匙孔未贯通时,从横截面来看,熔池中心区域液态金属上下相互贯通,且匙孔尖端出现微弱的漩涡流动。能量耦合作用持续降低导致该区域反冲压力基本消失,液态金属主要在重力的作用下流向熔池底部,如图 2.12(a) 所示。从纵截面来看,匙孔底部的液态金属漩涡流动更明显,流动路径更复杂,同时熔池尾部流向熔池底部的倾向更加显著,而向熔池表面的流动趋势已基本消失。当匙孔完全贯通时,双侧

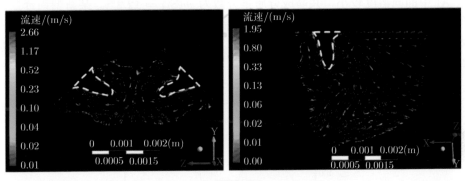

(a) 不贯穿匙孔

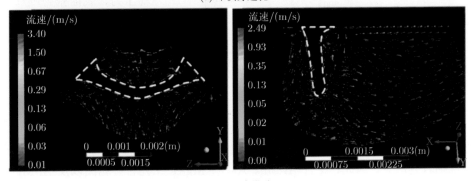

(b) 贯穿匙孔

图 2.12　不同匙孔贯通状态下熔池横截面及纵截面流场[2]

液态熔池流动相互独立，并且无流入对方熔池的倾向，同时匙孔上方液态金属的流动方向相反，且纵截面匙孔底部漩涡略有增强，如图 2.12(b) 所示。分析认为，这主要是由双侧激光能量耦合作用导致该区域反冲压力达到最大值所造成的。

## 2.4　铝合金 DLBSW 接头的微观形态

### 2.4.1　铝合金 DLBSW 冶金反应

DLBSW 过程中，金属在激光的强烈烧蚀作用下发生一系列复杂的物理化学反应，金属和合金的力学性能、物理性能等均与焊接接头的化学成分、微观组织密切相关。

DLBSW 可以用于焊接铝镁合金、铝铜合金和铝锂合金。焊接接头的金相组织都具有非常明显的 Al-Si-Mg 系列铸造铝合金的组织形态特征，金相组织也大致相同。Al-Mg 和 Al-Si 二元合金相图分别如图 2.13 和图 2.14 所示。由图 2.13 可知，Mg 元素在 Al 中的溶解度较大，其固溶度随着温度的降低而下降。分析图 2.14 可知，Al-Si 二元合金相图为典型的共晶系列相图，共晶温度为 577℃，Si 在 Al 中的固溶度较小，共晶成分质量分数为 $w(\text{Si}) = 12.2\%$。某新型铝合金 Si 含量为 1.0%，就其组织而言，属于亚共晶合金，组织为初晶 α-Al 和细小的共晶体 (α+Si)，焊丝 4047 成分含硅量 $w(\text{Si}) = 12\%$，属于典型的亚共晶组织，可能有少量的过共晶组织。

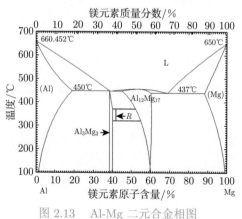

图 2.13　Al-Mg 二元合金相图

某新型铝合金中，Mg 和 Si 的含量分别为 0.9% 和 1.0%，但在填充焊丝 4047 中，Si 的含量达到 12%，同时由相关研究可知，在焊接过程中，焊缝中的 Mg 元素烧损较为严重。因此，结合 Al-Mg、Al-Si、Mg-Si 二元合金相图以及 Al-Mg-Si 三元合金相图 (图 2.15) 可以推断，焊缝中的主要组织为 α(Al)、(α+Si) 共晶，以及充当强化相的 $\text{Mg}_2\text{Si}$ 稳定化合物。

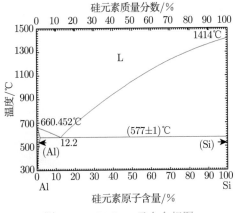

图 2.14　Al-Si 二元合金相图

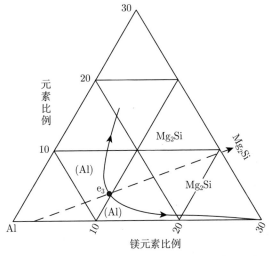

图 2.15　Al-Mg-Si 三元合金相图投影图 (富 Al 角)

熔池冷却过程中主要发生非平衡动态结晶过程。非平衡三元动态结晶过程为

$$L \longrightarrow \alpha(Al) + Si + Mg_2Si \tag{2.35}$$

## 2.4.2　铝合金 DLBSW 晶粒形态

DLBSW 凝固过程中,凝固组织具有多种形态,凝固组织形态的变化是焊接热过程导致熔池不同区域成分过冷的差异所造成的。图 2.16 为成分过冷对晶体生长方式的影响。在固-液界面处,溶质含量最高,理论凝固温度反而最低。随着远离固-液界面,溶质元素含量逐渐降低,直至达到合金原始成分,理论凝固温度

也随之升高,直至达到原始成分合金的凝固温度。固-液界面前沿某一点的理论凝固温度与实际温度的数值差称为该点的"成分过冷度"。随着界面前沿实际温度梯度的减小,熔体过冷度逐渐增大,凝固组织形态由平面晶依次向胞晶、胞状枝晶、柱状晶、等轴树枝晶发展。

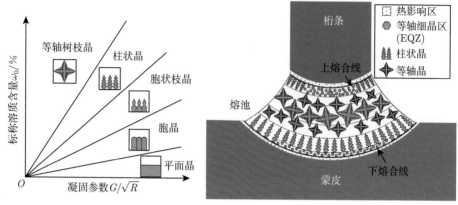

图 2.16　成分过冷对晶体生长方式的影响

焊接熔池结晶形态研究以成分过冷理论为基础[10]。根据晶体的形核及生长理论,晶体生长最优取向与最快散热方向(熔池表面法线方向)保持一致,而最优生长方向与温度梯度夹角较大的晶粒逐渐被排挤掉。随着柱状晶的生长,晶粒数逐渐减少,晶粒逐渐变粗,形成粗大的柱状晶。若已经形核的晶粒周围都属于过冷区,则晶体沿各个方向生长的速率基本相同,直至达到另一个晶粒边界停止生长,形成的晶粒呈等轴状,成为等轴晶。

熔合线附近的温度梯度 $G$ 最大、结晶速度 $R$ 最小,不易产生成分过冷,因此熔池液态金属主要依附母材晶粒的表面形核析出固态晶粒,并继续向焊缝中心生长,其晶粒取向与母材晶粒取向相同,称为联生结晶。各晶粒取向不同,取向与散热方向一致的晶粒优先生长,偏离散热方向的晶粒则被抑制生长。此时液相内部处于过热状态,晶体生长进入过热区,使其熔化消失,因此在熔合线上会形成一段很窄的平面晶。随着液相温度梯度的减小,产生小的成分过冷,此时,晶粒可正常长大,生长方向与最大温度梯度方向一致,成为胞晶;当液相温度梯度较为平缓时,成分过冷度很大,液相大范围内处于过冷状态,温度梯度沿各方向差别不大,则晶体以树枝状方式生长。随着熔池的凝固,大量合金元素向焊缝中心区偏聚,造成焊缝中心达到非均匀成核的过冷度。此时,焊缝中心形成大量晶核,晶核四周均具有较大的过冷度,晶体沿各个方向均匀生长,形成中心等轴区。

### 2.4.3 铝合金 DLBSW 元素分布

本节进一步分析焊接过程中元素烧损以及元素在熔池中的偏聚和沉积现象，通过截取典型焊接接头的图像，在焊缝熔合线附近垂直于熔合线对各元素的含量进行扫描分析。图 2.17 为焊接接头扫描电子显微镜 (scanning electron microscope, SEM) 能谱线扫位置与谱线图。图中，FZ 为熔合区。

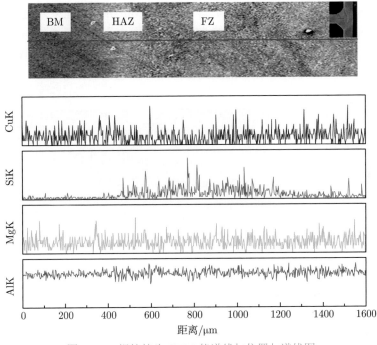

图 2.17　焊接接头 SEM 能谱线扫位置与谱线图

由图 2.17 可以看出，Al、Cu、Mg 元素变化比较均匀，烧损现象不明显。Si 元素从母材到焊缝有增加的趋势，这是由于母材某新型铝合金中的 Si 含量只有 1.0%，而焊丝铝合金 ER4047 中的 Si 含量达到 11%，所以焊缝中的 Si 含量高于母材。Si 含量在靠近立板的焊缝位置较高，而底板中下部的焊缝 Si 含量与母材含量几乎相同。Si 的沸点远高于 Al、Mg 等元素，因此 Si 元素在焊缝底部被烧损的可能性极小。有可能是填充焊丝与熔化母材没有完全互溶，而熔池冷却结晶，导致焊丝中的 Si 元素大量留在焊缝顶部，而只有少量扩散至焊缝底部。Si 元素在熔合区和靠近熔合区的焊缝位置变化不稳定，这是由于熔合区和先凝固的焊缝位置晶粒粗细不均匀，当扫描线靠近 Al-Si 共晶体或者共晶体中的 Si 元素而远离 α 相时，Si 的含量就会很高；同理，当扫描线靠近 α(Al) 固溶体而远离 Al-Si 共晶体或者共晶体中的 Si 时，Si 的含量就会下降。

元素含量的变化在一定程度上也反映显微组织的变化，最理想的状态是溶质元素均匀地分布于固溶体中，这种分布的显微组织是均匀的，力学性能也是最好的。焊接成形过程的特殊性，使各元素的含量一定存在某种程度的偏析，偏析容易形成缺陷，成为焊接接头的薄弱环节，拉伸断裂往往出现在此处。因此，成分的分布状态和接头性能是存在一定关系的。但从图 2.17 的扫描结果来看，除 Si 元素以外，焊缝中其他元素偏析现象并不明显。

图 2.18 为在激光功率 2500W、焊接速度 6.5m/min、光束入射角度 23° 的情况下，2060-2099 铝锂合金 T 型接头焊缝横截面中心区域显微组织 SEM 形貌。枝晶间可见明显析出相，主要呈现出两种形貌：一种呈条状，于晶间连续分布，颜色较亮；另一种呈块状，存在于晶间局部区域，颜色较暗。

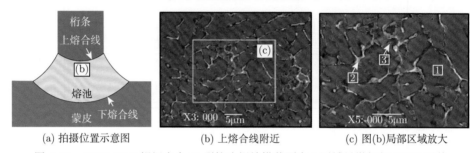

(a) 拍摄位置示意图　　　　(b) 上熔合线附近　　　　(c) 图(b)局部区域放大

图 2.18　　2060-2099 铝锂合金 T 型接头焊缝横截面中心区域显微组织 SEM 形貌

对图 2.18(c) 中三个区域进行能量色散 X 射线谱 (X-ray energy dispersive spectrum，EDS) 分析，区域 1 为晶粒内部，区域 2 和 3 为两种典型析出相，结果如图 2.19 所示。其主要元素组成为 Al 元素、Si 元素及 Cu 元素。焊丝中 Si 元素含量较高，质量分数为 11.52%，但是两种母材中几乎都不含 Si 元素，因此在焊接过程中，熔池溶质元素的扩散将会导致焊丝中 Si 元素的稀释，在晶粒内部 Si 元素的质量分数仅为 2.95%。图 2.19(b) 和 (c) 分别为焊缝中沿晶界分布的长条状析出相和于晶界析出的块状析出相的元素含量。可见，长条状析出相中 Cu 元素含量较高，而块状析出相中 Si 元素含量远高于晶粒内部。对比 2060 铝锂合金对接接头中的元素分布，2060-2099 铝锂合金 T 型接头焊缝中填充了 Al-Si 焊丝，因此晶间存在大量富硅共晶相。富硅共晶相流动性好，其沿晶界铺展可以在一定程度上阻碍枝晶的发展，并可以通过毛细现象填补收缩及应力作用产生的孔隙，及时愈合裂纹，因此抗裂性能优异 [11]。

图 2.20 为 T 型接头两熔合线附近等轴细晶区 (EQZ) 的 SEM 形貌。与焊缝区域相似，EQZ 晶间也分布着大量条状富铜相及块状富硅相。但是，由于 Si 元素的不均匀分布，上、下熔合线附近富硅相尺寸及数量明显小于焊缝中心。

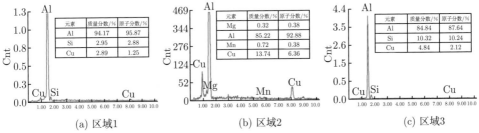

| 元素 | 质量分数/% | 原子分数/% |
|---|---|---|
| Al | 94.17 | 95.87 |
| Si | 2.95 | 2.88 |
| Cu | 2.89 | 1.25 |

| 元素 | 质量分数/% | 原子分数/% |
|---|---|---|
| Mg | 0.32 | 0.38 |
| Al | 85.22 | 92.88 |
| Mn | 0.72 | 0.38 |
| Cu | 13.74 | 6.36 |

| 元素 | 质量分数/% | 原子分数/% |
|---|---|---|
| Al | 84.84 | 87.64 |
| Si | 10.32 | 10.24 |
| Cu | 4.84 | 2.12 |

(a) 区域1    (b) 区域2    (c) 区域3

图 2.19    2060-2099 铝锂合金 T 型接头焊缝中心不同位置处 EDS 结果

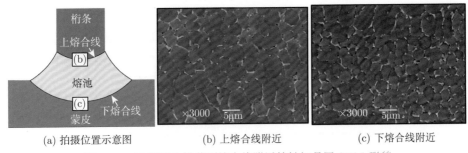

(a) 拍摄位置示意图    (b) 上熔合线附近    (c) 下熔合线附近

图 2.20    T 型接头横截面熔合线附近等轴细晶区 SEM 形貌

图 2.21 为 T 型接头纵截面两熔合线附近 SEM 形貌。EQZ 组织呈尺寸不一的近球状连接熔合区和柱状晶区。在热影响区 (HAZ) 附近焊缝区，可以看到粗大晶粒边界存在大量第二相，其富含大量 Cu 元素，同时还检测到了微量的 Zn 元素及 Mn 元素。热影响区中分布的析出相与焊缝中分布的析出相的形成机理不同，其沿晶界处分布的第二相并非熔池在非平衡液-固转变过程中所造成的元素重新分配的结果，而是在焊接热循环的作用下，晶界及部分晶粒熔化，熔化区域内

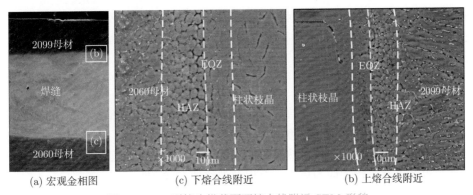

(a) 宏观金相图    (c) 下熔合线附近    (b) 上熔合线附近

图 2.21    T 型接头纵截面两熔合线附近 SEM 形貌

的元素在快速的热循环过程中来不及通过固态扩散相变进入晶粒内部，从而留在晶界处的液膜中所造成的。

### 2.4.4　铝合金 DLBSW 常见缺陷

#### 1. 气孔

焊接气孔是铝合金 DLBSW 常见的缺陷之一，其存在会导致焊接件产生应力集中，从而降低焊接件的力学性能。关于该种缺陷的形成机理，国内外学者进行了大量的研究。一般认为，焊接气孔主要分为两类：一类为冶金气孔，通常是氢气孔，其形状规则，内表面可见树枝晶凝固花样；另一类为工艺气孔，呈不规则形状[12]。

氢气孔是铝合金本身固有的焊接问题，它的产生主要有以下两方面原因。

(1) 铝合金中含有多种表面活性元素，因此与氧的亲和力很强，容易与空气中的氧发生反应形成表面氧化膜，氧化膜极易吸附周围环境中的水分，在激光束的高温作用下，所形成的结晶水或化合水发生反应产生大量氢。

(2) 氢在铝中的溶解度随着温度的变化而急剧变化，在熔池冷却过程中，氢元素大量析出，析出的氢聚集形核长大成为气泡，同时由于激光焊接速度快、铝合金热导率高、铝合金激光深熔焊接熔池体积小等，铝合金激光焊接熔池冷却凝固速度极快，气泡一旦形成就很难逸出熔池，从而形成气孔[13]。

铝合金 DLBSW 过程中，当激光能量密度大于临界能量密度时，焊接模式为激光匙孔模式，熔池内部形成一个表面温度略高于金属沸点的空穴[14,15]。当激光能量密度小于临界能量密度时，焊接模式为激光传导模式。匙孔金属蒸气对激光的散射作用不稳定，激光焊接模式有时会从激光匙孔模式向激光传导模式切换，这是激光焊接工艺气孔形成的主要原因[16]。通常情况下，熔池内部的金属流动速度可以达到 1m/s 级别[17]。从熔池其他位置流过来的液态金属迅速封住匙孔顶部，此时空穴就变成了大气泡。液态金属中的大气泡来不及溢出而被困在熔池的糊状区，最终形成工艺气孔[18]。金属对激光的反射率不稳定，激光能量密度有时在临界能量密度附近波动，这种现象就会反复发生，并且导致焊缝中出现连续工艺气孔。铝合金 DLBSW 过程中气孔缺陷的影响因素及其抑制措施将在后续第 4 章中详细介绍。

#### 2. 裂纹

铝合金的热裂纹敏感性一直以来都是激光焊接中非常重视的问题。激光焊接具有较快的加热速度与冷却速度，温度梯度大，焊缝结晶组织的方向性强，导致铝合金的激光焊接具有较大的热裂纹敏感性。在焊接结构方面，T 型接头的焊缝根部与焊趾处存在较大应力集中，会促使裂纹的形成[19]。

# 参 考 文 献

[1] 赵博, 武传松, 贾传宝, 等. 水下湿法 FCAW 焊缝成形的数值分析 [J]. 金属学报, 2013, 49(7): 797-803.

[2] 杨志斌. 铝合金机身壁板结构双侧激光焊接特征及熔池行为研究 [D]. 哈尔滨: 哈尔滨工业大学, 2013.

[3] 王磊磊. 双脉冲熔化极气体保护焊三维非稳态数值模拟与工艺研究 [D]. 广州: 华南理工大学, 2018.

[4] 左铁钏. 高强铝合金的激光加工 [M]. 北京: 国防工业出版社, 2002.

[5] Zhao H Y, Niu W C, Zhang B, et al. Modelling of keyhole dynamics and porosity formation considering the adaptive keyhole shape and three-phase coupling during deep-penetration laser welding[J]. Journal of Physics D: Applied Physics, 2011, 44(48): 485302.

[6] Semak V, Matsunawa A. The role of recoil pressure in energy balance during laser materials processing[J]. Journal of Physics D: Applied Physics, 1997, 30(18): 2541-2552.

[7] 郭景杰, 傅恒志. 合金熔体及其处理 [M]. 北京: 机械工业出版社, 2005.

[8] 方俊飞. 薄板激光深熔焊接熔透模式的机理研究 [D]. 哈尔滨: 哈尔滨工业大学, 2007.

[9] 段爱琴. $CO_2$ 激光深熔焊不稳定穿孔过程特征与相关机理研究 [D]. 武汉: 华中科技大学, 2006.

[10] Pastor M, Zhao H, Martukanitz R P, et al. Porosity, underfill and magnesium lose during continuous wave Nd: YAG laser welding of thin plates of aluminum alloys 5182 and 5754[J]. Welding Journal, 1999, 78(6): 207-216.

[11] Blecher J J, Palmer T A, Debroy T. Porosity in thick section alloy 690 welds-experiments, modeling, mechanism, and remedy[J]. Welding Journal, 2016, 95(1): 17-26.

[12] 占小红. Ni-Cr 二元合金焊接熔池枝晶生长模拟 [D]. 哈尔滨: 哈尔滨工业大学, 2008.

[13] 刘会杰. 焊接冶金与焊接性 [M]. 北京: 机械工业出版社, 2007.

[14] 辜诚, 魏艳红, 占小红. 铝合金激光焊接气孔形成机理研究现状及发展 [C]. 第二十次全国焊接学术会议, 兰州, 2015: 88-93.

[15] 夏令, 吴友发, 余海松, 等. 铝锂合金激光焊接接头组织与缺陷研究进展 [J]. 航空制造技术, 2018, 58(23): 77-81, 86.

[16] 张屹, 刘西霞, 史如坤, 等. 基于 Level-Set 方法的小孔及熔池动态形成数值模拟 [J]. 焊接学报, 2016, 37(4): 29-34, 130.

[17] 张维明, 武传松, 秦国梁, 等. 铝合金激光 + 脉冲 GMAW 复合焊焊缝成形的预测 [J]. 机械工程学报, 2013, 49(10): 110-115.

[18] Ribic B, Palmer T A, DebRoy T. Problems and issues in laser-arc hybrid welding[J]. International Materials Reviews, 2009, 54(4): 223-244.

[19] 刘桐, 杨立军, 邱文聪, 等. 304 不锈钢激光深熔焊元素蒸发及焊缝合金含量变化 [J]. 焊接学报, 2018, 39(2): 5-9, 129.

# 第 3 章

## 铝合金双激光束双侧同步焊接工艺研究

航空航天轻合金薄壁结构件制造过程中，通常涉及壁板 (蒙皮) 与桁条 (加强筋) 的连接，采用双激光束双侧同步焊接 (DLBSW) 技术将蒙皮与桁条焊接到一起，能够有效减轻结构重量，改善气密性，提高生产效率。本章主要介绍 DLBSW 装备、典型件焊接结构、基础焊接工艺参数与焊接接头特征。

## 3.1 DLBSW 装备

DLBSW 系统包括激光器、两台六轴焊接机器人、保护气、两台送丝机等。焊接过程中，焊接机器人夹持激光头、保护气喷嘴、送丝嘴沿预定路径焊接，图 3.1 为 DLBSW 设备示意图。

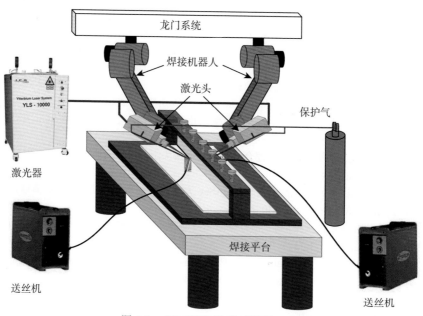

图 3.1 DLBSW 设备示意图

### 3.1.1 激光器

激光器的种类多样，且存在多种分类方法。按激光的输出方式不同，激光器可以分为连续激光器、脉冲激光器。按工作介质的不同，激光器可以分为气体激光器、固体激光器和半导体激光器。下面简要介绍常见激光器的特性和主要用途[1]。

(1) 气体激光器。其结构简单、操作方便、工作介质均匀、光束质量好，可以长时间稳定连续工作，主要使用的气体有 He、Ne、$CO_2$ 等。工业中以 $CO_2$ 作为工作气体的激光器居多，它输出的激光波长通常为 9.6μm 和 10.6μm；其功率较大，可达 100W~20kW，主要用于材料焊接、淬火、切割、打孔。图 3.2 为德国 Rofin Sinar 公司生产的 DC080 Slab $CO_2$激光器。其最大的输出功率为 8000W，可连续或脉冲输出[2]。

图 3.2　DC080 Slab $CO_2$ 激光器

(2) 固体激光器。其特点是器件尺寸小、使用方便、输出功率大。固体激光器的谐振腔有的呈圆柱形，有的呈椭圆柱形。采用钇铝石榴石 (YAG) 作为工作物质时，激光波长为 1.06μm，平均输出功率为 75W~16kW。

碟片激光器 (disk laser) 是二极管泵浦固体激光器，在 20 世纪 90 年代初期由 Adolf Giesen 在斯图加特大学首次应用。薄碟片中的增益介质是晶体，通常是 Yb∶YAG、Nd∶YAG 和用于宽波长调谐的掺镱增益介质。碟片激光器设计理念的提出，有效地解决了固体激光器的热效应问题，实现了固体激光器高平均功率、高峰值功率、高效率、高光束质量的完美结合。碟片激光器在汽车、船舶、轨道交通、航空、能源等领域逐渐得到广泛应用，目前德国 Trumpf 公司具有生产高功率碟片激光器的能力，最高功率可达 16kW，实现了激光远程焊接和大幅面激光高速切割，为固体激光在高功率激光加工领域开辟了广阔的应用市场。图 3.3 为德国 Trumpf 公司生产的 TruDisk-12003 碟片激光器原理图，其最大输出功率可达 12kW。

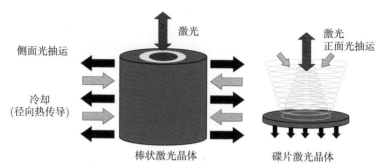

图 3.3 TruDisk-12003 碟片激光器原理图

(3) 半导体激光器。其特点是体积小、重量轻、寿命长、结构简单而坚固，波长范围可以从红外到蓝光，功率从毫瓦级到瓦级，光转换效率较高。工作物质有砷化镓 (GaAs)、硫化镉 (CdS)。但是其激光功率较小，一般无法用于激光焊接，图 3.4 为 HDLS-1500W 高功率半导体激光器及其原理图。

(a) HDLS-1500W高功率半导体激光器

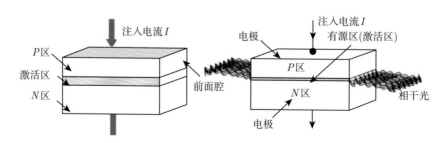

(b) 半导体激光器原理图

图 3.4 HDLS-1500W 高功率半导体激光器及其原理图

(4) 光纤激光器。此类激光器种类繁多，主要是因为制作光纤激光器的材料及技术方法多种多样，按谐振腔结构 (F-P 腔、环形腔、环路反射器光纤谐振腔以及"8"字形腔) 分类，可分为分布式布拉格反射 (distributed Bragg reflector，DBR) 光纤激光器、分布式反馈 (distributed feedback，DFB) 光纤激光器；按光纤结构分类，可分为单包层光纤激光器、双包层光纤激光器；按增益介质分类，可分为稀土类掺杂光纤激光器、非线性效应光纤激光器、单晶光纤激光器；按掺杂元素分类，可分为掺铒 ($Er^{3+}$) 光纤激光器、掺钕 ($Nd^{3+}$) 光纤激光器、掺镨 ($Pr^{3+}$) 光纤激光器、掺镱 ($Yb^{3+}$) 光纤激光器、掺钬 ($Ho^{3+}$) 光纤激光器；按输出波长分类，可分为 S-波段 (1280~1350nm) 光纤激光器、C-波段 (1528~1565nm) 光纤激光器、L-波段 (1561~1620nm) 光纤激光器；按输出激光分类，可分为脉冲光纤激光器、连续光纤激光器。图 3.5 (a) 为德国 IPG 公司生产的 YLS-10000 型光纤激光器及其原理；图 3.5 (b) 为国产锐科 RFL-A6000D 型光纤输出半导体激光器。

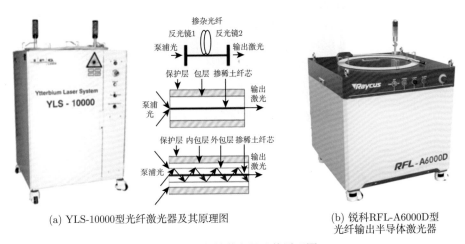

(a) YLS-10000型光纤激光器及其原理图　　　(b) 锐科RFL-A6000D型光纤输出半导体激光器

图 3.5　光纤激光器及其原理图

### 3.1.2　焊接机器人

焊接制造业的精度要求较高，一些生产环节的工作环境较差，如焊接工作的劳动强度较大、对焊接人员的专业水平和身体素质要求严格等。环境因素对焊接机器人的影响较小，因此焊接工作效率较高，可以保障焊接制造的生产效率。根据应用场合的不同，可以针对性地选择焊接机器人的种类，其中普遍应用多关节机器人。世界各国生产的焊接机器人基本上都属于关节机器人，绝大部分有 6 个轴。其中，1~3 轴可将末端执行器送到不同的空间位置，而 4~6 轴解决不同工具姿态要求的问题。焊接机器人最大的特点是柔性化，可通过编程随时改变焊接轨迹和焊接顺序，适用于形状复杂且焊缝多的结构。多关节机器人可以实现灵活的运动，具有较高的空间自由度,可以任意调整焊接姿态,使焊接生产效率得以提升,同时可以满足生产的多变性。使用焊接机器人开展焊接工作,可以在保障焊接工作效率的同时保证焊接过程的稳定性和可重复性。图 3.6 为桁架式焊接机器人 [3]。

图 3.6　桁架式焊接机器人

### 3.1.3　焊接工装

为了防止桁条在焊接过程中因变形而偏离装夹位置,需要保证焊接路径的准确性,并减少焊接过程中因焊接热输入过大而产生的变形,因此对蒙皮与桁条的装夹提出了较高的要求,具体如下:

(1) 在焊接过程中,应防止蒙皮在工作台上发生滑动。

(2) 保证桁条在焊接过程中不发生偏移。

(3) 保证桁条尽量垂直于蒙皮,即保证桁条与蒙皮的垂直度。

(4) 保证蒙皮与桁条之间实现零间隙装配。

焊接工装夹具如图 3.7 所示。该单桁条 T 型结构焊接工装夹具包括蒙皮压条、底板、桁条压板、立柱、活动柱和柱套。装夹时,在薄壁蒙皮的两侧采用蒙皮压条和螺栓使薄壁蒙皮固定并压紧在底板上;将桁条插入蒙皮凹槽中,采用桁条压板和螺栓将桁条固定在薄壁蒙皮上;通过柱套和活动柱调整桁条压板的位置,再采用螺栓将桁条压板与立柱位置固定;桁条压板上方的螺栓通过拧紧挤压下侧的桁条结构使桁条紧贴在蒙皮凹槽的下表面。

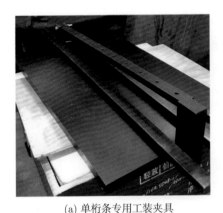
(a) 单桁条专用工装夹具

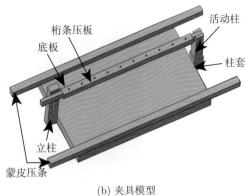

桁条压板
底板
活动柱
柱套
立柱
蒙皮压条

(b) 夹具模型

图 3.7    焊接工装夹具

### 3.1.4    焊接系统

激光焊接长直线焊缝存在变形的不断累积，实际焊缝与预定路径逐渐产生偏差，当偏差值大于某一个临界值时，焊接的稳定性急剧下降。预定路径与焊缝实际位置的偏差一旦产生，很难在实际焊接过程中校正和补偿。因此，长直线焊缝的 DLBSW 技术对焊接系统的数字化、智能化、信息化提出了较高的要求，可实时监控焊接路径、调整轨迹偏差、控制送丝速度的智能化 DLBSW 系统亟待开发。图 3.8 和图 3.9 分别为南京先进激光技术研究院和中国商飞机身壁板结构双侧激光焊接系统[4]。国外研究学者 Brenner 等[5,6] 针对飞机壁板结构设计了具备焊缝跟踪与质量控制传感单元的激光焊接系统，并且通过滚轮实现了桁条的定位与装夹，该焊接系统如图 3.10 所示。

图 3.8    南京先进激光技术研究院机身壁板结构双侧激光焊接系统

图 3.9　中国商飞机身壁板结构双侧激光焊接系统

(a) 焊接系统　　　　　　　　　　　　(b) 机身壁板结构焊接过程实拍

图 3.10　空客公司诺登哈姆工厂机身壁板结构双侧激光焊接系统

## 3.2　航空航天铝合金 DLBSW 典型材料

航空航天蒙皮-桁条结构常用的铝合金材料有铝锂合金、铝铜合金及其他铝合金。蒙皮是指包围在飞行器桁条结构外面且与桁条结构连接的外层结构。蒙皮承受空气动力作用后将作用力传递到相连的桁条上，受力复杂，加之蒙皮直接与外界接触，因此不仅要求蒙皮材料强度高、塑性好，还要求蒙皮材料表面光滑、有较高的抗蚀能力。桁条作为飞行器结构的纵向构件，主要用于承受弯曲引起的轴向力。另外，桁条对蒙皮有支持作用，提高了蒙皮的受压、受剪失稳临界应力；要求桁条材料刚度大，具有良好的抗压和抗扭性能。

1) 2060/2099 铝锂合金

锂是金属活性最强、质量最轻的金属元素。在铝合金中添加锂元素可形成铝锂合金，可降低比重并增加有效载荷，同时仍保持高强度、耐腐蚀性和耐疲劳性。

在现代飞机制造生产中,铝锂合金因具有超高强度,以及优良的可锻性、可焊性及低温性能而逐渐受到重视和得到大量应用[7,8]。铝锂合金表现出了良好的物理性能,能够有效减轻重量、延长使用寿命和提高服役性能,逐渐成为当代航空航天结构中的优质材料[9-12]。2060 和 2099 铝锂合金被认为是用于 C919 商业飞机机身面板的优选材料,其中 2060 铝锂合金用作机身蒙皮,2099 铝锂合金用作机身桁条,其合金成分如表 3.1 所示。

表 3.1　2060/2099 铝锂合金成分含量 (质量分数)

| 铝锂合金 | Cu | Li | Mg | Zn | Mn | Zr | Ag | Si | Al |
|---|---|---|---|---|---|---|---|---|---|
| 2060/% | 3.9 | 0.8 | 0.7 | 0.32 | 0.29 | 0.1 | 0.34 | 0.02 | 余量 |
| 2099/% | 2.52 | 1.87 | 0.5 | 1.19 | 0.31 | 0.08 | — | — | 余量 |

2) 2195 铝锂合金

2195 铝锂合金由于加入了微量 Mg、Ag 元素,促进了合金的固溶强化和时效强化,可应用于大型火箭的低温推进剂贮箱和液氧贮箱、导弹壳体油箱等结构中,在航空飞行结构体中有广阔的应用前景[13]。2195 铝锂合金可同时用作蒙皮和桁条结构,其合金成分如表 3.2 所示。

表 3.2　2195 铝锂合金成分含量 (质量分数)

| 铝锂合金 | Cu | Li | Mg | Zr | Ag | Fe | Al |
|---|---|---|---|---|---|---|---|
| 2195/% | 4.12 | 1.02 | 0.44 | 0.11 | 0.4 | 0.05 | 余量 |

3) 5A90 铝锂合金

5A90 铝锂合金是一种 Al-Mg-Li 合金,可以减少 8%～10% 的部件质量,具有比强度高、耐腐蚀、加工易成形等优点,在航空航天领域具有广阔的应用前景。5A90 铝锂合金可同时用作蒙皮和桁条结构,其合金成分如表 3.3 所示。

表 3.3　5A90 铝锂合金成分含量 (质量分数)

| 铝锂合金 | Mg | Li | Zr | Fe | Cu | Si | Al |
|---|---|---|---|---|---|---|---|
| 5A90/% | 5.2 | 2.1 | 0.11 | 0.07 | 0.03 | 0.03 | 余量 |

4) 2219 铝铜合金

2219 铝铜合金是一种可变形的 Al-Cu 系铝合金,可以通过时效处理和固溶处理进行强化[14,15]。这种可变形的铝合金具有良好的加工性能、断裂韧性、耐腐蚀性和可焊接性,逐渐成为航空领域某些部件的优选结构材料[16,17]。因此,2219 铝铜合金是制造大型运载火箭燃料箱的重要工程材料[18,19]。2219 铝铜合金可同时用作蒙皮和桁条结构,其合金成分如表 3.4 所示。

表 3.4　　2219 铝铜合金成分含量 (质量分数)

| 铝铜合金 | Cu | Mn | Fe | Si | Zn | Mg | Al |
|---|---|---|---|---|---|---|---|
| 2219/% | 5.8~6.8 | 0.2~0.4 | 0.3 | 0.2 | 0.1 | 0.02 | 余量 |

5) 6056/6156 铝合金

6056/6156 铝合金是广泛应用于航空领域的一种 Al-Mg-Si-Cu 合金,其强度比 6061 铝合金高 15%,可焊性、耐腐蚀性和切削加工性能均优于 7075 和 2024 铝合金 [20]。AA6056-T4 铝合金成分复杂,在半连续铸造过程中,铸锭组织会产生严重的枝晶偏析,形成大量的非平衡凝固共晶组织,因此 6056 铝合金铸锭必须进行自然时效处理,以消除枝晶偏析,同时使合金中非平衡凝固共晶组织溶入基体,提高合金的塑性。6056/6156 铝合金也可应用于 C919 大型客机机身壁板,其中 6156 铝合金用作蒙皮,6056 铝合金用作桁条,其合金成分如表 3.5 所示。

表 3.5　　6056/6156 铝合金成分含量 (质量分数)

| 铝合金 | Mg | Si | Cu | Mn | Zn | Al |
|---|---|---|---|---|---|---|
| AA6056-T4/% | 0.9 | 1.0 | 0.8 | 0.6 | 0.4 | 余量 |
| AA6156-T6/% | 0.9 | 1.0 | 0.9 | 0.6 | 0 | 余量 |

## 3.3　DLBSW 工艺参数对焊缝成形的影响

对于连续激光焊接,常见的焊接工艺参数主要有激光功率、焊接速度、光束入射角度、送丝速度、离焦量、保护气流量等。焊接工艺参数对焊缝成形具有重要的影响,在 DLBSW 过程中,由于涉及的工艺参数较复杂,通常采用控制单一变量法来研究不同焊接工艺参数对焊缝成形的影响。

### 3.3.1　激光功率

激光功率是指激光器的输出功率,不考虑导光和聚焦系统所引起的损失。激光深熔焊与激光输出功率密度密切相关,是功率和光斑直径的函数。对于 DLBSW 工艺,若激光功率太小,则无法形成贯通的熔池;若激光功率太大,则容易出现焊穿的现象,因此合理控制激光功率至关重要。

图 3.11 为 T 型件焊缝熔深与熔宽示意图,采用的材料为 2219 铝合金。其蒙皮小凸台尺寸为 1.5mm×1.5mm,激光功率范围为 3900~4300W,焊接速度为 2.5m/min。在不同激光功率下得到的焊缝外观成形及横截面熔池形态如图 3.12 所示,T 型接头两侧焊缝外部轮廓大体相同,两侧成形都比较理想,两侧熔池相互贯通,形成一个过渡均匀的焊缝,两侧均未出现明显的咬边。随着激光功率的增加,焊缝的熔宽基本保持不变,而熔深均小于蒙皮板厚。当激光功率为 4300W,焊接速度为 2.5m/min 时,焊缝成形较为良好。

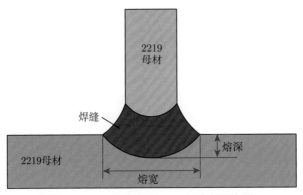

图 3.11　T 型件焊缝熔深与熔宽示意图

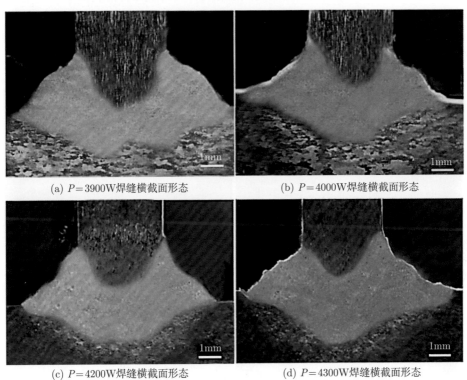

(a) $P=3900W$焊缝横截面形态　　　　　　(b) $P=4000W$焊缝横截面形态

(c) $P=4200W$焊缝横截面形态　　　　　　(d) $P=4300W$焊缝横截面形态

图 3.12　不同激光功率下焊缝横截面形态

### 3.3.2　焊接速度

　　焊接速度与焊接热输入密切相关，为了得到理想的焊缝，焊接速度的选择至关重要。提高焊接速度将引起线能量下降，适当降低焊接速度可有效增加焊缝熔深，但是当焊接速度降到一定程度时，熔宽增加速度大于熔深，这主要是由于激光深熔焊中维持匙孔存在的主要动力是金属蒸气的反冲压力，此时热输入增大，熔化金属数量增加，当金属蒸气产生的反冲压力不足以维持匙孔的存在时，匙孔不仅不再加深，甚至会崩塌，导致熔深不再增加。

采用 2219 铝合金，焊接速度为 2.1~3.0m/min，激光功率为 3700~5000W，研究焊接速度对焊缝成形的影响。在不同焊接速度下得到的焊缝外观成形及横截面熔池形态如图 3.13 所示。考察不同焊接速度下的焊接试验时，应用不同的激光功率是为了避免未熔合、两侧熔池未贯通等缺陷，因此在增大焊接速度的同时，适当提高激光功率有助于避免上述缺陷。另外，还可通过焊接热输入 (焊接热输入 = 激光功率/焊接速度) 来考察其对焊缝尺寸的影响。不同焊接速度下，T 型接头两侧焊缝外部轮廓基本相同，两侧成形都较理想，形成过渡均匀的焊缝。随着焊接速度的增大，焊缝熔宽呈现增大的趋势，而焊缝熔深急剧减小，焊缝角度呈现增大的趋势。激光功率在 4300~5000W 变化，焊接速度在 2.5~3.0m/min 变化时，可以得到合乎理想质量要求的焊缝，未出现熔透型焊缝及两侧熔池不贯通缺陷，并且当焊接速度为 2.5m/min 时，焊缝成形最佳。

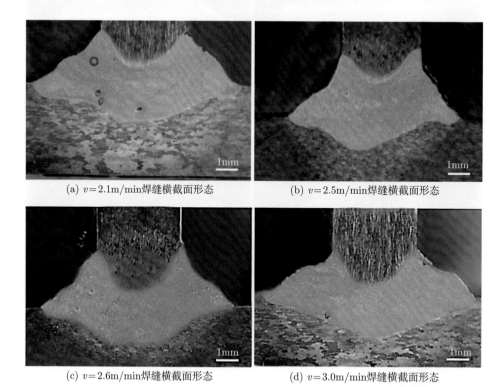

(a) $v$=2.1m/min焊缝横截面形态　　　　　　　(b) $v$=2.5m/min焊缝横截面形态

(c) $v$=2.6m/min焊缝横截面形态　　　　　　　(d) $v$=3.0m/min焊缝横截面形态

图 3.13　不同焊接速度下焊缝横截面形态

### 3.3.3 光束入射角度

在 DLBSW 过程中，光束入射角度是指光束与蒙皮平面之间的夹角，如图 3.14 所示。一方面，光束入射角度的增加导致激光在蒙皮上的作用位置下移；另一方面，光束入射角度影响材料对激光的吸收率。材料对激光的吸收率 $A_v$ 与光束入射角度 $\alpha$ 的关系为

$$A_{\mathrm{v}} = \frac{4n\cos\alpha}{(n^2 + k^2) + 2n\cos\alpha + \cos^2\alpha} \tag{3.1}$$

式中，$k$ 为材料对激光的吸收指数；$n$ 为材料对激光的折射率。

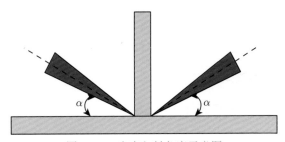

图 3.14　光束入射角度示意图

因此，随着光束入射角度的增大，到达桁条的能量降低，而到达蒙皮的能量增大，即降低了两者的熔合能力，而增加了激光的熔透能力[21]。

采用 2219 铝合金蒙皮-桁条结构，激光束在蒙皮与桁条接合处入射。由于受到激光头与蒙皮-桁条 T 型结构位置的限制，光束入射角度为 25° ~ 41°，保持激光功率为 4300W，焊接速度为 2.5m/min，研究不同光束入射角度对焊缝成形的影响，不同光束入射角度下焊缝横截面宏观形貌如图 3.15 所示。作为航

(a) $\alpha$=25°焊缝横截面形态

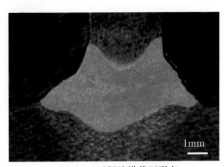

(b) $\alpha$=30°焊缝横截面形态

(c) $\alpha$=35°焊缝横截面形态　　　　　　　(d) $\alpha$=41°焊缝横截面形态

图 3.15　不同光束入射角度下焊缝横截面宏观形貌

天贮箱的蒙皮不允许出现熔透情况，背部的热变形还应尽可能地小，同时为了满足力学性能的要求，必须要有一定的熔合面积，因此要求两侧焊缝必须充分熔合，且熔深为蒙皮厚度的 1/2 左右。当光束入射角度为 30° 时，焊缝成形最佳，如图 3.15(b) 所示。根据焊缝成形的效果，最佳的工艺参数组合为：激光功率 4300W，焊接速度 2.5m/min，光束入射角度 30°。

### 3.3.4　送丝速度

采用 5A90 铝锂合金材料进行 DLBSW 试验，研究送丝速度对焊缝宏观形貌的影响，调整工艺参数为：激光功率 2500W，焊接速度 2.1m/min，送丝速度分别为 5.0m/min 和 6.0m/min，其焊缝宏观形貌分别如图 3.16 和图 3.17 所示。由图可以看出，两组焊缝成形良好，没有明显的飞溅、咬边等缺陷，且桁条两侧的熔池贯通，形成一个左右连通的焊缝。除此之外，熔池深度为蒙皮厚度的 1/2 左右，焊缝内有少量较小的气孔，但没有未熔合、裂纹等缺陷。

(a) 焊接接头整体宏观形貌　　　　　　　(b) 焊缝宏观形貌

图 3.16　焊缝宏观形貌 (送丝速度 5.0m/min)

(a) 焊接接头整体宏观形貌  (b) 焊缝宏观形貌

图 3.17  焊缝宏观形貌 (送丝速度 6.0m/min)

### 3.3.5  离焦量

离焦量是指焊接时焊接件表面离聚焦激光束最小斑点的距离，它不仅影响焊接件表面激光光斑的大小，还影响光束的入射方向。改变离焦量，可以改变加热斑点的大小和入射情况。离焦量对焊缝熔深、熔宽和焊缝横截面形状有较大的影响。离焦量很大时，熔深很小，属于热导焊；离焦量减小到某一数值后，熔深突然增加，标志着匙孔的产生，但是焊接过程不稳定。激光深熔焊时，离焦点一般位于焊缝表面下方，此时焊缝成形最好。光斑直径随着离焦量的增大而增大，光斑能量密度减小，因此匙孔的深宽比减小。根据细长液柱模型理论，即匙孔颈缩引起的气泡形成机理，匙孔趋向于稳定[22]。

离焦量影响试片表面激光光斑的大小，因此对焊接熔深、焊缝熔宽和焊缝横截面形状有较大的影响。离焦方式按焦平面与工件的位置关系，可分为正离焦与负离焦，焦平面位于工件上方为正离焦，反之为负离焦，如图 3.18 所示。当正负离焦平面与焊接平面距离相等时，所对应平面上的功率密度近似相同，但实际上

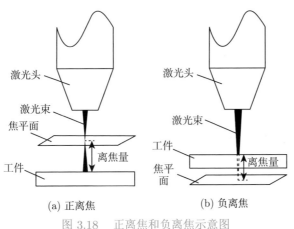

(a) 正离焦  (b) 负离焦

图 3.18  正离焦和负离焦示意图

所获得的熔池形状不同。当负离焦时，材料内部功率密度比表面更高，更易熔化和汽化，使光能向材料更深处传递，获得更大的熔深。在实际应用中，当要求熔深较大时，采用负离焦；当焊接薄壁材料时，宜用正离焦。

### 3.3.6 保护气流量

保护气在激光焊接过程中除了起到保护焊缝金属不被空气中的氧气氧化，减少焊接接头杂质生成，提高接头力学性能的作用，还会影响焊接过程中等离子体的分布和浓度。保护气体可以保护聚焦透镜免受金属蒸气污染和液体熔滴的溅射，并有效驱散高功率激光焊接产生的等离子屏蔽。在碟片激光器与光纤激光器焊接过程中，添加保护气会对激光焊接过程中产生的光致等离子体吸收、折射和散射，从而降低焊接过程的效率。

根据焊接材料与保护气特性选择对应的气体，常用气体的金属原子 (分子) 量和电离能如表 3.6 所示。由表可见，氦气最轻且电离能最高，有助于激光快速到达工件表面，因此氦气的保护效果最好，使用氦气作为保护气对等离子体的抑制作用最强，焊接时更容易获得较大的熔深。氩气的密度较大，价格相对低廉，但它易受高温金属等离子体电离，屏蔽了部分光束射向工件，减小了焊接的有效激光功率。但不同保护气体的差异只在激光功率密度较高、焊接速度较低、等离子体密度较大时才会明显。应用 50%He+50%Ar 混合保护气可大大减少气孔的形成，力学性能得到进一步提高。混合保护气由于氦气的加入，焊接过程中在熔池上部的保护气体电离能大大增加，熔池表面的温度上升，有利于破坏熔池表面张力大的氧化物层，使熔池中的气体容易逸出。加入氦气改变了指状熔深的形状，使熔深减小，熔宽增大，有利于气体的逸出[23]。不同的保护气体成分改变了复合等离子体的物理特性，影响焊接空间的温度场以及熔滴的热力平衡状态，改变熔滴过渡行为，进而影响焊缝成形。

表 3.6　常用气体的金属原子 (分子) 量和电离能

| 参数 | He | Ar | N$_2$ | Al | Mg |
|---|---|---|---|---|---|
| 原子 (分子) 量 | 4 | 40 | 28 | 27 | 24 |
| 电离能/eV | 24.46 | 15.68 | 14.5 | 5.96 | 7.61 |

## 3.4　铝合金 DLBSW 接头微观形貌特征及力学性能

### 3.4.1 焊缝成形

图 3.19(b) 和 (c) 分别为焊接方向左、右两侧的焊缝宏观形貌，焊缝宽度较为均匀，且两侧焊缝基本对称，无咬边、余高等明显宏观缺陷，焊缝成形良好。相比于平板结构激光焊接接头焊缝成形，T 型结构件的焊接过程中由于填充了焊丝，

两侧焊缝过渡均匀，未出现明显凹陷缺陷。双激光束焊接过程速度较快，因此其焊缝宽度较对接结构件明显减小，在焊缝表面上可以观察到呈水滴状的均匀"鱼鳞纹"形貌。

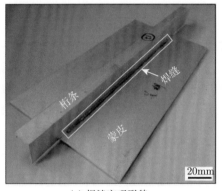

(a) 焊缝宏观形貌

(b) 焊接方向左侧焊缝宏观形貌

(c) 焊接方向右侧焊缝宏观形貌

图 3.19　T 型焊接结构件宏观形貌

图 3.20 为不同工艺参数下 T 型结构双激光束焊接缝横截面成形。在不同的

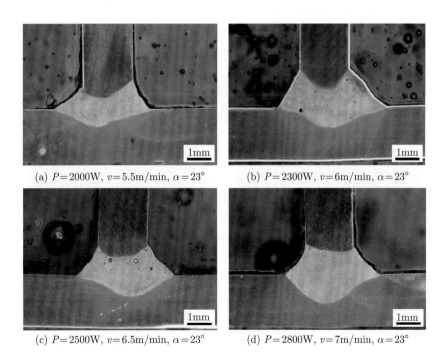

(a) $P=2000W$, $v=5.5m/min$, $\alpha=23°$　　(b) $P=2300W$, $v=6m/min$, $\alpha=23°$

(c) $P=2500W$, $v=6.5m/min$, $\alpha=23°$　　(d) $P=2800W$, $v=7m/min$, $\alpha=23°$

图 3.20　不同工艺参数下 T 型结构双激光束焊接缝横截面成形

热输入下，四组试样熔池均贯通且焊缝过渡圆滑。在四组焊缝区域，均可观察到气孔缺陷，多分布于熔合线附近。由焊接热输入对焊缝熔深及熔宽的影响折线图可知，焊接热输入对焊缝熔深影响较大，而对焊缝熔宽影响较小。随着焊接热输入的增大，焊缝熔深增大，而焊缝熔宽保持在 4mm 左右。

### 3.4.2　微观组织

焊接接头由三个区域组成，即母材区、热影响区和熔化区。一般情况下，熔合线附近温度梯度大，晶粒生长速度小，不易产生成分过冷，因此熔池金属不易在此处形核，而是依附于母材晶粒表面，以联生结晶的方式沿着散热最快的方向生长。在铝锂合金焊接接头热影响区与柱状晶区间存在一条等轴细晶带，是铝锂合金熔焊焊缝中典型的微观组织形貌。

#### 1. 结晶形态

由图 3.21(b)～(e) 可知，焊接接头由三个区域组成，即母材 (BM)、热影响区 (HAZ) 和焊缝。热影响区是焊接过程中没有被完全熔化但是因受到激光热作用而使焊缝周围母材发生组织和性能变化的区域。其组织与母材组织相似，但晶粒较为粗大和不均匀，是焊接接头的薄弱区域。激光焊能量集中、功率密度大，因此接头热影响区极窄。焊缝微观组织由熔合线至焊缝中心依次由等轴细晶区 (EQZ) 向传统柱状晶和等轴树枝晶转变。

在上熔合线附近，2099 铝锂合金母材组织初始状态及上熔合线附近温度梯度不同，可以明显看到其与 2060 母材侧焊缝边缘组织的差异。在上熔合线附近热影响区，等轴状母材晶粒由于焊接热循环的作用粗化严重，且晶内可见明显析出相。同时，上熔合线处的温度梯度小于下熔合线处，因此上熔合线附近柱状晶相对于下熔合线附近组织柱状晶更发达。在上熔合线附近，凝固组织基于等轴细晶区以柱状晶甚至等轴树枝晶的方式向焊缝中心推进。由图 3.21(e) 可知，在焊缝中心，固-液界面前沿温度梯度较小，成分过冷度较大，成分过冷区域加宽，焊缝组织逐渐向等轴树枝晶转变。

基于以上分析，观察 T 型接头横截面垂直激光入射方向上的微观组织形貌，如图 3.22 所示。在双激光束焊接过程中，两激光束以与水平方向呈一定角度的方式作用于焊接件上，形成两个倾斜的熔池。焊接热输入较低，熔池温度梯度较小，过冷度较大，因此两侧焊缝组织较为细小。熔池金属凝固时，母材处温度较低，焊道处温度最高，因此两侧柱状晶的生长方向基本上是垂直于熔合线处等轴细晶区向焊道中心生长，如图 3.22(b) 所示。颜色较深的部位为枝晶间距较小的柱状晶，颜色较浅的部位为粗大柱状晶，可以明显看到组织呈带状不均匀性生长。如图 3.22(c) 所示，在焊缝边缘中心位置可以观察到等轴树枝晶，此处温度梯度较焊缝中心处小，因此其晶粒尺寸更为细小。

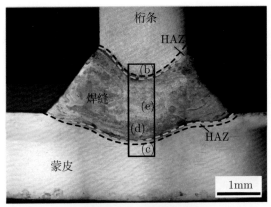

(a) 横截面中心区域微观组织

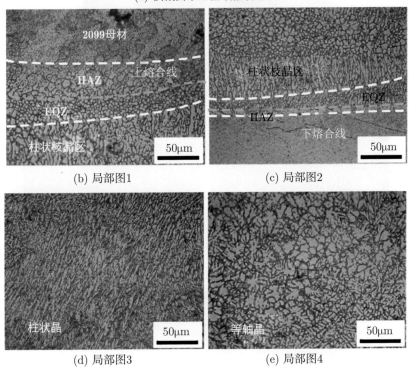

(b) 局部图1　　　　　　　　　　　(c) 局部图2

(d) 局部图3　　　　　　　　　　　(e) 局部图4

图 3.21　2060-2099 铝锂合金 T 型接头横截面中心区域微观组织

　　为了更全面地了解焊缝中的组织形貌，本节还截取了焊接方向上接头纵截面进行分析，如图 3.23 所示。由图 3.23(b) 和 (c) 可见，在上、下熔合线附近依然观察到了等轴细晶组织的存在。此外，树枝晶在三维空间中是对称生长的，因此在纵截面上其组织形貌与横截面相似。由焊缝边缘至焊缝中心组织依次为等轴细晶—柱状树枝晶—等轴树枝晶。图 3.23(d) 为焊缝中心等轴树枝晶，在其附近还观察到了近圆形的晶粒形貌，这是柱状晶被截断后表现出的截面形状。同时，在纵截面上还观察到了大量凝固裂纹，如图 3.23(e) 所示，该种裂纹沿晶界开裂，因此在横截面上较难观察到。

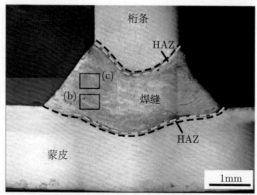

(a) 横截面焊缝边缘微观组织

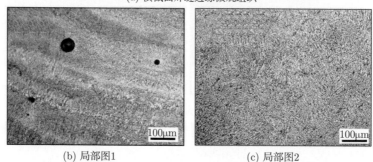

(b) 局部图1　　　　　　　　　　　(c) 局部图2

图 3.22　　2060-2099 铝锂合金 T 型接头横截面焊缝边缘微观组织

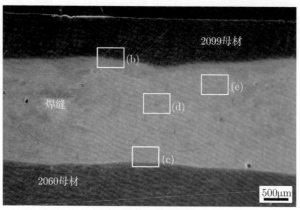

(a) 纵截面微观组织

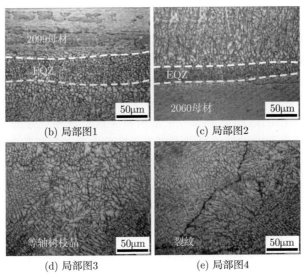

(b) 局部图1           (c) 局部图2

(d) 局部图3           (e) 局部图4

图 3.23　2060-2099 铝锂合金 T 型接头纵截面微观组织

## 2. 等轴晶带

铝锂合金 T 型结构 DLBSW 接头的微观组织研究发现，在焊缝边缘处存在一个组织形貌较为特殊的区域，其晶粒尺寸较小且形貌为近球形，阻断了母材的联生结晶行为。该区域晶间存在大量低熔点共晶相，因此是液化裂纹极易萌生的部位。关于该区域的形成机理及影响规律，国内外许多学者进行了相关研究，但是由于铝锂合金激光焊接相关研究起步较晚，且 Li 元素波长较短，尚无法被检测等，研究尚未形成成熟且系统的理论。针对铝锂合金激光焊接焊缝边缘等轴晶带，本节主要考察合金元素 (主要为 Li 元素和 Zr 元素)、焊接热过程和熔池流动这三种因素对其形成及组织形态的影响规律。

1) Li 元素和 Zr 元素对 EQZ 形成的影响

异质形核理论认为，铝锂合金熔焊焊缝边缘的等轴细晶区是基于 $Al_3Zr$ 和 $Al_3(Li_x, Zr_{1-x})$ 等母材中未熔化的金属间化合物形核所得到的。Li 元素原子序数小，波长较长，现有检测方法较难检测出来，因此关于 Li 元素对 EQZ 形成的影响是基于试验结果以及 Li 元素对形核质点的形成和表面能的影响等推测所得到的。至此，普遍认为 Li 元素及 Zr 元素对 EQZ 形核的影响较大。

Li 元素对 EQZ 形核的影响可以从以下方面进行分析：

(1) Li 元素可以降低 Zr 在 Al 中的固溶度，从而增加 $Al_3Zr$ 相的体积分数。

(2) Li 元素可以替代部分 Zr 元素，形成 $Al_3(Li_x, Zr_{1-x})$ 高熔点金属间化合物，增加潜在形核质点的体积分数。

(3) Li 元素是一种表面活性元素，其易吸附于 $Al_3Zr$ 颗粒和 $Al_3(Li_x, Zr_{1-x})$ 颗粒表面，减小晶核与异质相间的界面能，极大地促进形核。

2) 焊接热过程对 EQZ 组织形态的影响

图 3.24 为成分过冷对晶体生长方式的影响。图中，曲线为固-液界面前沿平衡液相温度，即理论凝固温度。合金的凝固过程往往伴随着溶质元素的再分配，导致在固-液界面前沿的液相侧形成一个溶质富集区。液相成分的变化导致温度分布的变化。固-液界面前沿理论凝固温度高于实际温度的区域称为成分过冷区，而固-液界面前沿某一位置处理论凝固温度与实际温度的数值差即为该点的成分过冷度。由图 3.24 可知，随着界面前沿实际温度梯度的减小，熔体过冷度逐渐增大，凝固组织形态由平面晶依次向胞晶、柱状晶、等轴树枝晶发展。

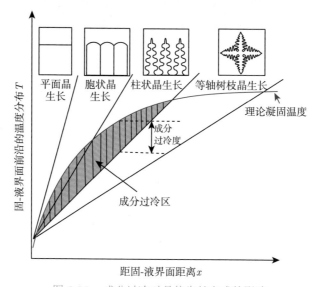

图 3.24　成分过冷对晶体生长方式的影响

在熔池边界处，温度梯度达到最大值，因此该处过冷度最低，成分过冷区面积最小。在 EQZ 的形成区域存在大量高熔点金属间化合物，它们的存在为新晶核的形成提供了形核基底。但是，受成分过冷区宽度的限制，EQZ 中的晶粒不能自由地向前延伸，因此最终只能形成无枝晶的等轴晶粒，如图 3.25(a) 所示。同时，熔池边缘过冷度较低且成分过冷区较窄，EQZ 中晶体的生长还无法显现出特定的较优结晶生长方向，因此该区域内的晶粒表现在结晶取向上是相互独立的。由焊缝边缘至中心，随着温度梯度的降低，晶粒的枝晶变得发达，且随着成分过冷区加宽，晶粒生长方向开始转向优先的结晶生长方向，因此形成了柱状晶，如图 3.25(b) 所示。至焊缝中心，此处温度梯度最小，成分过冷度最大且成分过冷区最宽，在过冷液体中，晶粒可以自由形核生长，发展为等轴树枝晶，如图 3.25(c) 所示。

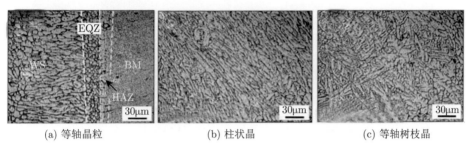

(a) 等轴晶粒      (b) 柱状晶      (c) 等轴树枝晶

图 3.25　激光焊接过程中焊接件 $X$ 方向上的组织形态

此外，由图 3.25 还可知，不同热输入下焊缝边界处的温度梯度不同，导致 EQZ 中的晶粒表现出不同的晶粒尺寸。热输入越高，温度梯度越大，过冷度越小，EQZ 中的晶粒有越多的时间长大，因此呈现出较为粗大的形态。

3) 熔池流动对 EQZ 组织形态的影响

基于异质形核理论，通过熔池流动机制分析焊缝边缘晶粒生长特点，对 T 型结构件 DLBSW 过程中横截面上熔池流动的状态进行分析，如图 3.26 所示。两激光束的热作用导致贯通匙孔的产生，进而对整个熔池的流动产生影响。在反冲压力和热浮力的作用下，匙孔上方区域熔体向上运动，并在重力及桁条的阻力下向下形成回流。匙孔下方的熔体流动机理同上方区域，匙孔附近的熔体会流向下熔合边界。

在上述熔池流动机制的影响下，焊缝边缘不同区域表现出不同的 EQZ 形貌。图 3.26 为激光功率 2500W，焊接速度 6.5m/min，光束入射角度 23° 下焊缝边缘不同位置处的微观组织及形成原理。在焊缝左右两侧边缘处，与对接结构件焊缝边缘 EQZ 宽度变化规律相似，如图 3.26(c) 和 (e) 所示，由于 Marangoni 强对流及激光

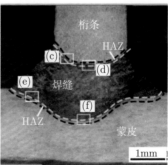

(a) 焊接过程中横截面熔池流动特征      (b) 焊缝截面

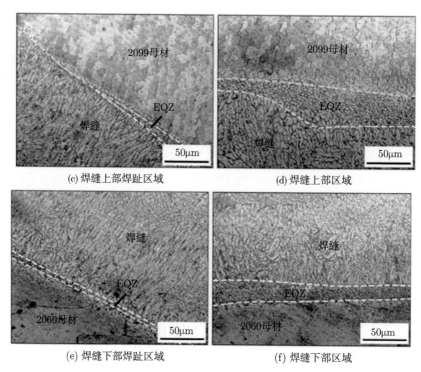

(c) 焊缝上部焊趾区域　　　　　　　　(d) 焊缝上部区域

(e) 焊缝下部焊趾区域　　　　　　　　(f) 焊缝下部区域

图 3.26　T 型结构件横截面焊缝边缘不同位置处的微观组织及形成原理

热作用的影响，形核质点保留较少，表现出少 EQZ，甚至无 EQZ 的晶粒形态。而在上熔合线和下熔合线的中部区域，对流较弱，激光热作用影响较小，因此等轴细晶区域相对较宽。

图 3.27 为 T 型结构件 DLBSW 过程中纵截面上的熔池流动特征，在近匙孔区，高温熔体在 Marangoni 对流及热对流的驱动下向上运动；而在远离匙孔的区域，熔体流动方向相反。在匙孔底部，由于另一侧激光的影响及热对流的作用，

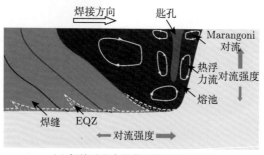

(a) 焊接过程中纵截面熔池流动特征

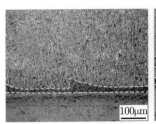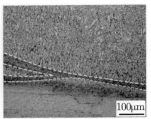

(b) 纵截面上焊缝边缘微观组织

图 3.27　T 型结构件纵截面上焊缝边缘微观组织及形成原理

熔体具有向下运动的趋势；在熔池尾部，由于激光束的运动，熔体具有先流向熔池后方而后流向熔池表面的运动趋势。

在这样的熔体流动趋势的影响下，熔池底部的形核质点会沿着熔池流动方向的切向被带入熔池中心。其中部分形核质点在熔池的流动条件及温度条件下存活下来，使新晶粒得以基于其形核生成 EQZ。因此，在纵截面的部分区域可以观察到熔合线附近的 EQZ 宽度的波动现象以及沿下熔合线切线方向延伸向熔池内部的现象，如图 3.27 所示。

### 3.4.3　力学性能

#### 1. 显微硬度

焊接接头的硬度是焊接接头力学性能的重要考核指标，本节采用 HD-100 显微维氏硬度仪测试焊接接头的硬度。试验选择的载荷为 100g，加载的时间为 15s。

图 3.28 为四组工艺参数下 2060-2099 铝锂合金 T 型接头横截面不同区域硬度分布。焊接热输入的不同造成焊缝熔深的差异，为了更清晰地了解焊接接头的硬度变化趋势，对不同的接头采取不同间距取点测量的措施，保证在焊接接头中心线位置沿着 "2060 母材—2060 母材侧热影响区—焊缝—2099 母材侧热影响区—2099 母材" 方向，每个区域所取点的数量相同。

(1) 试验一：在 $P = 2000\text{W}$、$v = 5.5\text{m/min}$ 下所得到的焊接接头，沿着接头中心线方向每隔 0.15mm 取点。

(2) 试验二：在 $P = 2300\text{W}$、$v = 6.0\text{m/min}$ 下所得到的焊接接头，沿着接头中心线方向每隔 0.2mm 取点。

(3) 试验三：在 $P = 2500\text{W}$、$v = 6.5\text{m/min}$ 下所得到的焊接接头，沿着接头中心线方向每隔 0.25mm 取点。

(4) 试验四：在 $P = 2800\text{W}$、$v = 7.0\text{m/min}$ 下所得到的焊接接头，沿着接头中心线方向每隔 0.3mm 取点。

四组试样接头横截面硬度变化趋势均相近。母材硬度最高，其次为热影响区和焊缝。对比对接接头焊缝区域，T 型接头焊缝区域具有更高的硬度，这是因为双激

光束焊接速度较快，熔池冷却速度快，焊缝晶粒更为细小；焊缝中填充了 ER4047
铝硅焊丝，一方面补充了激光热作用导致的元素烧损，另一方面导致焊缝中析出
大量富硅硬质相，硬度增高。

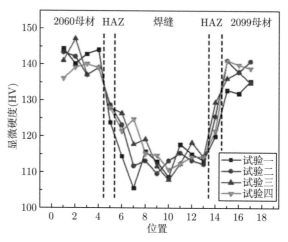

图 3.28　T 型接头横截面不同区域硬度分布

2. 环向拉伸性能

　　本节主要研究蒙皮-桁条 T 型结构件环向拉伸性能，图 3.29 为环向拉伸示意
图。针对两组不同焊接参数下的焊接件，在其不同位置截取拉伸试样进行环向拉
伸试验得到其抗拉强度，如图 3.30 所示。

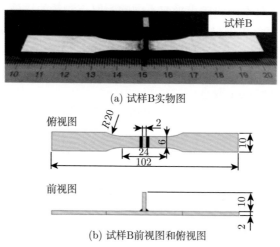

(a) 试样B实物图

(b) 试样B前视图和俯视图

图 3.29　2060-2099 铝锂合金 T 型结构件环向拉伸示意图 (单位：mm)

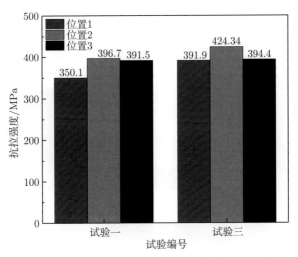

图 3.30 2060-2099 铝锂合金 T 型结构件环向拉伸试验抗拉强度

(1) 试验一：在 $P = 2000W$、$v = 5.5m/min$ 下所得到的焊接件，其平均抗拉强度为 379.4MPa，约为 2060 母材强度的 77.6％。

(2) 试验三：在 $P = 2500W$、$v = 6.5m/min$ 下所得到的焊接件，其平均抗拉强度为 403.5MPa，约为 2060 母材强度的 82.5％。

在高能激光束的热作用下，焊后结构件性能均弱于母材性能。然而，焊接过程中填充了焊丝，保证焊缝成形良好，因此其拉伸性能较不填丝焊接更优。为了明确 T 型焊接结构件环向拉伸断裂机理，首先对其断裂形式进行分析。

在不同工艺参数下，焊接件不同位置处的环向拉伸断裂形式均相似，均沿着下熔合线断裂至其最低点，再在母材上扩展直至试样最终失效。因此，本节选取一组典型环向拉伸试验断裂试样进行横截面微观组织分析，在激光功率 2000W、焊接速度 5.5m/min、光束入射角度 23° 下接头环向拉伸断裂形貌如图 3.31 所示。图 3.31(a) 为拉伸断口横截面宏观形貌，对断裂区域局部进行分析，如图 3.31(b)~(f) 所示，拉伸断裂位置多位于热影响区，局部断裂位于等轴细晶区。其中，图 3.31(b) 和 (c) 所示为拉伸断裂起始区域，焊趾处结构存在突变，因此应力最为集中。在横向拉力的作用下，裂纹在应力集中的薄弱区域开始萌生并扩展。在下熔合线附近 EQZ，晶间存在大量低熔点共晶相，晶间析出相多为富铜及富硅的脆性相，这些相塑性较差，在拉力作用下极容易断裂造成晶间结合失效。而在焊接热影响区的近焊缝区，由于合金元素的影响，粗化晶粒的边界在焊接热循环的作用下发生共晶反应形成液态薄膜。这种液态薄膜多在粗大晶粒的边界处呈长条状分布，在拉力的作用下极容易导致晶界撕裂，如图 3.31(d)~(f) 所示。此外，在图 3.31(b) 中还观察到了试样断裂于下熔合线附近气孔处的现象。气孔的存在减小了焊接件的有效受力面积，导致应力集中，一定程度上会加速焊接件的断裂。当焊接试样沿熔合线断裂至最低点时，在横截面上母材结合区域减小，因此在横向拉力的作用下于母材处发生断裂。

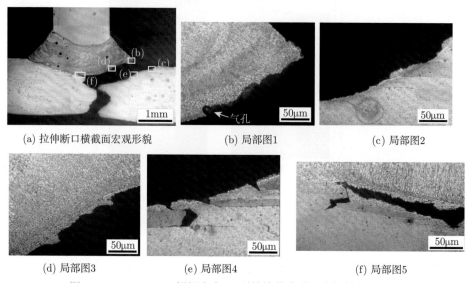

(a) 拉伸断口横截面宏观形貌          (b) 局部图1          (c) 局部图2

(d) 局部图3          (e) 局部图4          (f) 局部图5

图 3.31    2060-2099 铝锂合金 T 型结构件典型环向拉伸断裂形貌

  为了进一步阐明 T 型结构件拉伸断裂机理，对断口进行 SEM 和 EDS 分析。图 3.32 和图 3.33 分别为激光功率 2500W、焊接速度 6.5m/min、光束入射角度 23° 下断口一侧 SEM 形貌及 EDS 结果。断口宏观上无明显塑性形变，呈现脆性断裂特性。图 3.32 为 $P = 2500\mathrm{W}$，$v = 6.5\mathrm{m/min}$ 拉伸断口焊缝一侧 SEM 形貌。断口处可见大量气孔及裂纹，这些缺陷的存在降低了焊接件的有效结合面积，在拉伸过程中容易导致应力集中，从而加速焊接件的断裂。如图 3.32(c) 所示，断口处可见大面积的较光滑平面，认为这些平面的断裂区域为热影响区，热影响区晶粒粗大且富铜脆性相于晶间连续分布，因此塑性极差。此外，焊缝一侧断口区域受力方向与断裂方向几乎水平，因此局部可见大量剪切韧窝，但其深度极浅，如图 3.32(d)~(f) 所示，结合接头断裂形式分析，这些剪切韧窝的断裂区域为熔合线附近焊缝区域。对断口形貌进行分析可知，该断口区域的断裂机理是以脆性断裂为主的准解理断裂。对断口内部析出相进行 EDS 分析，结果如图 3.33 所示。在图 3.32(e) 中可观察到尺寸较大的球状析出相，其 EDS 检测结果如图 3.33(a) 所示。该相中含有高含量的 Cu 元素，推断该相为 Cu 原子偏聚的溶质原子聚集区 (GP) 区。此外，观察断口中剪切韧窝发现，韧窝底部存在大量的长条状析出相，其 EDS 结果如图 3.33(b) 所示，可见该析出相为富铜相。富铜相脆性较大，因此在拉伸力的作用下极易断裂或在晶界处脱落，进而导致试样的开裂。

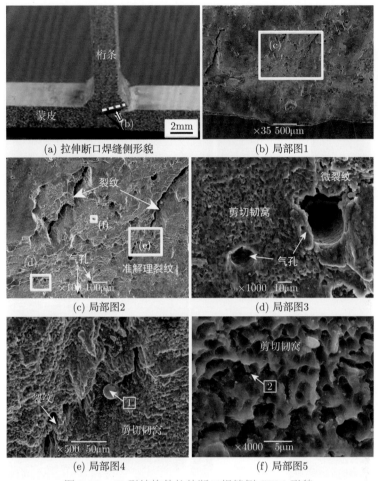

(a) 拉伸断口焊缝侧形貌

(b) 局部图1

(c) 局部图2

(d) 局部图3

(e) 局部图4

(f) 局部图5

图 3.32　T 型结构件拉伸断口焊缝侧 SEM 形貌

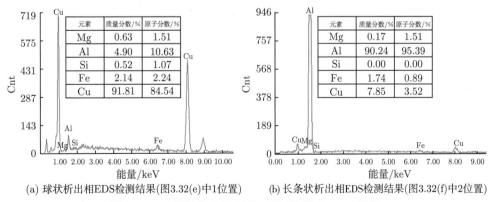

(a) 球状析出相EDS检测结果(图3.32(e)中1位置)

| 元素 | 质量分数/% | 原子分数/% |
|------|-----------|-----------|
| Mg | 0.63 | 1.51 |
| Al | 4.90 | 10.63 |
| Si | 0.52 | 1.07 |
| Fe | 2.14 | 2.24 |
| Cu | 91.81 | 84.54 |

(b) 长条状析出相EDS检测结果(图3.32(f)中2位置)

| 元素 | 质量分数/% | 原子分数/% |
|------|-----------|-----------|
| Mg | 0.17 | 1.51 |
| Al | 90.24 | 95.39 |
| Si | 0.00 | 0.00 |
| Fe | 1.74 | 0.89 |
| Cu | 7.85 | 3.52 |

图 3.33　T 型结构件拉伸断口不同位置处 EDS 结果

图 3.34 为在 $P = 2500\text{W}$, $v = 6.5\text{m/min}$ 下拉伸断口母材一侧 SEM 形貌。其中，图 3.34(c) 和 (e) 为母材断裂形貌，其断裂机理为准解理断裂。断口处可见大量解理台阶和河流花样，且局部存在大量韧窝及撕裂棱。在 10000 倍的 SEM 照片中可以观察到等轴韧窝中存在球状富铜强化相。

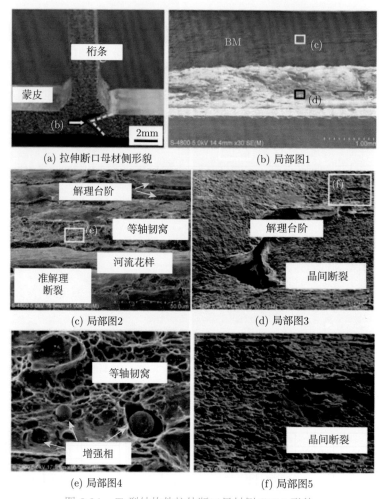

(a) 拉伸断口母材侧形貌　　　　　　(b) 局部图1

(c) 局部图2　　　　　　　　　　(d) 局部图3

(e) 局部图4　　　　　　　　　　(f) 局部图5

图 3.34　T 型结构件拉伸断口母材侧 SEM 形貌

　　观察熔合线附近一侧断裂形貌，除了图 3.34 所述准解理断裂特征，还观察到沿晶脆性断裂形貌，如图 3.34(d) 和 (f) 所示。该处晶粒没有产生明显的塑性变形，也没有形变断裂的痕迹，可以清晰地观察到冰糖状的晶粒轮廓。这种断裂形式的产生是由于在该区域晶间存在大量连续或不连续的网状脆性共晶相，结合上述对拉伸断裂形式的分析，推测该处断裂于 EQZ。

对在 $P = 2000\text{W}$，$v = 5.5\text{m/min}$ 下所得到的拉伸试样进行断口形貌观察，其断裂机理同上。选取两组试验焊接件焊缝一侧断口相同位置处进行分析，如图 3.35 所示。对比两组试验焊接件断口韧窝形貌，在 $P = 2500\text{W}$，$v = 6.5\text{m/min}$ 下断口处韧窝尺寸较小且深度更深，因此塑性更好，这与试验结果相吻合。

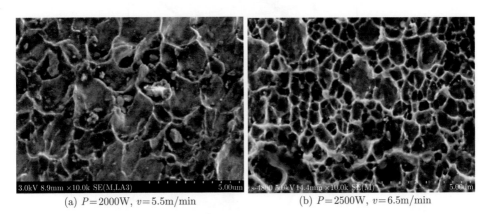

(a) $P = 2000\text{W}$, $v = 5.5\text{m/min}$　　　　(b) $P = 2500\text{W}$, $v = 6.5\text{m/min}$

图 3.35　　2060-2099 铝锂合金 T 型结构件断口韧窝形貌

由上述断口形貌的分析可知，在不同焊接热输入下，T 型激光焊接结构件拉伸断裂位置基本一致，均起始于热影响区和 EQZ，而后断裂于母材。焊缝区域填充了焊丝，补充了其元素损失以及面积损失，因此熔合线附近区域为整个接头部分最为薄弱的区域。由结构件拉伸断裂形貌分析可知，EQZ 断裂形式为沿晶脆性断裂；热影响区与母材的断裂形式均为以脆性断裂为主的准解理断裂，但热影响区塑性更差。因此，认为减小热影响区宽度以及减少焊缝中的气孔缺陷是提高 T 型焊接结构件性能的关键。基于以上分析，并结合课题组前期研究成果，在双激光束焊接过程中应在保证焊缝熔深达到蒙皮厚度 1/2 左右的同时采用小热输入且高焊速的方式进行焊接。

### 3. 纵向压稳性能

T 型接头纵向压稳即沿长桁的方向对 T 型结构整体进行压缩加载，是机身下部壁板的主要承载方式之一。图 3.36 为 T 型接头纵向压稳试验示意图。整个压缩试验过程如图 3.37 所示。压缩载荷达到最大值时 T 型试件开始发生变形，此时最大压缩载荷为 47.1kN 左右，压缩位移为 1.32mm 左右，平均压缩强度为 250.2MPa。首先从蒙皮开始发生失稳变形，然后压缩载荷降低而试件继续被压缩，随着位移的增加，桁条开始发生变形；变形继续增加，直至发生较大变形；最后在焊缝与蒙皮的结合部位出现裂纹，如图 3.38 中圈出区域所示。

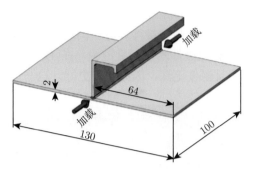

图 3.36　T 型接头纵向压稳试验示意图 (单位：mm)

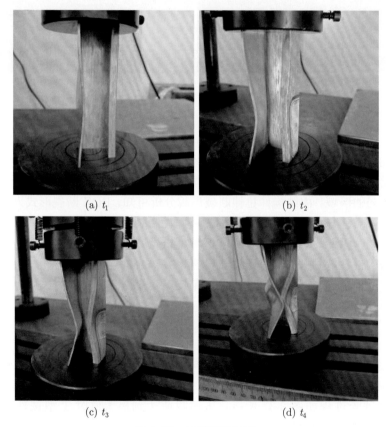

(a) $t_1$　　　　　　　　　　　　　　　(b) $t_2$

(c) $t_3$　　　　　　　　　　　　　　　(d) $t_4$

图 3.37　压缩试验过程

　　图 3.39 为 T 型接头纵向压稳断口显微形貌。对裂纹起始位置的断口特征进行观察发现，存在沿晶和穿晶两种断裂特征，中心区域的穿晶断裂特征说明断裂位置在部分熔化区内，而两侧的沿晶断裂特征说明断裂位置在等轴细晶区内，如

图 3.39(a) 所示。对局部区域进行放大，通过观察发现，不同于韧窝特征的等轴细晶粒剥落痕迹及晶间二次裂纹，说明在等轴细晶区与部分熔化区交界区域出现沿晶和穿晶混合断裂的特征，如图 3.39(b) 所示。等轴细晶区的沿晶断裂及晶间二次裂纹特征说明等轴细晶区的薄弱区域主要集中在晶界上，而非等轴细晶粒内部。

图 3.38　压缩裂纹

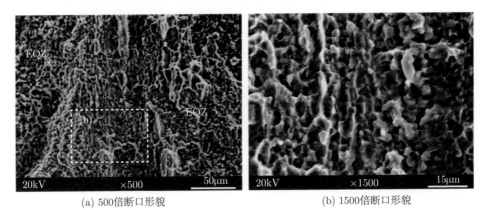

(a) 500倍断口形貌　　　　　　　　　　　　　(b) 1500倍断口形貌

图 3.39　T 型接头纵向压稳断口显微形貌

## 参 考 文 献

[1]　陈辉. 激光焊接关键技术的研究 [D]. 济南: 山东大学, 2012.

[2]　田文尧. 激光焊接同轴喷嘴流场模拟及实验研究 [D]. 北京: 北京工业大学, 2018.

[3]　王彩凤, 丁志远, 雷宁宁, 等. 焊接机器人在工程机械行业的应用现状及发展趋势 [J]. 金属加工 (热加工), 2020, (6): 3-6.

[4]　韩冰. 铝锂合金 T 型接头双侧激光焊接组织特征及裂纹控制研究 [D]. 哈尔滨: 哈尔滨工业大学, 2018.

[5]  Brenner B, Standfuss J, Dittrich D, et al. Laser beam welding of aircraft fuselage struc-
      tures[C]. International Congress on Applications of Lasers and Electro-Optics, Temec-
      ula, 2008: 838-845.

[6]  Brenner B, Dittrich D, Morgenthal L, et al. New technological aspects of laser beam
      welding of aircraft structures[J]. DVS-Berichte, 2004, (229): 1924.

[7]  Liu H, Nakata K, Yamamoto N, et al. Microstructural characteristics and mechanical
      properties in laser beam welds of $Ti_6Al_4V$ alloy[J] . Journal of Materials Science, 2012,
      47(3): 1460-1470.

[8]  Lalet G, Kurita H, Miyazaki T, et al. Microstructure of a carbon fiber-reinforced
      aluminum matrix composite fabricated by spark plasma sintering in various pulse con-
      ditions[J]. Journal of Materials Science, 2014, 49(8): 3268-3275.

[9]  Chen Q, Yuan B G, Zhao G Z, et al. Microstructural evolution during reheating and
      tensile mechanical properties of thixoforged AZ91D-RE magnesium alloy prepared by
      squeeze casting-solid extrusion[J]. Materials Science and Engineering: A, 2012, 537:
      25-38.

[10] Babel H, Gibson J, Tarkanian M, et al. 2099 aluminum-lithium with key-locked inserts
      for aerospace applications[J]. Journal of Materials Engineering and Performance, 2007,
      16(5): 584-591.

[11] Ou L, Zheng Z Q, Nie Y F, et al. Hot deformation behavior of 2060 alloy[J]. Journal
      of Alloys and Compounds, 2015, 648: 681-689.

[12] Karayan A I, Jata K, Velez M, et al. On exfoliation corrosion of alloy 2060 T8E30 in an
      aggressive acid environment[J]. Journal of Alloys and Compounds, 2016, 657: 546-558.

[13] 朱宏伟, 陈永来, 马鹏程, 等. 2195 铝锂合金的形变热处理工艺优化 [J]. 金属热处理, 2019,
      44(12): 143-147.

[14] Murty S V S N, Sarkar A, Narayanan P R, et al. Microstructure and micro-texture
      evolution during large strain deformation of aluminium alloy AA 2219[J]. Materials
      Science and Engineering: A, 2016, 677: 41-49.

[15] Zhang J, Chen B Q, Zhang B X. Effect of initial microstructure on the hot compression
      deformation behavior of a 2219 aluminum alloy[J]. Materials and Design, 2012, 34:
      15-21.

[16] Li Q, Wu A P, Li Y J, et al. Segregation in fusion weld of 2219 aluminum alloy and
      its influence on mechanical properties of weld[J]. Transactions of Nonferrous Metals
      Society of China, 2017, 27(2): 258-271.

[17] Wang H M, Yi Y P, Huang S Q. Investigation of quench sensitivity of high strength
      2219 aluminum alloy by TTP and TTT diagrams[J]. Journal of Alloys and Compounds,
      2017, 690: 446-452.

[18] Narayana G V, Sharma V M J, Diwakar V, et al. Fracture behaviour of aluminium
      alloy 2219T87 welded plates[J]. Science and Technology of Welding and Joining, 2004,
      9(2): 121-130.

[19] Zhang D K, Wang G Q, Wu A P, et al. Study on the inconsistency in mechanical prop-

erties of 2219 aluminium alloy TIG-welded joints[J]. Journal of Alloys and Compounds, 2019, 777: 1044-1053.

[20] Tao W, Yang Z B, Shi C Y, et al. Simulating effects of welding speed on melt flow and porosity formation during double-sided laser beam welding of AA6056-T4/AA6156-T6 aluminum alloy T-joint[J]. Journal of Alloys and Compounds, 2017, 699: 638-647.

[21] 杨涛. 高强铝合金 T 型接头激光焊接技术研究 [D]. 武汉: 武汉理工大学, 2011.

[22] 黄立进. 铝合金激光焊及激光-GMAW 复合焊气孔形成机理与抑制方法研究 [D]. 上海: 上海交通大学, 2018.

[23] 张志勇, 张晓牧, 彭云, 等. 高强度铝合金厚板焊接气孔形态分析及混合保护气体效应 [J]. 焊接, 2004, (7): 13-16.

# 第 4 章

## 铝合金双激光束双侧同步焊接
## 缺陷抑制研究

大尺寸薄壁蒙皮-桁条结构件激光焊接容易出现气孔、裂纹、焊后残余应力高、焊后变形大等缺陷。本章将具体讨论气孔、裂纹、应力、变形、强度损失等焊接缺陷的形成原因与抑制策略。

## 4.1  铝合金 DLBSW 焊缝气孔缺陷

焊接气孔是铝锂合金焊缝中常见的焊接缺陷之一，其存在会导致焊接件产生应力集中，从而降低焊接件的力学性能 [1-3]。

### 4.1.1  气孔类型及其形成机理

本节以铝锂合金为例，一般认为，焊接气孔主要分为两类：一类为冶金气孔，通常是氢气孔，其形状规则；另一类为工艺气孔，也称匙孔型气孔，呈不规则形状 [4,5]。铝锂合金激光焊接接头中典型气孔缺陷如图 4.1 所示。

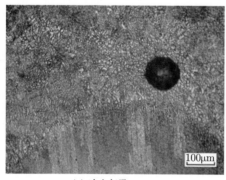

(a) 冶金气孔　　　　　　　　　　　　　(b) 工艺气孔

图 4.1　铝锂合金激光焊接接头中典型气孔缺陷

#### 1. 冶金气孔

本节研究的激光焊接工艺中所产生的主要冶金气孔缺陷为氢气孔，因此基于已有焊接试验进行该类气孔的形成机理研究。铝锂合金激光焊接焊缝中的氢气孔主要包括溶解氢气孔和氧化膜氢气孔两大类，这主要是由铝锂合金对氢元素的敏感性导致的。溶解氢气孔是由过饱和氢析出引起的，图 4.2 为氢在铝中的溶解度随温度变化曲线，可以看到在铝的熔点附近，氢的溶解度存在一个突变，其最大溶解度由 0.035mL/100g 急剧升高至 0.75mL/100g，且随着温度的继续升高，氢在液态铝中的最大溶解度持续上升。因此，在激光焊接过程中，由于熔池温度较高，会吸收大量的氢；而在激光束离开后，温度急剧降低，使氢大量析出。同时，激光焊接熔池凝固速度过快不利于气泡的逸出，铝锂合金密度过小不利于气泡的上浮，导致气泡一旦生成就很难逸出，从而留在焊缝中成为气孔。

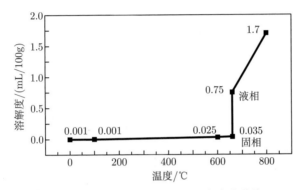

图 4.2　氢在铝中的溶解度随温度变化曲线

另一种氢气孔是因为氧化膜在焊接前没有清除，其中的水分在焊接时受热分解会析出氢，它们会在氧化膜上附着并聚集，进而直接形成气孔，因此这种氢气孔被称为氧化膜氢气孔，如图 4.3 所示。另外，在母材生产过程中，铝合金中也会固溶一定量的氢，这些因素使氢气孔难以彻底消除。

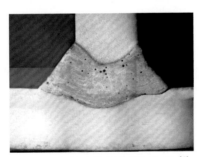

图 4.3　焊缝中的氧化膜氢气孔 [6]

氢气孔主要集中在熔合线附近，这是由于固-液界面为气泡的形成提供了良好的形核基底，且在熔合线附近，母材提供了大量的 $Al_3Zr$、$Al_3(Li_x，Zr_{1-x})$ 等高熔点金属间化合物，使气泡可以基于其表面形核长大。对比对接接头和 T 型接头可以发现，T 型接头中气孔体积及数量远高于对接接头，这是由焊接结构的差异所导致的。气泡在熔池中的逸出过程是沿着竖直向上的方向进行的。但是对于 T 型接头，当气泡移动至上熔合线附近时，由于桁条的阻拦，气泡的运动方向会发生改变，由竖直方向变为沿着上熔合线的斜向上方向，使气泡的逸出更加困难。当熔池凝固的时间小于气泡上浮逸出的时间时，气泡就会留在焊缝中成为气孔。对比两种接头的气泡逸出途径，T 型接头中的气孔抑制更为困难。此外，对于 T 型结构件，气泡在上浮过程中会不断地吸收熔池中析出的氢，并与相邻的小气泡合并长大，对比 T 型接头不同区域的气孔形貌可以发现，上熔合线附近的气泡数量较多且体积较大。

冶金气孔主要形成于熔池液态金属的凝固阶段，此阶段气泡形成之后主要依靠氢的扩散聚集长大，氢的持续析出向气泡内扩散导致其内部压力逐渐增加，该压力的存在导致气孔壁面自由结晶所形成的晶胞边界圆滑且限制了其长大的趋势，同时也促使最终形成规则圆形的气孔特征，如图 4.4 所示。另外，凝固阶段的熔池液态金属流动速度急剧下降，气泡基本未受液态金属流动的干扰。冶金气孔在上述两种因素的作用下最终形成形状规则、体积较小、内壁光滑的形貌特征。

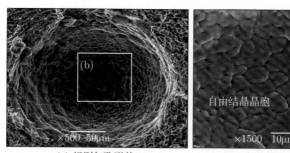
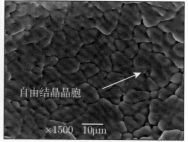

(a) 规则气孔形貌      (b) 气孔内壁自由结晶晶胞

图 4.4　冶金气孔显微形貌

### 2. 工艺气孔

工艺气孔的产生，主要与低沸点合金元素的蒸发及匙孔塌陷有关[7-9]。薄板铝合金 T 型接头中工艺气孔产生的主要机理为：激光焊接过程中，匙孔一直处于快速波动的不稳定状态，当其表面张力大于蒸气压力时，匙孔将不能维持稳定而塌陷[10-12]。匙孔塌陷形成的气泡在熔池中来不及逸出，滞留在焊缝中就会形成气孔。特别地，对于蒙皮-桁条 T 型结构 DLBSW 件，焊接工艺具有特殊性，在焊接过程中激光束与蒙皮会形成一定倾角，使匙孔的受力状态和熔池的流动状态变得更加复杂，更容易导致匙孔的塌陷闭合，如图 4.5 所示。

图 4.6 为 2219 铝合金 T 型接头拉伸断口中工艺气孔显微形貌。由图可见，工艺气孔壁面附着大量的拉伸断裂脱落物。分析认为，这主要是由于大部分铝合

金高温蒸气在迅速冷却过程中来不及凝固，直接以气相沉积的方式转化为固态薄膜层而覆盖在匙孔壁面，在拉伸过程中薄膜层破碎所遗留下来的物质。

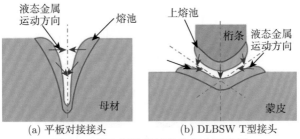

图 4.5　激光深熔焊接匙孔闭合示意图

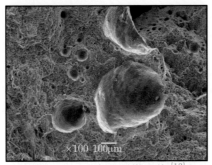

图 4.6　工艺气孔显微形貌[13]

综上可知，激光焊接过程中，匙孔一直处于快速波动的不稳定状态，当不稳定造成匙孔塌陷闭合时，匙孔中的气体包括氢气及金属蒸气等来不及逸出，滞留在焊缝中形成气孔。针对薄板铝合金 T 型结构 DLBSW，其匙孔形态和熔池受力状态相比于平板更为复杂。

关于该类气孔的形成机理，主要有三种理论，即凸台模型理论、匙孔底部聚焦效应模型理论以及液柱稳定性理论[14-17]。这些理论都能在一定程度上解释匙孔型气孔的形成，但同时都具有一定的局限性。

### 4.1.2　气孔的影响因素

#### 1. 焊前清洗

铝合金的化学活性很强，在空气中铝与氧极易形成致密、高熔点的 $Al_2O_3$ 氧化膜，氧化膜由内向外分别为无水氧化层、过渡层和水合氧化层，其主要成分为 $Al_2O_3$、$Al_2(SO_4)_3$、$Al_2O_3 \cdot H_2O$，与母材具有较强的结合力。氧化膜的存在是氢气孔形成的一大诱因，因此焊前需要严格清洗试件表面，一般可采用机械加工、化学清洗、激光清洗等方法对焊接试件进行焊前清洗，图 4.7 为脉冲激光清洗原理示意图。清洗后的焊接试件存放时间一般不宜超过 24h，若超过 24h，则在再次使用前需二次清洗。

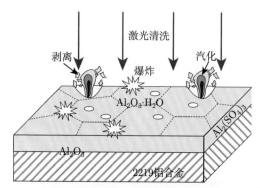

图 4.7　　激光清洗去除铝合金表面氧化膜原理示意图 [18]

### 2. 焊前预热

铝合金表面极易氧化，产生氧化膜，膜内有许多毛细孔隙。当焊前环境的相对湿度或材料厚度较大时，氧化膜层增厚加快，吸潮和吸水性增强，导致工件焊接过程中极易产生气孔缺陷。焊前预热、减缓散热有利于减缓熔池冷却速度，延长熔池存在时间，便于氢气泡溢出，减少或免除焊缝气孔。因此，为保证焊接质量，一般在焊接之前对焊接区域的母材进行预热，常用的预热方法包括火焰加热、激光加热等。

### 3. 焊接工艺参数

本节针对 2219 铝合金 T 型结构 DLBSW 件内部的气孔缺陷进行 X 射线无损检测分析。为了能清晰地观察到气孔的分布，需要对试样进行分段检测，分段示意图如图 4.8 所示。

焊缝长度较大，无法清晰地看出气孔缺陷的大小与气孔间距，同时考虑焊缝起始段和末段的影响，根据《铝及铝合金熔焊技术要求》(QJ 2698A—2011) I 级焊缝标准，取焊缝中部 100mm 长度来代表整条焊缝的缺陷分布、大小与形貌，采用 X 射线气孔检测方法对焊缝内部缺陷进行检测，经过计算和图像处理分别得到各区域的 X 射线照片，部分结果如图 4.9 所示。

下面分别论述激光功率、焊接速度和光束入射角度对焊缝内部气孔缺陷的影响。

#### 1) 激光功率对焊缝内部气孔缺陷的影响

在相同的条件下，匙孔的深度会随着激光功率的增加而加深，虽然匙孔径向也会相应有所增大，但整体上来看匙孔的稳定性变差，胀缩的变化更加激烈，这样匙孔底部产生的气泡就更多、更大。

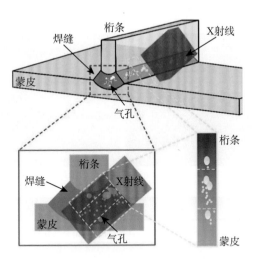

图 4.8　试样分段检测示意图[19]

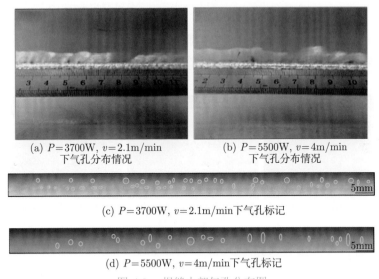

(a) $P=3700\text{W}$, $v=2.1\text{m/min}$
下气孔分布情况

(b) $P=5500\text{W}$, $v=4\text{m/min}$
下气孔分布情况

(c) $P=3700\text{W}$, $v=2.1\text{m/min}$下气孔标记

(d) $P=5500\text{W}$, $v=4\text{m/min}$下气孔标记

图 4.9　焊缝内部气孔分布图

　　不同激光功率下焊缝内部气孔缺陷的分布情况及气孔标记如图 4.10 所示。在焊接速度接近的条件下，功率较高时焊缝内部的气孔较大，数量较多，当激光功率降低为 4300W，焊接速度选取 2.5m/min 时，焊缝内部的气孔较小，数量较少。产生大气孔的主要原因是激光功率较大时焊接热输入较大，熔池的温度较高导致低沸点元素 Mg 等蒸发形成气泡，未能及时逸出熔池，最后残留在焊缝中形成大

气孔；而小气孔是由于熔池中存在过饱和氢，在冷却时大量析出，未能逸出熔池表面，从而形成小气孔。

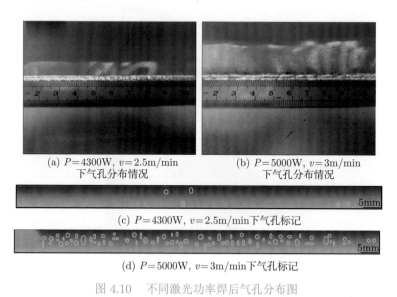

(a) $P=4300\text{W}$, $v=2.5\text{m/min}$
下气孔分布情况

(b) $P=5000\text{W}$, $v=3\text{m/min}$
下气孔分布情况

(c) $P=4300\text{W}$, $v=2.5\text{m/min}$下气孔标记

(d) $P=5000\text{W}$, $v=3\text{m/min}$下气孔标记

图 4.10　不同激光功率焊后气孔分布图

2) 焊接速度对焊缝内部气孔缺陷的影响

不同焊接速度下焊缝内部气孔缺陷的分布情况及气孔标记如图 4.11 所示。当

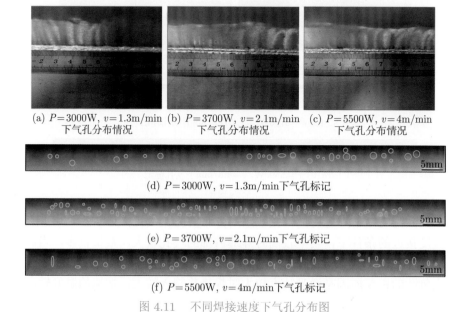

(a) $P=3000\text{W}$, $v=1.3\text{m/min}$
下气孔分布情况

(b) $P=3700\text{W}$, $v=2.1\text{m/min}$
下气孔分布情况

(c) $P=5500\text{W}$, $v=4\text{m/min}$
下气孔分布情况

(d) $P=3000\text{W}$, $v=1.3\text{m/min}$下气孔标记

(e) $P=3700\text{W}$, $v=2.1\text{m/min}$下气孔标记

(f) $P=5500\text{W}$, $v=4\text{m/min}$下气孔标记

图 4.11　不同焊接速度下气孔分布图

焊接速度发生显著改变时，低速 (1.3 ~ 2.1m/min) 焊接情况下，气孔尺寸较大，气孔所占面积较大。而高速焊接情况下，焊后的气孔尺寸较小，气孔所占面积显著减小。激光焊接是一个快速加热和冷却的过程，当焊接速度较低时，高温熔池存在的时间相对延长，导致质量数较小的元素大量挥发，形成气泡，气泡逐渐长大形成大气泡，此时气泡来不及逸出熔池，即形成大气孔。因此，从减小焊缝气孔的角度出发，焊接时应尽量采用较高的焊接速度。

3) 光束入射角度对焊缝内部气孔缺陷的影响

光束入射角度对匙孔型气孔生成的倾向有很大的影响。当激光束后倾时，气孔增多，倾角越大，气孔越多，金属的蒸发和气泡的形成是在匙孔底部后壁处 (后壁基本处于垂直方向)，气泡生成比较容易；当激光束前倾时，气孔明显减少，倾角越大，气孔越少，金属的蒸发和气泡的形成是在熔池的底部，气泡生成比较困难，并且即使产生了气泡，也极易再次返回到匙孔内，最后消失。

不同光束入射角度下焊缝内部气孔缺陷的分布情况及气孔标记如图 4.12 所示。可以发现，随着光束入射角度的增大，焊缝内部气孔的数量显著增多，大气孔半径尺寸虽未显著增大，但大尺寸气孔数量显著增多。

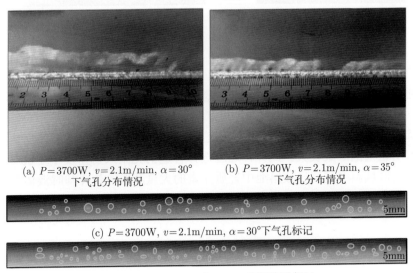

(a) $P=3700\mathrm{W}$, $v=2.1\mathrm{m/min}$, $\alpha=30°$
下气孔分布情况

(b) $P=3700\mathrm{W}$, $v=2.1\mathrm{m/min}$, $\alpha=35°$
下气孔分布情况

(c) $P=3700\mathrm{W}$, $v=2.1\mathrm{m/min}$, $\alpha=30°$下气孔标记

(d) $P=3700\mathrm{W}$, $v=2.1\mathrm{m/min}$, $\alpha=35°$下气孔标记

图 4.12　不同光束入射角度下气孔分布图

### 4.1.3　气孔的抑制措施

2219 铝合金焊接时会产生不同类型的气孔缺陷。其中，工艺气孔可以通过对工艺参数如激光功率、焊接速度、光束入射角度的调控得以改善，但冶金气孔由于母材自身以及焊接条件等的限制，往往难以避免。在工艺参数选择不当的情况

下，气孔缺陷更加严重，如图 4.13 所示。在激光焊接 T 型接头时，激光束与蒙皮呈一定夹角对 T 型结构进行焊接，因此激光深熔焊产生的匙孔通道也是呈该倾斜角度，这与激光焊接对接接头形成的竖直匙孔是不同的，T 型接头形成的气泡更不容易从匙孔通道逸出，从而形成气孔缺陷。由宏观接头可以看出，2219 铝合金激光焊接焊缝的气孔较多，分布比较分散，主要分布于焊接熔池边缘，且当激光功率与焊接速度不匹配时，会导致焊接过程中热输入不当，从而加剧气孔缺陷的形成。

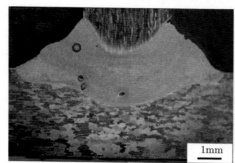 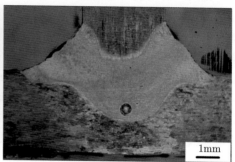

(a) $P=3700\text{W}$, $v=2.1\text{m/min}$　　　　　　(b) $P=3700\text{W}$, $v=4\text{m/min}$
下气孔分布情况　　　　　　　　　　　下气孔分布情况

图 4.13　2219 铝合金激光焊接 T 型接头气孔

通过优化工艺参数，可以有效减少氢气孔的产生，但是无法完全消除。试验发现，合理地选择激光功率范围 (4000W 以下)，可以有效地控制焊接热输入，减少低沸点元素的挥发；采用较快的焊接速度 (2.5m/min 以上) 能够减少熔池凝固时间，防止气泡汇聚长大。此外，还应选择合适的光束入射角度 (约 30°)，可以防止焊缝区域温度过高导致熔池中轻质元素的大量蒸发，使冷却时液体金属能够及时回流，填补内部空隙，防止气孔的产生。这些工艺措施对抑制气孔缺陷效果明显。

## 4.2　铝合金 DLBSW 焊缝裂纹

凝固裂纹与液化裂纹是铝合金结构件熔焊焊缝中常见的裂纹缺陷，这两种裂纹均是凝固过程中产生的共晶相液膜以及焊接过程导致的显著收缩应力综合作用的结果 [20-23]。凝固裂纹产生于焊缝中心，液化裂纹产生于热影响区与焊缝边缘。合金成分、凝固温度范围，以及在凝固最后阶段所形成的晶间共晶成分之间的相互关系决定了该合金的裂纹敏感性 [24-26]。

### 4.2.1 焊缝裂纹的形成机理

以铝锂合金为例，其为典型的共晶合金，由于添加了锂元素，合金的凝固温度范围和线性膨胀系数很大，裂纹问题更加突出。在铝锂合金焊缝中观察到的裂纹主要是垂直于焊接方向的纵向裂纹，且具有明显沿晶开裂的特征，图 4.14 为 T 型接头纵截面上观察到的典型凝固裂纹形貌。

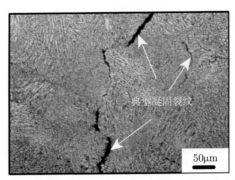

图 4.14　铝锂合金激光焊接接头中典型凝固裂纹缺陷

激光焊接过程是一个局部高速加热与冷却的过程，焊接件上温度分布极不均匀。金属受热时温度升高会发生体积膨胀，冷却时温度降低会发生体积收缩，因此不可避免地产生应力。此时晶体本身在进行剧烈的变形，但晶间残余的液相不易自由流动。当高温阶段晶间的塑性变形能力不足以承受凝固过程中所积累的应变量时，在拉应力的作用下晶间就会产生微小缝隙。当该缝隙无法被及时填充时，就会导致高温沿晶断裂，产生凝固裂纹。焊缝中心等轴树枝晶区，晶粒粗大且枝晶发达，晶间间隙相对较大，因此凝固裂纹极易在此处萌生。同时，激光焊接冷却过程是一个典型的非平衡凝固过程，这一特性导致晶粒中溶质元素含量较低，合金元素和杂质元素聚集于晶界发生离异共晶反应，从而于晶界处形成连续或不连续的低熔点共晶相液膜。同时，在激光焊接熔池快速冷却凝固过程中，先结晶的部分会对后结晶的部分产生力的作用，因此接头内会产生较大的内应力，当晶间的塑性变形能力不足以承受凝固过程中所积累的应力时，晶粒会在力的作用下分离，即产生裂纹[27]。

图 4.15 为在平衡凝固及非平衡凝固条件下，合金元素含量对裂纹敏感性的影响规律。在焊接非平衡凝固过程中，当合金中元素含量较低时，裂纹敏感性随合金元素含量的增加而增大；当溶质含量高于其在合金中的最大固溶度时，合金的凝固温度范围变窄，且在凝固的最后阶段晶间会产生大量的液相共晶相，这些共晶相的存在一方面阻碍了枝晶的发展，使晶粒细化，另一方面可以有效填补收缩及应力作用下产生的孔隙，及时"愈合"裂纹，裂纹倾向反而得到改善[28]。

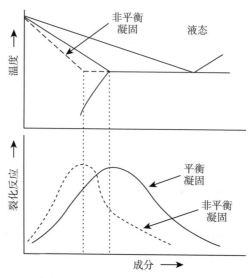

图 4.15　平衡凝固及非平衡凝固条件下合金的裂纹倾向 [29]

　　铝锂合金激光焊接接头中裂纹区域元素分布如图 4.16 所示,在裂纹边界处明显可见粗大枝晶形貌。在实际焊接生产实践中,影响凝固裂纹的因素很多,这些

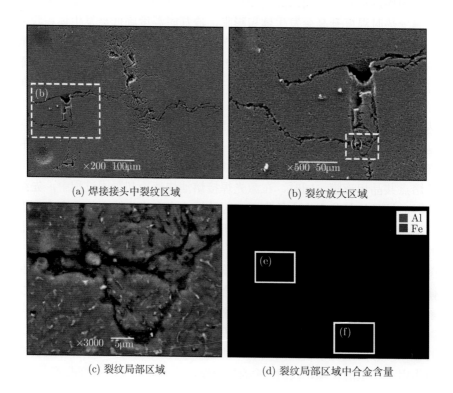

(a) 焊接接头中裂纹区域　　　　　　　　(b) 裂纹放大区域

(c) 裂纹局部区域　　　　　　　　(d) 裂纹局部区域中合金含量

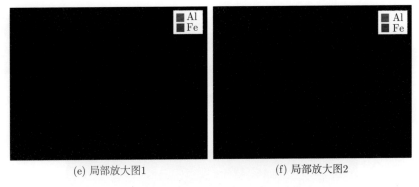

(e) 局部放大图1                    (f) 局部放大图2

图 4.16    铝锂合金激光焊接接头中裂纹区域元素分布

因素是相互关联的，影响规律错综复杂。焊缝金属非平衡凝固导致显微元素出现偏析现象，晶间存在大量富铜脆性相和富硅脆性相，造成焊缝金属塑性降低。激光高速焊接会导致焊缝区域应力较大，应力首先集中在塑性较低的晶间区域，导致晶间开裂的倾向增大。

此外，选取焊缝中心裂纹区域进行元素分布分析。由裂纹区域中 Al 元素和 Fe 元素的分布情况可以观察到，焊缝中 Al 元素含量极高，其主要分布于除裂纹区域外的所有区域中，而 Fe 元素含量较少，Fe 元素明显富集于裂纹区域。Fe 元素在固态铝中的溶解度很小，因此当焊缝中 Fe 元素含量较高时，其一般以针片状 $\beta$ 相 ($Al_9Fe_2Si_2$) 的形式析出。针片状 $\beta$ 相在晶界富集时，一方面会阻碍液体的补缩通道，另一方面极容易导致应力在此处集中，使裂纹倾向增大。

### 4.2.2    工艺参数对裂纹的影响

#### 1. 焊接热输入对焊接热裂纹的影响

焊接热输入是焊接过程中的核心工艺参数，其主要受激光功率和焊接速度的影响。本节针对 2060-2099 铝合金 T 型结构 DLBSW 件焊缝内部的状况进行分析。在保持焊接速度为 10m/min 的情况下，通过改变激光功率分别获得 16.8J/mm、18J/mm、19.2J/mm 三种焊接热输入水平，进而利用图 4.17 所示金相分析方法对三种焊接热输入作用下的焊缝组织热裂纹情况进行研究，金相分析焊缝的长度定为 10mm。

图 4.18 为不同焊接热输入作用下 T 型接头焊缝表面金相形貌。显然，随着焊接热输入的增大，焊缝内的焊接热裂纹程度明显增大。当焊接热输入为 16.8J/mm 和 18J/mm时，焊接热裂纹主要垂直于焊接方向形成；当焊接热输入增大到 19.2J/mm时，焊接热裂纹沿焊接方向分布的趋势较为明显。

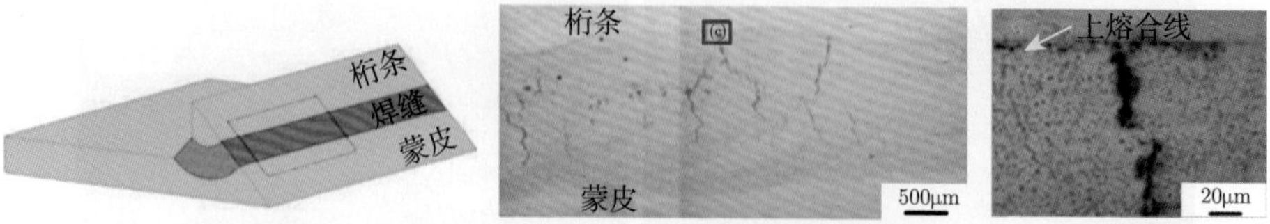

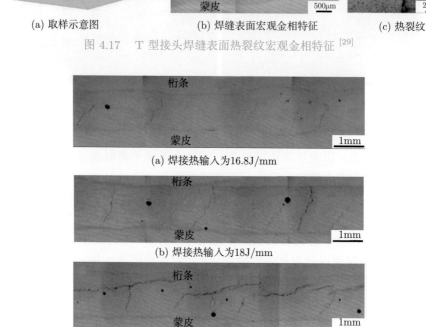

(a) 取样示意图　　　　(b) 焊缝表面宏观金相特征　　　　(c) 热裂纹

图 4.17　T 型接头焊缝表面热裂纹宏观金相特征[29]

(a) 焊接热输入为16.8J/mm

(b) 焊接热输入为18J/mm

(c) 焊接热输入为19.2J/mm

图 4.18　不同焊接热输入作用下 T 型接头焊接热裂纹特征[29]

**2. 送丝速度对焊接热裂纹的影响**

送丝速度是调节焊丝成分占焊缝组分比重的重要工艺参数，会直接影响焊缝组织成分特征，从而影响热裂纹的形成。分别选定 3.3m/min、4.3m/min、5.3m/min 三种送丝速度水平，保持焊接热输入为 18J/mm，研究焊接热裂纹差异。图 4.19 为不同送丝速度下 T 型接头焊缝表面金相形貌。在 3.3m/min 送丝速度下，焊缝内同时形成垂直和平行于焊接方向的热裂纹，且数量较多；当送丝速度增大到 4.3m/min 时，焊缝内热裂纹数量明显减少，且平行于焊接方向分布的热裂纹完全消失，仅存在垂直于焊接方向分布的热裂纹；当送丝速度继续增大到 5.3m/min 时，焊丝对热裂纹的抑制作用并无显著增强，相反，焊缝内又出现平行于焊接方向分布的热裂纹，垂直于焊接方向分布的热裂纹更加明显，且裂纹内表面张开的幅度更大。

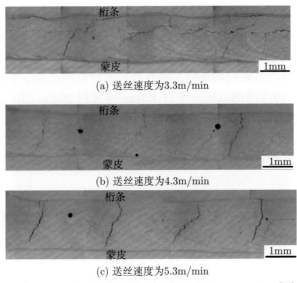

(a) 送丝速度为3.3m/min

(b) 送丝速度为4.3m/min

(c) 送丝速度为5.3m/min

图 4.19　不同送丝速度下 T 型接头焊接热裂纹特征[29]

3. 焊接结构拘束度对焊接热裂纹的影响

与常规的薄板对接接头相比，机身壁板 T 型接头长桁的存在极大地限制了蒙皮产生挠曲变形，以释放结构残余应力，因此 T 型接头的焊接结构拘束强度与长桁的状态密切相关。受对接接头鱼骨状焊接裂纹试验法的启发，对长桁进行类似鱼骨状的加工，以改变长桁对 T 型接头焊缝的拘束强度，分别选择 3mm 和 5mm 两种缺口间距，缺口宽度均为 0.2mm，缺口的最小长度和最大长度分别为 7mm 和 25mm，随着切口的增长，长桁产生的拘束度逐渐减小。图 4.20 为两种拘束条件下长桁鱼骨状试件尺寸示意图。

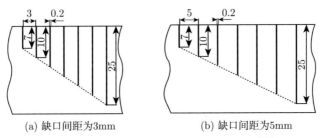

(a) 缺口间距为3mm　　　　　　　(b) 缺口间距为5mm

图 4.20　两种拘束条件下长桁鱼骨状试件尺寸示意图[29]（单位：mm）

两种长桁鱼骨状试件缺口的最小长度和最大长度分别为 7mm 和 25mm，相邻两缺口长度的差值为 3mm，可以认为缺口长度对长桁鱼骨状试件结构拘束度的影响规律基本一致。因此，长桁鱼骨状试件的结构拘束度主要受不同缺口间距的影响。显然，具有 3mm 缺口间距的长桁鱼骨状试件结构拘束度的下降趋势将显著大于具有 5mm 缺口间距的长桁鱼骨状试件，可以近似认为具有 3mm 缺口间距的长桁鱼骨状试件焊接后对 T 型接头焊缝的结构拘束度影响更小。为了准确分析缺口分布对焊缝内热裂纹特征的影响规律，取样范围需要尽可能地包含更多的缺口样本。因此，将焊缝的取样范围由 10mm 增大到 20mm。图 4.21 为不同拘束条件作用下的 T 型接头焊缝表面金相形貌。对每种拘束条件作用下形成的 T 型接头焊缝形貌进行分析，发现随着缺口长度的增大，热裂纹的数量明显减少，尺寸明显减小，特别是对于采用 3mm 缺口间距的长桁鱼骨状试件焊接的 T 型接头焊缝，热裂纹程度减弱的趋势更加明显。

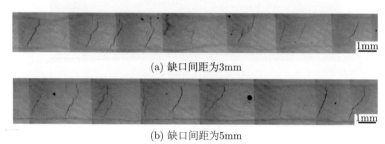

(a) 缺口间距为3mm

(b) 缺口间距为5mm

图 4.21　不同拘束条件作用下的 T 型接头焊接热裂纹特征[29]

### 4.2.3　裂纹的抑制措施

凝固裂纹的存在容易导致应力在其尖端集中，从而在焊接件受载过程中加速其失效，抑制措施主要从两方面考虑。一方面可以从减小焊接件中的应力的角度来考虑；另一方面，可以从减小热影响区宽度的角度来考虑，通过减小热输入可以有效减小热影响区的宽度，但是同时也增加了凝固裂纹的倾向。另外，焊接速度过高会导致焊缝金属的应变速率增加，从而增大热裂纹倾向。因此，关于工艺参数的选择需要慎重考虑。此外，增加焊缝焊丝填充量，保证晶间的缝隙能及时地被填充，可有效降低焊接裂纹倾向。

## 4.3　铝合金 DLBSW 变形

焊接热源局部加热的特点，导致焊接件上的热量分布不均匀。靠近焊缝区域吸收热量多引起体积膨胀，远离焊缝区域吸收热量少而未发生体积膨胀，抑制了焊缝区域的体积膨胀，导致焊接件在焊接过程中发生瞬态热变形。当焊接件中产生的内应力超过材料的弹性极限时，产生塑性应变，待焊接件冷却至室温后，表现为焊后变形。

### 4.3.1 DLBSW 变形形成机理

焊接过程中,焊接件受热不均匀,加之铝合金的热胀冷缩效应,温度高的部位热膨胀较大,温度低的部位热膨胀较小。焊接件不同部位的热膨胀大小不同,导致焊接件产生变形。另外,焊接熔池在冷却过程中从液态转化为固态,会产生较大的收缩量,进一步增加了焊接件的变形量。

当激光功率为 2500W,焊接速度为 1.8m/min,光束入射角度为 35° 时,焊接件 DLBSW 过程中在不同时刻的变形仿真结果如图 4.22 所示。

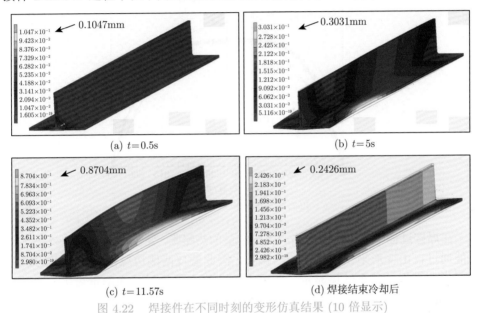

(a) $t=0.5$s      (b) $t=5$s

(c) $t=11.57$s      (d) 焊接结束冷却后

图 4.22　焊接件在不同时刻的变形仿真结果 (10 倍显示)

当焊接开始 0.5s 时,焊接变形量较小,仅为 0.1047mm,且变形主要发生在熔池附近。当焊接开始 5s 时,变形量增加到 0.3031mm,此时随着熔池的向前移动,蒙皮左右两边缘发生拱曲变形,蒙皮中心的桁条位置发生凹陷变形。当焊接开始 11.57s 时,熔池到达焊接结束的一端,焊接的变形量最大,达到 0.8704mm。此时,整个蒙皮-桁条焊接件的中部发生较大的拱曲变形,蒙皮中轴线上桁条位置发生一定量的凹陷变形,焊接件整体变形后类似于一个马鞍的形状。然而在焊接结束冷却的过程中,随着焊接件温度逐渐降低,焊接件开始收缩,变形量逐渐减小,冷却结束后的最大变形量为 0.2426mm。变形后的焊接件仍然类似于马鞍的形状,焊接件中部拱曲,蒙皮中轴线上桁条的位置向下凹陷。

由焊接件在不同时刻的变形仿真结果可以看出,焊接开始后,随着熔池的向前移动,焊接件的变形量逐渐增大。当焊接结束冷却开始时,焊接件的温度逐渐降低,焊接件的变形开始收缩减小,直至最后冷却结束。

焊接变形仿真结束后，立即根据仿真结果开展验证性试验。验证性试验主要采用高度尺测量蒙皮右侧边缘的拱曲变形量。高度尺测量的位置位于蒙皮右侧上边缘处，从起始端开始每隔 45mm 测量一个点，并记录该点的高度，最后将各点的高度减去蒙皮原有的厚度，即可得到蒙皮在该点处的拱曲变形量。完成蒙皮右侧边缘的拱曲变形测量后，将实际测量的变形量与仿真的变形量进行对比分析，以验证变形仿真结果的准确性，对比结果如图 4.23 所示。

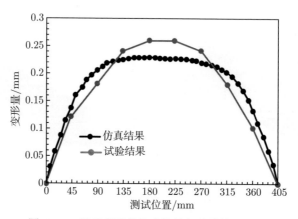

图 4.23　焊后变形的仿真结果与试验结果对比

在焊接过程中蒙皮两侧受热产生一定量的热膨胀，蒙皮的四个角被装夹固定，不能通过自由变形来抵消材料的热膨胀，因此蒙皮两侧边缘由于热膨胀的累积，出现拱曲变形。仿真结果显示，蒙皮右侧边缘中部位置的变形量最大，大约为 0.22mm。焊接起始端和焊接终止端由于受到装夹固定作用，变形量最小。试验测量结果也显示蒙皮边缘中部位置的变形量最大，为 0.26mm，焊接起始端和焊接终止端的变形量最小。试验测量的最大变形量与仿真的最大变形量相差不大，并且试验测量的变形趋势与仿真的变形趋势基本吻合。本节将针对模拟结果讨论焊接工艺参数、装夹条件及焊接顺序对焊接变形的影响。

### 4.3.2　焊接变形的影响因素

#### 1. 焊接工艺参数对焊接结构变形的影响

本节分别针对三种典型焊接工艺参数下的焊接试样，研究不同工艺参数对焊接结构变形的影响，主要包括激光功率、光束入射角度、焊接速度等。从焊缝一端沿着直线上的标注位置每隔 100mm 检测一个点，每组参数检测 3 次，其最大变形记为焊接变形。

焊接件最大变形量的测量数据如表 4.1 所示。由表 4.1 可知，最大变形主要集中于焊接件两端，出现这种现象的原因主要是在机加凸台时蒙皮会发生变形，焊接过程中在机加变形的基础上又会发生热变形。

表 4.1　焊接件最大变形量的测量数据　　　　　　　　（单位：mm）

| 编号 | 测试点 1 | 测试点 2 | 测试点 3 | 测试点 4 | 测试点 5 | 最大变形量 |
|------|---------|---------|---------|---------|---------|-----------|
| 1 | 1.58 | 1.30 | 0.60 | 0.62 | 0.48 | 1.58 |
| 2 | 1.48 | 1.42 | 0.50 | 0.52 | 0.70 | 1.48 |
| 3 | 1.50 | 1.50 | 0.52 | 0.54 | 1.52 | 1.52 |

不同工艺参数下焊接件的最大变形量如表 4.2 所示。由表 4.2 可知，工艺参数选择激光功率为 4300W，光束入射角度为 30°，焊接速度为 2.5m/min 时，焊接件的最大变形量最小，为 1.48mm，因此该工艺参数为最优工艺参数。当焊接速度提高到 3.9m/min，激光功率增大到 5500W 时，最大变形量为 1.52mm。

表 4.2　不同工艺参数下焊接件的最大变形量

| 编号 | 激光功率/W | 光束入射角度/(°) | 焊接速度/(m/min) | 最大变形量/mm |
|------|-----------|-----------------|------------------|---------------|
| 1 | 4500 | 30.5 | 2.75 | 1.58 |
| 2 | 4300 | 30 | 2.5 | 1.48 |
| 3 | 5500 | 30 | 3.9 | 1.52 |

### 2. 装夹条件对焊接结构变形的影响

本节以 2060-2099 蒙皮-桁条结构典型件的变形为例进行分析，其主要为平行于焊缝方向的挠曲变形和垂直于焊缝方向的角变形。按照五种不同装夹方案，包括 "321" 装夹 (对三角分别进行 $X$ 向、$XY$ 向、$XYZ$ 向约束)、四角固定、蒙皮横向边装夹、蒙皮横向边 + 桁条两点装夹、蒙皮纵向与横向边装夹，如图 4.24 所示，分别对典型件进行模拟，焊接工艺参数、焊接环境及焊接顺序等都保持一致，得到最终的焊后变形结果。

由变形结果可以看出，五种装夹方案的焊后变形特征为：沿焊缝方向，桁条及与其连接的蒙皮部位产生向上挠曲变形；垂直于焊缝方向，蒙皮向下翘曲，产生角变形，这与单桁条基本件的变形趋势相同。变形的最大值位于典型件两侧的中间位置，这一位置是典型件最大挠曲变形与最大角变形的叠加位置，因此变形最大。

另外，不同的装夹方式对焊后最大变形量及变形分布具有显著的影响。五种不同装夹方案的焊后最大变形量分别为 4.267mm、4.068mm、1.272mm、1.220mm、0.5454mm。随着装夹位置的增加，最大变形量与角变形逐渐降低。特别地，当对蒙皮纵向与横向边装夹时，最大变形量最小，仅为 0.5454mm。结合图 4.24 和图 4.25 可得，残余应力高的位置变形量小，残余应力低的位置变形量大。装夹方式在影响残余应力分布的同时也影响变形分布，即装夹点处由于节点自由度被完全限制，焊接过程的不均匀温度场以及由它引起的局部塑性变形，产生较小变形的同时产生高应力。

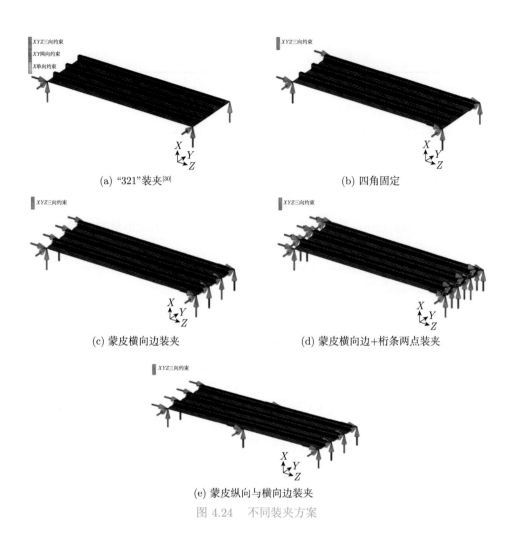

(a) "321"装夹[30]　　　　　　　　　　　　　(b) 四角固定

(c) 蒙皮横向边装夹　　　　　　　(d) 蒙皮横向边+桁条两点装夹

(e) 蒙皮纵向与横向边装夹

图 4.24　不同装夹方案

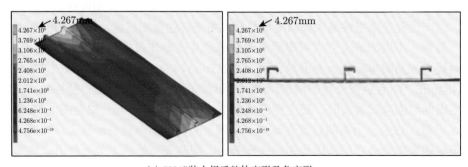

(a) "321"装夹焊后整体变形及角变形

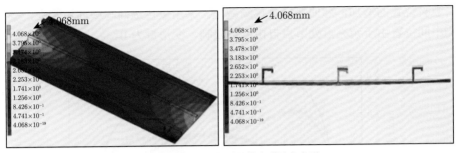

(b) 四角固定装夹焊后整体变形及角变形

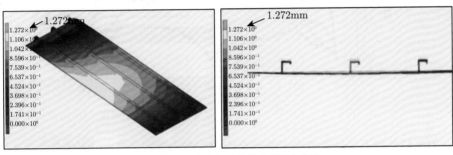

(c) 蒙皮横向边装夹焊后整体变形及角变形

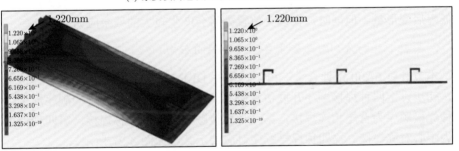

(d) 蒙皮横向边+桁条两点装夹焊后整体变形及角变形

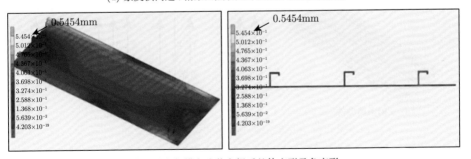

(e) 蒙皮纵向与横向边装夹焊后整体变形及角变形

图 4.25　不同装夹方案焊后变形模拟结果对比

图 4.26 为不同装夹方案焊后翘曲变形模拟结果对比。与整体变形结果相似,

随着装夹位置的增加，翘曲变形量逐渐减小。采用蒙皮纵向与横向边装夹，蒙皮两侧中间位置由于装夹点处节点自由度被限制，变形量为 0。

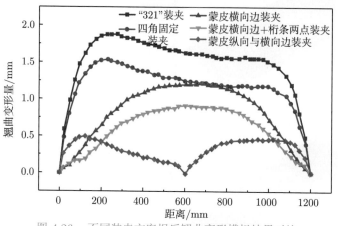

图 4.26　不同装夹方案焊后翘曲变形模拟结果对比

由典型件在不同装夹方案下的残余应力与变形分布可得，在铝锂合金蒙皮-桁条 DLBSW 的过程中，通过增加装夹位置，特别是对蒙皮侧面进行装夹，可显著降低焊后变形量。但同时，在装夹位置处将会产生较大的残余应力。

**3. 焊接顺序与方向对三桁条典型件变形的影响**

本节针对 5A90 铝锂合金三桁条典型件 DLBSW 结构的焊接顺序进行仿真优化，初步设定四种焊接顺序开展仿真研究。第一种焊接顺序为同向顺序焊接，第二种焊接顺序为首尾相连焊接，第三种焊接顺序为外侧对称焊接，第四种焊接顺序为中心对称焊接。这四种焊接顺序对应的示意图如图 4.27 所示。

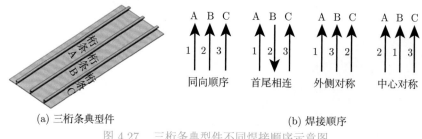

(a) 三桁条典型件　　　　　　　　　　　　　　(b) 焊接顺序

图 4.27　三桁条典型件不同焊接顺序示意图
A、B、C-桁条位置；1、2、3-焊接顺序

为了研究三桁条典型件在焊接过程中的变形演化情况，本节截取不同焊接顺序下，不同时刻三桁条典型件的变形仿真结果，如图 4.28 ~ 图 4.32 所示。

图 4.28 显示了三桁条典型件在同向顺序焊接下的变形仿真结果。同向顺序焊

接首先焊接左侧第一根桁条，最后焊接右侧的桁条，因此变形先从左侧开始，逐渐向右侧增加。典型件的角点处被装夹固定，因此焊缝周围受热膨胀后，只能向上进行拱曲变形。蒙皮和桁条中部在焊接结束后，都发生了向上的拱曲变形。当焊接时间为 11.54s 时，焊完第一根桁条，此时的最大变形量为 0.4559mm；焊完第二根桁条时的最大变形量为 0.5187mm；焊接第三根桁条时，前面两根桁条已经逐渐冷却，焊接件局部收缩使变形量减小，因此焊接完第三根桁条时的最大变形量减小为 0.4947mm。

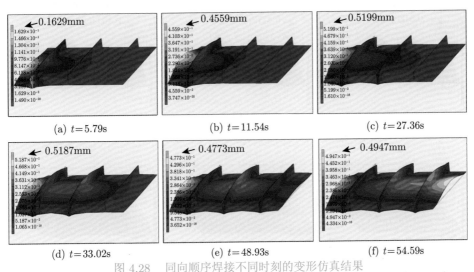

图 4.28    同向顺序焊接不同时刻的变形仿真结果

保持焊接工艺参数不变，当采用首尾相连焊接顺序时，三桁条典型件在不同焊接时刻的变形仿真结果如图 4.29 所示。焊接完第一根桁条时的最大变形量为 0.4559mm；焊接完第二根桁条时的最大变形量为 0.5188mm；焊接完第三根桁条时，前面两根桁条已经逐渐冷却，因此焊接件的变形量减小至 0.4944mm。变形的形式仍然是焊接件中部向上拱曲，而桁条所在的蒙皮位置向下凹陷。

当采用外侧对称焊接顺序时，典型件在不同时刻的变形仿真结果如图 4.30 所示。该焊接顺序是先焊接外部两侧的桁条，最后焊接中间的桁条，因此变形先从两侧开始，逐渐向中间增大。焊接完第一根桁条时的最大变形量为 0.4559mm；焊接完第二根桁条时的最大变形量为 0.4905mm；最后焊接完中间桁条时的最大变形量为 0.5081mm。

当采用中心对称焊接顺序时，不同时刻的变形仿真结果如图 4.31 所示。该焊接顺序为先焊接中间的桁条，再焊接两侧的桁条，因此三桁条典型件中间先开始变形，焊完中间桁条时的最大变形量为 0.2550mm。继续焊接左右两侧的桁条，焊接完左侧桁条时的最大变形量为 0.5000mm，最终焊接完右侧桁条时的最大变形量为 0.5488mm，变形的形式仍以三桁条典型件中部拱曲变形为主。

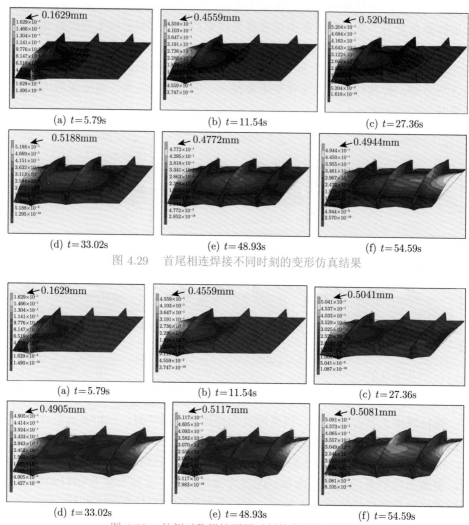

(a) $t = 5.79\text{s}$　　　　　(b) $t = 11.54\text{s}$　　　　　(c) $t = 27.36\text{s}$

(d) $t = 33.02\text{s}$　　　　　(e) $t = 48.93\text{s}$　　　　　(f) $t = 54.59\text{s}$

图 4.29　首尾相连焊接不同时刻的变形仿真结果

(a) $t = 5.79\text{s}$　　　　　(b) $t = 11.54\text{s}$　　　　　(c) $t = 27.36\text{s}$

(d) $t = 33.02\text{s}$　　　　　(e) $t = 48.93\text{s}$　　　　　(f) $t = 54.59\text{s}$

图 4.30　外侧对称焊接不同时刻的变形仿真结果

　　上述展示了焊接过程中，不同时刻三桁条典型件的变形演化情况。在焊接结束后的冷却过程中，由于温度的降低，材料会逐渐收缩，焊接件的变形量也会随之逐渐减小。在焊接件冷却至室温后，仍然会有一定量的变形。不同的焊接顺序，变形量也会有所不同。图 4.32 展示了三桁条典型件在焊接结束冷却后，不同焊接顺序下的变形对比。三桁条典型件在焊接冷却后，左右两侧边缘的中间位置发生拱曲变形，桁条位置向下凹陷。桁条对结构具有强化作用，因此三桁条典型件中间桁条的位置变形较小。在四种焊接顺序中，外侧对称焊接对应的变形量最小，最大变形量为 0.3087mm。同向顺序焊接对应的变形量最大，最大变形量为 0.3183mm。综上所述，三桁条典型件采用外侧对称焊接，即先焊接外侧的桁条，最后焊接中间的桁条，能有效地控制焊后变形。

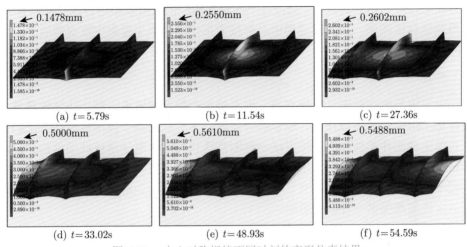

(a) $t=5.79$s    (b) $t=11.54$s    (c) $t=27.36$s

(d) $t=33.02$s    (e) $t=48.93$s    (f) $t=54.59$s

图 4.31    中心对称焊接不同时刻的变形仿真结果

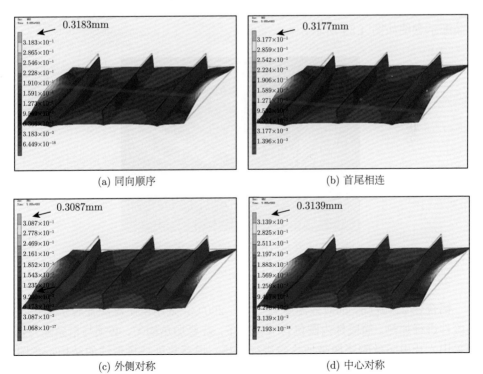

(a) 同向顺序    (b) 首尾相连

(c) 外侧对称    (d) 中心对称

图 4.32    典型件在四种不同焊接顺序下焊接结束冷却后的变形仿真结果

### 4.3.3　焊后矫形工艺研究

变形控制是薄板铝合金蒙皮-桁条结构 DLBSW 的重点与难点。目前，针对筒段件激光焊接变形控制，一方面采用焊前专用工装吸附平台进行装夹的方法；另一方面通过对三桁条典型件、筒段件不同焊接顺序的数值模拟进行焊接顺序优化，获得最佳焊接顺序。在实际应用中，焊接变形控制措施主要集中在保障装夹、随焊冷却与焊后的矫形。

#### 1. 保形工装

为了满足航空航天、轨道交通、汽车等行业的发展需求，解决传统的薄壁曲面件加工定位工装适应性差、成本高等问题，本节提出基于包围盒迭代方法的点阵式薄壁曲面件柔性加工定位方法。包围盒迭代方法实现了薄壁曲面件的预定位和精定位。计算实例表明，所提出的方法是可行的，可有效解决薄壁曲面件定位过程中所涉及的数学模型建立、变换矩阵求解等问题，为解决薄壁曲面件加工过程的定位问题提供一种新的思路。

针对筒段件的 DLBSW 工艺，设计专用工装平台进行装夹。吸附平台材料为铸造铝合金，平台包括吸附面、吸附槽、密封圈、密封圈槽、吸附孔和筋条等。该焊接吸附平台可适用于尺寸不同但曲率相同的筒段件结构。焊接吸附平台与筒段件装配示意图如图 4.33 所示。

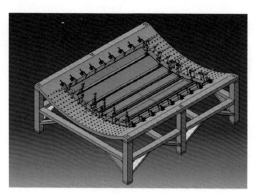

图 4.33　焊接吸附平台与筒段件装配示意图

#### 2. 焊后热处理矫形法

铝合金 2219-T87 的时效温度为 $175 \sim 200$℃，采用电阻丝陶瓷履带加热带对筒段件进行加热。筒段件内圆包含五根桁条，若要加热均匀，必须与桁条隔开，因此采用六片电阻丝陶瓷履带加热带进行加热。焊后热处理矫形法的结构示意图如图 4.34 所示。

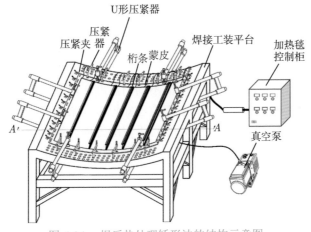

图 4.34　焊后热处理矫形法的结构示意图

　　根据相应的工装及设备,对所研究焊接结构三个阶段的加热矫形进行分析。采用保温毯对其进行保温,但是热量仍然在不断散失。加热温度与筒段件的实际温度相差 20 ～ 30℃。

### 3. 焊后锤击矫形法

　　对筒段件进行锤击矫形,锤击采用的工具有铝锤和石棉板,锤击矫形在与筒段件外圆相同曲率的工装平台上开展。锤击矫形前后需要用与筒段件内外圆相同曲率的样板分别测量内外圆度,以控制内外圆度在允许范围内。

　　针对筒段件进行锤击矫形,在矫形前用内外圆样板及卡规测量筒段件的圆度,确定超过允许值的位置,然后将石棉板垫在平台与筒段件之间,连续对筒段件进行锤击,完成后用内外圆样板及卡规测量,直至满足筒段件搅拌摩擦拼焊的圆度要求。

## 4.4　铝合金 DLBSW 残余应力

　　在实际情况中,焊接残余应力的产生较为复杂。按照产生原因,焊接残余应力可分为三类:① 由不均匀加热和冷却产生的直接应力;② 由焊前加工条件 (如轧制、拉拔等) 引入的应力和外界约束造成的拘束应力,统称为间接应力;③ 由金属材料组织变化而产生的组织应力。其中,直接应力是产生焊接应力的主要因素。按照分布方向,焊接残余应力又可分为纵向应力、横向应力以及厚度方向的应力。其中,纵向应力是指沿焊缝长度方向的应力,因焊缝纵向收缩受约束而产生,局限于焊缝区及其附近较为狭窄的区域;横向应力是指平行于焊缝表面且与焊缝长度方向垂直的应力,主要由焊缝横向收缩和纵向收缩共同作用引起;厚度方向的应力是指与焊缝表面垂直且与焊缝长度方向垂直的应力，将导致焊接构件处于三向拉伸应力状态，其分布情况与焊接工艺密切相关。

### 4.4.1　焊接残余应力的形成机理

焊接残余应力是由焊接加热产生的不均匀温度场引起的，在焊接构件内部各个方向都会产生焊接残余应力。一般假定已知焊接残余应力的主应力方向：纵向应力，平行于焊缝方向；横向应力，垂直于焊缝方向。焊接接头残余应力分布情况如图 4.35 所示。由图可知，应力的大小沿着同一方向是不同的。

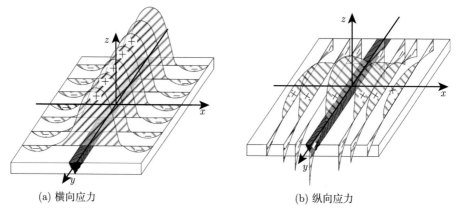

(a) 横向应力　　　　　　　　　　　　　　　　(b) 纵向应力

图 4.35　焊接接头残余应力分布情况

焊接残余应力是焊后残留在焊接件中的内应力。焊接过程中焊接区域以远高于周围区域的速度进行快速受热，并产生部分熔融状态，附近区域对受热高温区域产生约束限制，由此产生热应力。焊接区域温度升高导致屈服极限降低，甚至低于热应力，进而导致焊接区域内形成一系列的塑性压缩变形。在焊接件冷却收缩过程中，周围材料制约了焊缝两侧产生塑性变形区域的自由收缩，使焊缝区域内形成不均匀的拉应力，周围材料产生相应的压缩残余应力。

### 4.4.2　焊接残余应力的影响因素

#### 1. 焊接工艺参数对焊缝残余应力的影响

本节以 2219 铝合金蒙皮-桁条 T 型结构为例，分析焊接工艺参数 (激光功率、焊接速度等) 对焊缝残余应力的影响。其中，激光功率的参数选用范围为 3700 ～ 5500W，焊接速度的参数选用范围为 1.7 ～ 3.3m/min。

不同焊接工艺参数下焊接残余应力的仿真结果如图 4.36 所示。根据不同焊接工艺参数的焊接残余应力仿真结果进行分析，焊接残余应力均集中在焊缝和蒙皮四角处。焊缝处产生较高的残余应力，主要是由于远离焊缝的金属约束，高温的焊缝区没有膨胀和收缩自由。另外，位移约束固定了节点的自由度，从而限制了焊接过程中构件的变形，从而在蒙皮四角处产生了约束应力。在不同焊接工艺参数下，激光功率较低时焊接件的最大应力较低，激光功率较高时焊接件的最大应力相对较高。

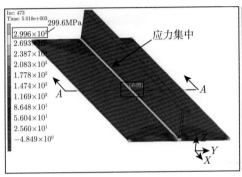
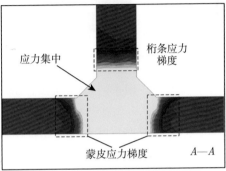

(a) $P=3700\text{W}$, $v=1.7\text{m/min}$

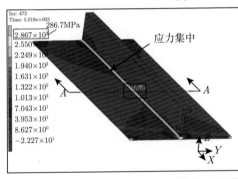
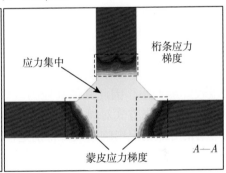

(b) $P=4300\text{W}$, $v=2.5\text{m/min}$

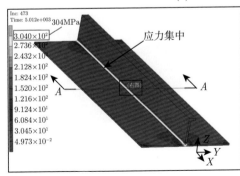
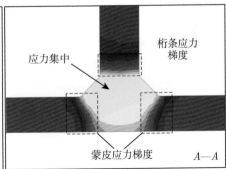

(c) $P=4900\text{W}$, $v=2.5\text{m/min}$

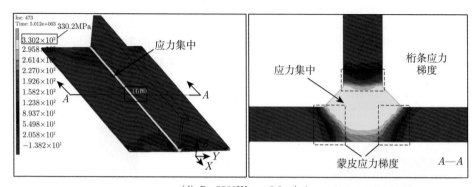

(d) $P=5500\mathrm{W},\ v=3.3\mathrm{m/min}$

图 4.36　不同焊接工艺参数下焊接残余应力的仿真结果

### 2. 装夹条件对焊缝残余应力的影响

五种装夹方案下三桁条典型件焊接残余应力模拟结果如图 4.37 所示。由结果可以看出,五种装夹方案下残余应力峰值分别为 410.2MPa、411.0MPa、410.4MPa、410.7MPa、409.9MPa,且都出现在焊缝处。由残余应力云图可以发现,高残余应力区除了集中在桁条两侧的焊缝处,还存在于装夹位置处。装夹位置处的节点自由度被完全限制,阻碍了焊接热态塑性变形引起的残余应力的释放,因此容易产生高应力区。但其距离焊缝较远,焊接时引起的膨胀量与焊后冷却的收缩量较焊缝处小,因此其最高应力较焊缝处小得多 (约为 240MPa)。由此可以得出,不同装夹方式对焊后残余应力的峰值及其所处位置的影响较小,但是对残余应力的分布情况影响较大,特别是在装夹位置处,将会产生一个较高的残余应力区。

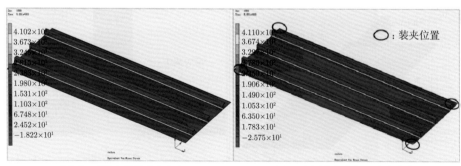

(a) "321"装夹焊后残余应力　　　　　　　　　(b) 四角固定装夹焊后残余应力

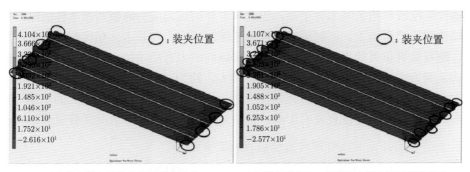

(c) 蒙皮横向边装夹焊后残余应力     (d) 蒙皮横向边+桁条两点装夹焊后残余应力

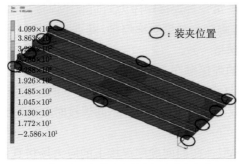

(e) 蒙皮纵向与横向边装夹焊后残余应力

图 4.37    五种装夹方案下三桁条典型件应力场结果 (节点均值)

提取五种装夹方案下蒙皮背面直线处各节点的纵向残余应力绘制成曲线，如图 4.38 所示。由结果可以看出，在三条焊缝位置的纵向应力为拉应力，且拉应力区集中在一个很窄的范围内，其余范围的应力为压应力 (除了蒙皮纵向与横向边装夹方式)，这与单桁条基本件的纵向应力结果相一致。蒙皮宽度很大，从而对焊

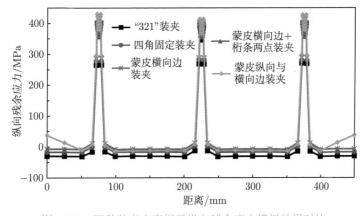

图 4.38    五种装夹方案焊后纵向残余应力模拟结果对比

缝的拘束度较单桁条基本件更高，因此典型件的纵向应力峰值与基本件的纵向应力峰值相比略微增大，同时蒙皮压应力区域的压应力与基本件相比有所降低。另外，随着装夹位置的增加，蒙皮背面中部纵向应力有所增加。采用蒙皮纵向与横向边装夹方式，焊缝位置处的纵向应力最大，约为 430MPa。同时，蒙皮两侧由于存在装夹，原来的压应力转化为拉应力。这进一步说明，装夹方式的不同对残余应力峰值及其所处位置没有影响，但是对残余应力的分布情况具有显著影响。

### 3. 焊接顺序及方向对焊缝残余应力的影响

针对典型件焊接顺序的仿真优化，本节基于以往焊接经验，初步设定四种焊接顺序开展仿真研究。第一种焊接顺序为同向顺序焊接，第二种焊接顺序为首尾相连焊接，第三种焊接顺序为外侧对称焊接，第四种焊接顺序为中心对称焊接。这四种焊接顺序与前述保持一致。

典型件三根桁条的焊接顺序不同，导致焊接件在焊接过程中的应力演化和最终的残余应力不同。为了观察焊接过程中不同时刻的应力分布情况，需要分析应力演化规律。本节截取不同焊接顺序下，不同焊接时刻的应力分布如图 4.39 ~ 图 4.42 所示。

图 4.39 显示了典型件在同向顺序焊接下的应力场仿真结果。由图可以看出，焊接应力主要集中在桁条两侧的焊缝处。可以发现，在焊接过程中，随着焊接的进行，应力逐渐升高，当应力升高至屈服极限时，材料发生屈服而产生塑性变形。变形后应力得到释放，应力降低至屈服极限以下。随着焊接的继续进行，应力又逐渐累积升高，当最大应力超过屈服极限时，材料又发生屈服，应力再次降低。该屈服现象在焊接过程中不断循环，直至焊接结束。

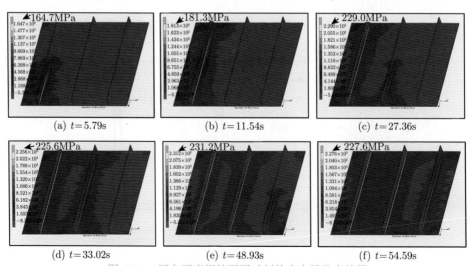

图 4.39　同向顺序焊接不同时刻的应力场仿真结果

图 4.40 显示了典型件在首尾相连焊接下的应力场仿真结果。由图可以看出，焊接应力主要集中在桁条两侧的焊缝处。

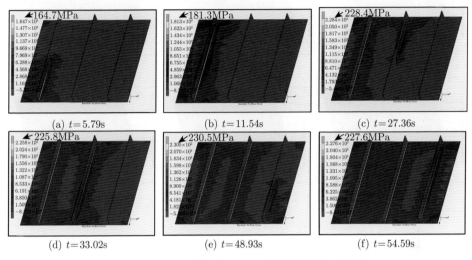

(a) $t=5.79\text{s}$          (b) $t=11.54\text{s}$          (c) $t=27.36\text{s}$

(d) $t=33.02\text{s}$          (e) $t=48.93\text{s}$          (f) $t=54.59\text{s}$

图 4.40　首尾相连焊接不同时刻的应力场仿真结果

图 4.41 显示了典型件在外侧对称焊接下的应力场仿真结果。由图可以看出，焊接应力仍主要集中在桁条两侧的焊缝处。

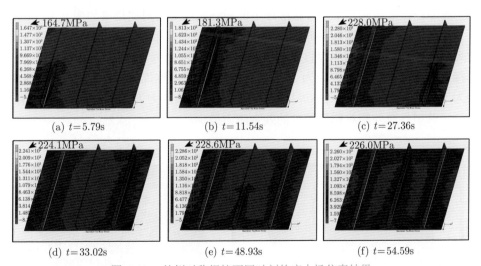

(a) $t=5.79\text{s}$          (b) $t=11.54\text{s}$          (c) $t=27.36\text{s}$

(d) $t=33.02\text{s}$          (e) $t=48.93\text{s}$          (f) $t=54.59\text{s}$

图 4.41　外侧对称焊接不同时刻的应力场仿真结果

图 4.42 显示了典型件在中心对称焊接下的应力场仿真结果。由图可以看出，焊接应力仍然主要集中在桁条两侧的焊缝处。

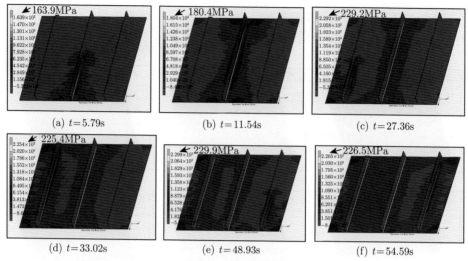

(a) $t=5.79$s    (b) $t=11.54$s    (c) $t=27.36$s

(d) $t=33.02$s    (e) $t=48.93$s    (f) $t=54.59$s

图 4.42    中心对称焊接不同时刻的应力场仿真结果

以上研究了焊接过程中，不同时刻典型件的应力演化情况。在焊接结束后的冷却过程中，随着温度的逐渐降低，材料会发生进一步变形。不同区域的温度不同，其收缩量也会有所差异，收缩不一致会导致应力改变。因此，只有焊接件冷却后的最终残余应力及分布情况符合要求，才能确定该焊接件可以被安全使用。对于具有三根桁条的典型件，不同焊接顺序下的最终残余应力大小和分布不同。其中，典型件在上述四种不同焊接顺序下的最终残余应力对比结果如图 4.43 所示。

由图 4.43 可知，四种不同焊接顺序下的残余应力都主要集中分布在桁条两侧的焊缝处。典型件在同向焊接顺序下的最大残余应力为 236.0MPa，在首尾相连焊接顺序下的最大残余应力为 236.4MPa，在外侧对称焊接顺序下的最大残余应力为 234.8MPa，在中心对称焊接顺序下的最大残余应力为 237.1MPa。对比结果显示，典型件在外侧对称焊接时的残余应力最小。

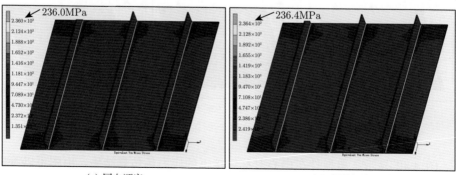

(a) 同向顺序    (b) 首尾相连

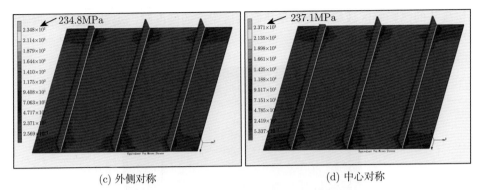

(c) 外侧对称　　　　　　　　　　　(d) 中心对称

图 4.43　四种不同焊接顺序下的焊接件残余应力仿真结果

### 4.4.3　焊接残余应力的抑制措施

构件在焊接时产生瞬时内应力，焊后产生残余应力，并同时产生残余变形，这是难以避免的现象。在控制焊接变形时，通常采用增加刚性装夹以控制变形，这往往会增大焊后残余应力。而在控制焊接变形的同时，焊后产生的内应力较大，甚至会产生裂纹。因此，大尺寸复杂结构件在焊接时应注意焊后残余应力的控制，具体措施如下。

(1) 减小焊接拘束度。拘束度越大，焊后残余应力越大。因此，应尽量在较小的拘束度下施焊，尽可能不采用刚性固定的方法控制变形，以免增大焊接拘束度。此外，还可采用刚度较小的接头形式。

(2) 采用合理的焊接顺序及方向。在具有角接结构的 T 型焊缝中，优化焊接顺序，并使焊缝的收缩比较自由，尤其是横向收缩更应保证自由，焊接方向应当指向自由端。

(3) 采用锤击消除焊接构件的残余应力，即在每条焊缝完成后立即用锤击工具均匀敲击焊缝金属，使其产生塑性延伸变形，抵消焊缝冷却后承受的局部拉应力。但焊道根部及面层不宜锤击，以免出现熔合线和近焊缝区的硬化或裂纹。

## 4.5　铝合金 DLBSW 力学性能损失

### 4.5.1　焊接接头软化

试验件为 2219 铝合金激光焊接 T 型接头，选取不同焊接工艺参数下的焊接接头进行显微硬度测试。试验测试的位置如图 4.44 所示，从焊缝中心的上熔合线上方的母材开始测试，依次经过桁条热影响区、上熔合线、焊缝、下熔合线、蒙皮热影响区，再到下熔合线的母材部分，每隔 0.5mm 测一个点。但是，由于激光焊接接头的热影响区较窄，在测量热影响区附近的硬度时，测量间距可根据实际情况稍作调整。

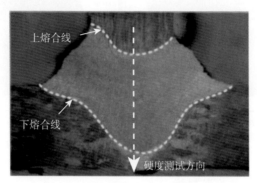

图 4.44　T 型接头硬度测试位置

硬度测试中的加载方式采用 $100g$ 加载力，加载时间为 10s。

1) 不同激光功率对焊缝硬度的影响

在光束入射角度和焊接速度相同的情况下，对比不同激光功率对焊接接头不同区域硬度分布的影响。图 4.45 为不同激光功率下焊接试样的硬度分布对比。

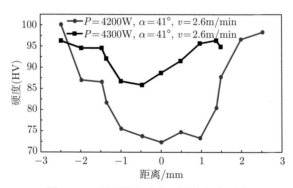

图 4.45　不同激光功率下焊缝硬度对比

在相同的焊接速度和光束入射角度下，功率越高，焊缝区域的整体硬度越大。

2) 不同光束入射角度对焊缝硬度的影响

在焊接功率 (4200W) 和焊接速度 (2.6m/min) 相同的情况下，对比不同光束入射角度对焊接接头不同区域硬度分布的影响。图 4.46 为不同光束入射角度下焊接试样的硬度分布对比。

在相同的焊接功率和焊接速度下，光束入射角度越大，焊缝区域的整体硬度越大。

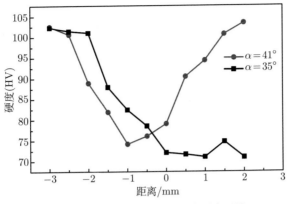

图 4.46　不同焊接角度下焊缝硬度对比

### 4.5.2　焊接接头区域强度损失

为了全面评价焊接接头的力学性能，需要测试 2219 铝合金蒙皮-桁条 T 型结构 DLBSW 接头在常温状态下 $X$、$Y$、$Z$ 三个方向上的拉伸性能，三个方向的拉伸示意图如图 4.47 所示。$X$ 方向为环向拉伸，$Y$ 方向为轴向拉伸，$Z$ 方向为纵向拉伸。

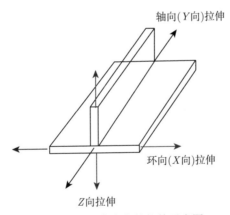

图 4.47　三个方向的拉伸示意图

1) 不同工艺参数对 $X$ 向常温拉伸性能损失的影响

$X$ 向拉伸试样的尺寸示意图如图 4.48 所示。

针对不同工艺参数下的焊接试样开展 $X$ 方向拉伸试验，具体焊接工艺参数如表 4.3 所示，所得试验结果如表 4.4 所示。对于已焊透的焊接接头，其抗拉强度范围为 $288.31 \sim 341.91$MPa，屈服强度范围为 $206.72 \sim 282.08$MPa。而 2219 铝合金母材的抗拉强度为 440MPa，屈服强度为 350MPa。通过计算，$X$ 向抗拉强度最高可达到母材的 $77.71\%$，屈服强度最高可达到母材的 $80.59\%$。

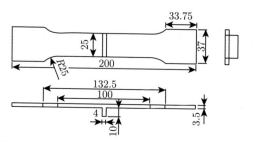

图 4.48　X 向拉伸试样尺寸示意图 (单位：mm)

表 4.3　激光焊接工艺参数

| 试样编号 | 激光功率/W | 焊接角度/(°) | 焊接速度/(m/min) | 备注 |
|---|---|---|---|---|
| 1 | 4300 | 30 | 2.5 | 加工凸台 1.5mm×1.5mm |
| 2 | 3700 | 30.5 | 2.1 | 加工凸台 1.5mm×1.5mm |

表 4.4　X 方向焊接试样力学性能测试项目表

| 试样编号 | 最大力/N | 抗拉强度/MPa | 屈服强度/MPa | 弹性模量/MPa | 延伸率/% |
|---|---|---|---|---|---|
| 1 | 29552 | 337.7372 | 252.2067 | 70.2675 | 2.249 |
| 2 | 29916.8 | 341.9063 | 233.8947 | 90.116 | 2.648 |

2) 不同工艺参数对焊缝剪切性能损失的影响

在对 2219 铝合金 T 型结构进行 DLBSW 后，按照 T 型焊接接头力学试验的试样尺寸要求，对 T 型焊接接头进行电火花线切割加工，T 型焊接接头的剪切试样尺寸示意图如图 4.49 所示。

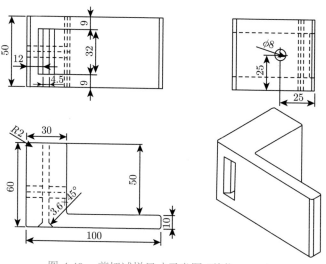

图 4.49　剪切试样尺寸示意图 (单位：mm)

剪切试验采用螺栓将试样固定在夹具上，在夹持时需要注意设备的夹板和压板分别与桁条要留有一定的距离，这样才可以确保最终测量的强度是 T 型焊接接头的强度，而不是蒙皮的强度。

针对不同工艺参数下的焊接试样开展剪切试验。焊接工艺参数如表 4.5 所示，所得试验结果如表 4.6 所示。剪切试验得到剪切强度范围为 124.66 ~ 185.96MPa，最高可达到母材的 42.26%，平均剪切强度为 161.11MPa。

表 4.5　剪切试样焊接工艺参数

| 试样编号 | 激光功率/W | 焊接速度/(m/min) | 光束入射角度/(°) |
| --- | --- | --- | --- |
| 1 | 3000 | 1.3 | 30 |
| 2 | 5500 | 3.8 | 30 |
| 3 | 5500 | 3.9 | 30 |
| 4 | 5500 | 4 | 30 |

表 4.6　剪切试验测试结果

| 试样编号 | 剪切强度/MPa | 载荷/N | 最大载荷处位移/mm | 延伸率/% | 剪切弹性模量/MPa |
| --- | --- | --- | --- | --- | --- |
| 1 | 185.96 | 22314.6 | 3.69 | 14.76 | 1259.892 |
| 2 | 154.21 | 18505 | 2.71 | 10.84 | 1422.601 |
| 3 | 170.38 | 19763.8 | 3.52 | 14.08 | 1210.085 |
| 4 | 168.64 | 20237 | 3.58 | 14.32 | 1177.654 |

# 参 考 文 献

[1] 张心怡, 肖荣诗. 高强铝锂合金激光焊接研究进展 [J]. 北京工业大学学报, 2014, 40(10): 1441-1446.

[2] 肖荣诗, 杨武雄, 陈铠. 1420 铝锂合金激光焊接气孔行为特性研究 [J]. 应用激光, 2007, 27(1): 13-17.

[3] 陈亮, 钟广军, 茅寅敏. 铝合金焊接焊缝气孔产生的原因分析及预防措施 [J]. 造船技术, 2015, (3): 79-84.

[4] 张德芬, 朱亚, 张宏涛, 等. 铝合金激光焊与复合焊焊缝气孔形成机理研究 [J]. 材料导报 (纳米与新材料专辑), 2016, (1): 474-477.

[5] 李希彬. T 型结构激光深熔焊接过程中小孔型气孔形成机理研究 [D]. 上海: 上海交通大学, 2014.

[6] 杨武雄, 张心怡, 肖荣诗. 2060-T8/2099-T83 铝锂合金 T 型接头双光束激光焊接工艺 [J]. 中国激光, 2013, 40(7): 83-87.

[7] Xu L X, McGraw J W, Gao F, et al. Production of high-concentration graphene dispersions in low-boiling-point organic solvents by liquid-phase noncovalent exfoliation of graphite with a hyperbranched polyethylene and formation of graphene/ethylene copolymer composites[J]. The Journal of Physical Chemistry C, 2013, 117(20): 10730-10742.

[8]  Colomer M T, Anderson M A. High porosity silica xerogels prepared by a particulate sol–gel route: Pore structure and proton conductivity[J]. Journal of Non-Crystalline Solids, 2001, 290(2/3): 93-104.

[9]  Sciti D, Guicciardi S, Bellosi A. Effect of annealing treatments on microstructure and mechanical properties of liquid-phase-sintered silicon carbide[J]. Journal of the European Ceramic Society, 2001, 21(5): 621-632.

[10]  Pang S Y, Chen W D, Zhou J X, et al. Self-consistent modeling of keyhole and weld pool dynamics in tandem dual beam laser welding of aluminum alloy[J]. Journal of Materials Processing Technology, 2015, 217: 131-143.

[11]  Earl C, Castrejón-Pita J R, Hilton P A, et al. The dynamics of laser surface modification[J]. Journal of Manufacturing Processes, 2016, 21: 214-223.

[12]  Chongbunwatana K. Simulation of vapour keyhole and weld pool dynamics during laser beam welding[J]. Production Engineering, 2014, 8(4): 499-511.

[13]  杨志斌. 铝合金机身壁板结构双侧激光焊接特征及熔池行为研究 [D]. 哈尔滨: 哈尔滨工业大学, 2013.

[14]  Gao X D, Mo L, Katayama S. Seam tracking monitoring based on keyhole features during high-power fiber laser welding[J]. Advanced Materials Research, 2011, 314/315/316: 932-936.

[15]  Radaj D, Sonsino C M, Fricke W. Recent developments in local concepts of fatigue assessment of welded joints[J]. International Journal of Fatigue, 2009, 31(1): 2-11.

[16]  Zhang M J, Chen G Y, Zhang Y, et al. Research on microstructure and mechanical properties of laser keyhole welding-brazing of automotive galvanized steel to aluminum alloy[J]. Materials and Design, 2013, 45: 24-30.

[17]  Meng W, Li Z G, Lu F G, et al. Porosity formation mechanism and its prevention in laser lap welding for T-joints[J]. Journal of Materials Processing Technology, 2014, 214(8): 1658-1664.

[18]  夏佩云, 尹玉环, 蔡爱军, 等. 2219 铝合金阳极氧化膜焊前激光清洗工艺研究 [J]. 中国激光, 2019, 46(1): 0102005.

[19]  Kang Y, Zhan X H, Liu T. Effect of welding parameters on porosity distribution of dual laser beam bilateral synchronous welding in 2219 aluminum alloy T-joint[J]. Journal of Adhesion Science and Technology, 2019, 33(23): 2595-2614.

[20]  Pickens J R. Recent developments in the weldability of lithium-containing aluminium alloys[J]. Journal of Materials Science, 1990, 25(7): 3035-3047.

[21]  安娜, 张心怡, 王启明, 等. 2060 铝锂合金光纤激光填丝焊接工艺研究 [J]. 中国激光, 2014, 41(10): 94-99.

[22]  Zhang Y L, Tao W, Chen Y B. Process, microstructures and mechanical properties of double-sided fiber laser beam welded T-joints of aluminum-lithium alloys 2060 and 2099[C]. International Congress on Applications of Lasers and Electro-Optics, Atlanta, 2015: 437-445.

[23]  Jan R, Howell P R, Martukanitz R P. Optimizing the parameters for laser beam welding

of aluminum-lithium alloy 2195[C]. Proceedings of the 4th International Conference on Trends in Welding Research, Chicago, 1996: 329-334.

[24] Ramulu M, Rubbert M P. Gas tungsten arc welding of Al-Li-Cu alloy 2090[J]. Welding Journal, 1990, 69(3): 109-114.

[25] Tretyak N G, Ishchenko A Y, Yavorskaya M R. Susceptibility of aluminum-lithium alloys to hot cracking in welding[J]. Welding in the World, 1995, 35(1): 44-47.

[26] Ning J, Zhang L J, Bai Q L, et al. Comparison of the microstructure and mechanical performance of 2A97 Al-Li alloy joints between autogenous and non-autogenous laser welding[J]. Materials and Design, 2017, 120: 144-156.

[27] Riani P, Arrighi L, Marazza R, et al. Ternary rare-earth aluminum systems with copper: A review and a contribution to their assessment[J]. Journal of Phase Equilibria and Diffusion, 2004, 25: 22-52.

[28] Ning J L, Jiang D M. Influence of Zr addition on the microstructure evolution and thermal stability of Al-Mg-Mn alloy processed by ECAP at elevated temperature[J]. Materials Science and Engineering: A, 2007, 452/453: 552-557.

[29] 韩冰. 铝锂合金 T 型接头双侧激光焊接组织特征及裂纹控制研究 [D]. 哈尔滨: 哈尔滨工业大学, 2018.

[30] 董志波, 刘雪松, 马瑞. MSC.Marc 工程实例详解 [M]. 北京: 人民邮电出版社, 2014.

# 第 5 章

## 双激光束双侧同步焊接有限元仿真研究

针对 DLBSW 技术,数值模拟方法不仅可以定量分析焊接过程中温度场、应力-应变场、流场的分布特征,还可以模拟其产生与演变的过程,这对调整焊接工艺、提升焊接结构装配性能具有重要的意义。本章利用数值模拟方法针对 DLBSW 过程进行温度场、应力-应变场等方面的研究。

## 5.1 DLBSW 有限元模型建立

建立有限元模型的过程称为有限元建模,它是整个有限元分析过程的关键,有限元模型的合理性直接影响计算结果的精度、计算时间的长短、存储容量的大小以及计算过程能否完成。本节针对 DLBSW 开展有限元建模,具体内容包括焊接结构几何实体建模与有限元网格划分、材料热物理性能参数获取、焊接热源模型建立、初始条件和边界条件加载、载荷工况的设置以及热源校核等。

### 5.1.1 有限元网格划分

有限元计算过程中,有限元网格划分是至关重要的一步。首先,根据焊接件的实际尺寸建立其几何模型,然后对该几何模型进行网格划分。例如,底板尺寸为 100mm×100mm×1.8mm,筋板尺寸如图 5.1 所示,基本件几何模型如图 5.2 所示。

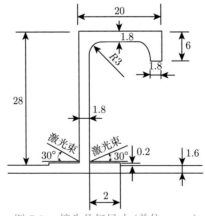

图 5.1 接头几何尺寸 (单位:mm)

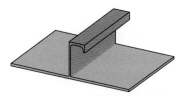

图 5.2　单 T 型接头几何模型

本节所研究的 DLBSW 工件共有三种，分别为基本件、典型件和模拟段。基本件整体尺寸为 500mm×60mm×29.8mm，底板为平板，底板与一根 500mm 长的桁条组成 T 型接头；典型件整体尺寸为 500mm×500mm×29.8mm，底板为平板，底板上有三根间距相等的桁条；模拟段整体尺寸为 2000mm×1000mm×29.8mm，底板是沿宽度方向半径尺寸为 1777mm 的一段圆弧，底板上有七条桁条，间距均为 150mm。

有限元网格的划分尺寸与数量直接影响有限元的计算精度和计算效率。通常情况下，网格划分得越细小，网格的数量越多，模拟结果的精确度越高，模拟计算耗时也就越长；反之，网格划分得越粗大，网格的数量越少，模拟结果的精确度越低，模拟计算耗时也就越短。因此，在网格划分过程中，要综合考虑模拟结果的精度和模拟计算耗时。在保证模拟精度达到要求的情况下，可适当使网格粗大一些，以减少网格数量，提高计算效率。但网格不能过于粗大，否则会造成模拟过程中网格单元畸变，甚至阻止计算的进行，导致计算机终止模拟计算。在焊接过程中，焊缝及其附近部位热输入大，温度、应力-应变梯度高，在建立有限元计算模型时，此区域的网格划分较精细，以准确地模拟焊接过程。远离焊缝的区域由于热输入小，采用较粗的网格划分即可保证模拟结果的准确性。针对焊接过程的上述特点，在建立有限元模型时，一般采用能够实现网格疏密过渡的过渡单元进行网格划分，以达到有效减少单元数量、提高计算效率的目的。基本件所需的网格过渡形式以及最终形成网格尺寸渐变的过渡型网格的局部放大图如图 5.3 所示。

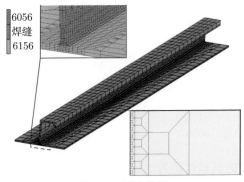

图 5.3　网格模型

### 5.1.2 热物理性能参数获取

材料的热物理性能参数是开展仿真研究的基础,在开展有限元仿真前,须在有限元仿真软件中输入的热物理性能参数包括弹性模量、屈服强度、热膨胀系数、热导率、比热容等[1]。材料参数在常温和高温下的准确值均需通过试验测得。以6056 和 6156 两种铝合金为例,通过拉伸试验测得两种铝合金的弹性模量 ($E$)、屈服强度 ($\sigma_s$) 和抗拉强度 ($\sigma_b$)。测量设备为 Instron 5500R 电子万能材料试验机。试验方案:先将两种铝合金板材线切割成拉伸试件,然后在试验机上进行拉伸试验。为保证试验结果的准确性,每种材料在不同温度下测试三次,测试温度分别为 20℃、100℃、200℃、300℃、350℃、400℃ 和 500℃。试验结果如图 5.4 所示。

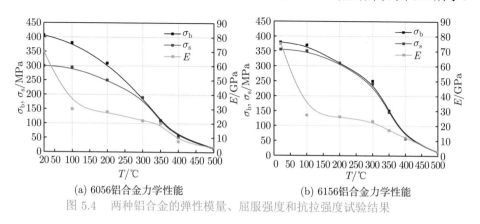

(a) 6056铝合金力学性能　　　　　　　(b) 6156铝合金力学性能

图 5.4　两种铝合金的弹性模量、屈服强度和抗拉强度试验结果

两种材料的热导率、比热容通过 LFA427 激光热导仪测量,测量温度范围为 20 ~ 500℃,共测量 6 个温度值,每个温度测量 3 个点。试验结果如图 5.5 所示。

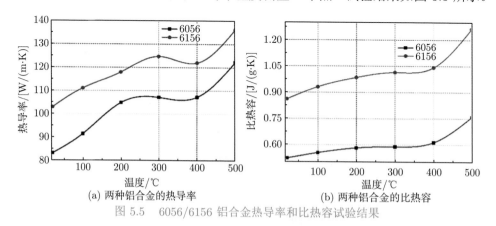

(a) 两种铝合金的热导率　　　　　　　(b) 两种铝合金的比热容

图 5.5　6056/6156 铝合金热导率和比热容试验结果

测量热膨胀系数的试验仪器为 NETZSCH DIL 402 PC 热膨胀仪。每隔 10℃ 测量一次,测量区间为 20 ~ 500℃。试验结果如图 5.6 所示。

测量熔点的试验仪器为 NETZSCH STA449F1。通过差热分析 (differential thermal analysis，DTA) 曲线得出两种铝合金的熔点。测量得到热重 (thermo gravimetry，TG) 曲线和 DTA 曲线如图 5.7 所示。

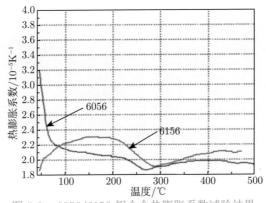

图 5.6　6056/6156 铝合金热膨胀系数试验结果

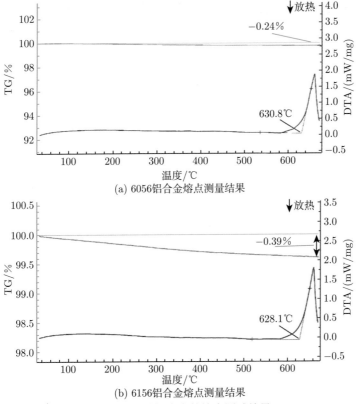

(a) 6056铝合金熔点测量结果

(b) 6156铝合金熔点测量结果

图 5.7　两种铝合金的熔点测试结果

### 5.1.3 热源模型建立

根据 T 型接头 DLBSW 的特点，为便于建模与求解，可假设匙孔为一定的几何形状，构建"圆柱 + 圆环 + 圆柱"匙孔模型 [2-6]。该匙孔模型在运动过程中热源模型的影响可参考图 5.8。

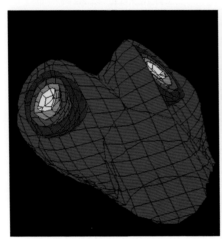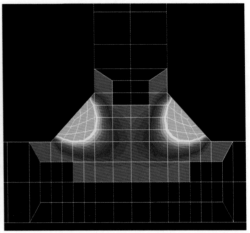

图 5.8    薄板 DLBSW 热源模型

焊接过程中，桁条两侧的激光束会在竖立的桁条下方形成联合熔池。实际激光焊接过程中，两侧激光束射入焊缝金属内部，形成联合匙孔，并且在焊缝表面和匙孔内部产生致密的光致等离子体。匙孔周围的金属通过吸收光致等离子体和激光的能量而熔化，并且激光在匙孔中反复折射散失能量。目前，国内外使用较多的激光热源模型是一个截面呈高斯状分布的旋转体热源加 (或不加) 一个面热源。沿体热源深度方向，体热源中心热流密度由最高到热源底部减至零。而实际焊接中，匙孔底部以下的熔池部位是依靠热传导产生的，并没有直接能量的输入，因此这些热源模型在热流的分布上表现得不确切。本节从激光焊接的实际机理出发，基于激光热源作用的思想，调整以上模型，使热源的热流密度主要集中于匙孔周围，这样就得到了与实际熔池形貌相似度很高的激光热源模型。

在构建基本的面-体组合热源之前，进行以下假设 [7]：

(1) 假设热流密度在垂直于圆环和圆柱轴线的截面上均按照高斯正态分布。

(2) 假设在圆柱 + 圆环 + 圆柱所有垂直于轴线截面上热流密度的峰值都是相同的，即图 5.9 中面热源热流分布公式为

$$q_s(x, y) = \frac{\alpha Q_s}{\pi r_s^2} \exp\left[-\frac{\alpha(x^2 + y^2)}{r_s^2}\right] \tag{5.1}$$

式中，$\alpha$ 为热流集中系数；$Q_s$ 为面热源功率；$r_s$ 为面热源有效作用半径。

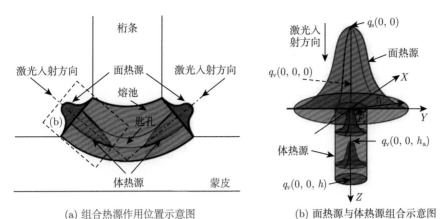

(a) 组合热源作用位置示意图　　　　(b) 面热源与体热源组合示意图

图 5.9　面-体组合热源示意图

体热源热流分布公式为

$$q_{\mathrm{v}}(x,y) = \frac{6Q_{\mathrm{v}}(H - \beta h)}{\pi r_{\mathrm{v}}^2 H^2 (2 - \beta)} \exp\left[\frac{-3(x^2 + y^2)}{r_{\mathrm{v}}^2}\right] \tag{5.2}$$

式中，$\beta$ 为衰减系数；$Q_{\mathrm{v}}$ 为体热源功率；$r_{\mathrm{v}}$ 为体热源有效作用半径；$H$ 为体热源有效作用深度。

激光热源的总功率为

$$Q\eta = Q_{\mathrm{s}} + Q_{\mathrm{v}} \tag{5.3}$$

式中，$\eta$ 为热源有效吸收系数。

建模基本思想如下：

(1) 写入模型的参数 (焊接速度、热源参数等)。

(2) 进行第一次坐标变换，使变换后的 $x$ 轴正方向为第一束激光入射方向。

(3) 加载第一束激光的能量。

(4) 进行第二次坐标变换，使变换后的 $x$ 轴正方向为第二束激光入射方向。

(5) 加载第二束激光的能量。

坐标变换公式如下：

$$x' = x \times \cos\alpha + y \times \sin\alpha \tag{5.4}$$

$$y' = y \times \cos\alpha - x \times \sin\alpha \tag{5.5}$$

式中，$x$、$y$，$x'$、$y'$ 分别为变换前后的坐标；$\alpha$ 为坐标旋转角度，rad。坐标变换示意图如图 5.10 所示。

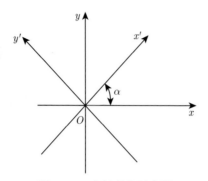

图 5.10　坐标变换示意图

最终热源模型的建立分为以下两部分。

1) 热流峰值 $q_{\mathrm{m}}$ 的求解

假设每个圆柱体热源热流密度的总和为 $P_1$，中间一段圆环的热流密度的总和为 $P_2$。根据能量守恒定律，双激光束吸收的有效功率 $2P$ 与所有热流密度的和应相等，即

$$2P = P_1 + P_2 \tag{5.6}$$

根据前述假设，平面高斯分布热源的表达式为

$$q = q_{\mathrm{m}} \exp\left(-\frac{3r^2}{r_1^2}\right) \tag{5.7}$$

式中，$q_{\mathrm{m}}$ 为热流密度的峰值；$r_1$ 为热源作用的有效半径，其大小与热流集中系数有关；$r$ 为作用点与热源中心的距离。

综合式 (5.6) 和式 (5.7)，根据功率平衡方程，得

$$P_1 = \int_0^{2\pi} \int_0^h \int_0^\infty q_{\mathrm{m}} \exp\left(-\frac{3r^2}{r_1^2}\right) r \mathrm{d}r \mathrm{d}z \mathrm{d}\theta \tag{5.8}$$

$$P_2 = \int_0^{2\pi} \int_0^l \int_0^\infty q_{\mathrm{m}} \exp\left(-\frac{3r^2}{r_1^2}\right) r \mathrm{d}r \mathrm{d}z \mathrm{d}\theta \tag{5.9}$$

式中，$h$ 为每个圆柱体的高度；$l$ 为半圆环的轴线长度；$\theta$ 为光束入射角度与水平方向的夹角。

根据板厚与圆柱热源深度，得

$$l = \frac{\pi\alpha}{90}\left(\frac{\delta}{2\sin\alpha} - h\cot\alpha\right) \tag{5.10}$$

将式 (5.8) ∼ 式 (5.10) 代入式 (5.6)，然后进行积分，可得

$$2P = \frac{\pi q_{\mathrm{m}}}{3}\left[2h + \frac{\pi\alpha}{90}\left(\frac{\delta}{2\sin\alpha} - h\cot\alpha\right)\right] \tag{5.11}$$

经计算得出热流密度的峰值为

$$q_{\mathrm{m}} = \frac{6P}{\pi\left[2h + \dfrac{\pi\alpha}{90}\left(\dfrac{\delta}{2\sin\alpha} - h\cot\alpha\right)\right]} \tag{5.12}$$

2) 热源公式的推导

DLBSW 热源模型关于 $yOz$ 平面对称，$x < 0$ 半个空间的热流密度分布与 $x > 0$ 完全相同，因此只取其中 $x > 0$ 半个空间进行研究。对于 $x > 0$ 空间，可将其分为图 5.11 所示的两部分，$A$ 为圆环热源影响区域，$B$ 为圆柱热源影响区域。

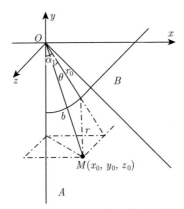

图 5.11　DLBSW 热源模型示意图

对于 $A$ 部分，其定义域为

$$\begin{cases} x \geqslant 0 \\ y \leqslant -x \cdot \cot\theta \end{cases}$$

由余弦定理可知，$M$ 点与热源模型轴线的距离 $r$ 的计算公式为

$$r = \sqrt{a^2 + b^2 - 2ab\cos\theta} \tag{5.13}$$

式中，$a$ 为圆环半径 $r_0$；$b$ 为 $M$ 点与原点的距离，表达式为

$$b = \sqrt{x_0^2 + y_0^2 + z_0^2}$$

$$\cos\theta = \frac{\sqrt{x_0^2 + y_0^2}}{\sqrt{x_0^2 + y_0^2 + z_0^2}} \tag{5.14}$$

综上可知，$M$ 点与热源模型轴线的距离 $r$ 的计算公式更新如下：

$$r = \sqrt{r_0^2 + x_0^2 + y_0^2 + z_0^2 - 2r\sqrt{x_0^2 + y_0^2}} \tag{5.15}$$

对于 $B$ 部分，其定义域为

$$\begin{cases} x \geqslant 0 \\ y \leqslant -x \cdot \cot\alpha \end{cases}$$

此部分热源模型垂直于轴线方向的平面，呈高斯热流分布，深度 $h$ 方向上大小恒定，为圆柱体热源，可表示为

$$q = q_{\mathrm{m}} \exp\left(-\frac{3r^2}{r_1^2}\right) u(y) \tag{5.16}$$

式中，$r = \sqrt{x'^2 + z'^2}$；$u(y)$ 为表征热源作用深度的函数，在此部分热源中其与圆柱体热源的长度 $h$ 有关：

$$u(y) = \begin{cases} 1, & 0 < x < h \\ 0, & x \leqslant 0 \cup x \geqslant h \end{cases} \tag{5.17}$$

将 $r$ 和 $u(y)$ 的表达式代入式 (5.16) 即可得到 $B$ 部分的热流密度计算公式。

通过坐标转换公式进行转换，转换完成后圆柱体热源模型与水平方向的夹角为 $\alpha$。

$$\begin{cases} x' = x \cdot \sin\alpha + y \cdot \cos\alpha \\ y' = -x \cdot \cos\alpha + y \cdot \sin\alpha \\ z' = z \end{cases} \tag{5.18}$$

### 5.1.4　初始条件和边界条件加载

确立合理的初始条件和边界条件，是进行准确数值模拟的先决条件，也是进行模拟的重点。因此，在模拟分析中，要充分考虑试验环境温度、试验条件对焊接过程的影响和作用，并将这些因素体现在边界条件中。

基于焊接过程的复杂性考虑，需要对一些条件进行简化处理[8-10]，主要假设如下：

(1) 工件的初始温度为室温 (20℃)。

(2) 忽略熔池内部的化学反应和搅拌、对流等现象。

(3) 假设材料为连续介质和各向同性。

焊接过程中，热量散失主要通过工件表面与周围环境辐射和对流来进行，其中以辐射方式损失为主，温度越高，辐射换热作用越强，一般在大于 873~973℃ 的区域，辐射损失超过对流散热损失。低温情况下以对流为主。为计算方便，本节将辐射和对流系数转化为总的换热系数进行模拟计算，这样边界换热损失的热能可表示为

$$Q_S = \beta(T - T_0) \tag{5.19}$$

$$\beta = \beta_e + \beta_c \tag{5.20}$$

式中，$T$ 为焊接件表面温度，℃；$T_0$ 为周围介质温度，℃；$\beta$ 为表面换热系数，$W/(m^2 \cdot ℃)$；$\beta_e$ 为对流换热系数，$W/(m^2 \cdot ℃)$；$\beta_c$ 为辐射换热系数，$W/(m^2 \cdot ℃)$。

严格地说，对流换热系数还与焊接件的部位有关，因为周围气体流动特性不同，要测出不同部位的对流换热系数是很困难的，所以一般不予考虑。此外，与材料的其他物理性能参数一样，换热系数也随温度的变化而变化。在计算时，将辐射和对流系数转化为总的换热系数进行模拟计算，可以将热辐射和对流简化为一个合理的常数施加在有限元模型上 [11]。

模拟过程需要施加合理的装夹条件以反映实际装夹，装夹条件越接近于实际情况，得到的结果越精确。本节根据实际情况确定相符合的装夹条件施加到有限元模型上。图 5.12 为边界条件定义结果。模拟中激光热源的实现需调用有限元软件二次开发的子程序。

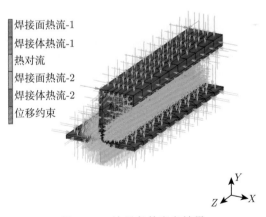

焊接面热流-1
焊接体热流-1
热对流
焊接面热流-2
焊接体热流-2
位移约束

图 5.12　边界条件定义结果

### 5.1.5　载荷工况的设置

焊接过程的热分析中，温度场的分布具有瞬时性，随着热源的移动，焊接件的温度场变化很大，在加载工况下，热传导分析和耦合分析须采用瞬态分析的方法。

在进行瞬态分析时，需要对焊接过程划分步长，从而对每一步的温度场和应力-应变场进行迭代计算。时间步长的设置会对计算的精度产生较大的影响[12]，对于相同的焊接过程，不同的时间步长下会得到不同的计算结果，步长越小，计算时间越长，计算结果越精确，需要的计算机性能越好；步长越大，温度的变化越大，计算结果越不精确，甚至会造成结果不收敛。

焊接过程主要分为加热和冷却两个部分。整个加热过程采用恒定的时间步长，冷却过程温度场的变化呈曲线分布，冷却初始温度下降较快，需要设定较小的时间步长控制计算精度。随着温度下降速度不断变缓，可以适当调大时间间隔以保证计算效率，这就需要激活时间步长的自适应下降功能。

### 5.1.6　热源校核

为保证热源的准确性，需要进行一次初步焊接试验，试验结果用于校核模拟结果。焊接工艺参数为：激光功率 1700W，焊接速度 3.5m/min，光束入射角度 25°。同时按照试验工艺及环境条件对有限元模型进行数值模拟。试验结果与模拟结果如图 5.13 所示。

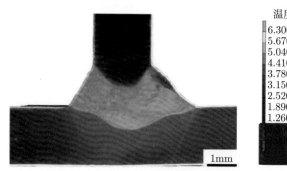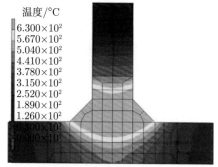

温度/°C
$6.300\times10^2$
$5.670\times10^2$
$5.040\times10^2$
$4.410\times10^2$
$3.780\times10^2$
$3.150\times10^2$
$2.520\times10^2$
$1.890\times10^2$
$1.260\times10^2$
$6.300\times10^1$
$0.000\times10^0$

1mm

图 5.13　热源校核结果

由热源校核对比结果可以看出，T 型接头两侧熔透，熔池轮廓相近，模拟结果与试验结果吻合良好，说明此热源模型可用于 T 型接头具体构件的计算。

## 5.2　温度场仿真

### 5.2.1　温度场仿真结果

保持焊接速度为 3.8m/min、光束入射角度为 22° 和离焦量为 0，并保持送丝速度、送丝角度和斑点直径等不变，设置激光功率分别为 1800W 和 1900W 进行模拟计算和试验，结果如图 5.14 所示。

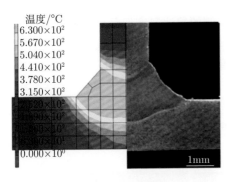
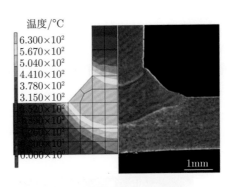

(a) 激光功率为1800W                    (b) 激光功率为1900W

图 5.14    激光功率对焊缝成形的影响

由图 5.14 可以看出,模拟结果和试验结果吻合良好。T 型接头两侧的焊缝轮廓基本相同,焊缝成形较好,接头两侧出现一个过渡均匀的熔池。随着功率的增大,熔池的熔深和熔宽逐渐增大。

保持激光功率为 1800W、光束入射角度为 22° 和离焦量为 0,并保持送丝速度、送丝角度和斑点直径等不变,设置焊接速度分别为 3.8m/min 和 4.3m/min 进行模拟计算和试验,结果如图 5.15 所示。

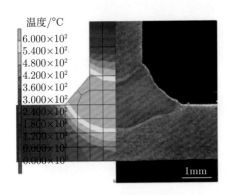
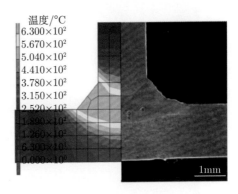

(a) 焊接速度为3.8m/min                    (b) 焊接速度为4.3m/min

图 5.15    焊接速度对焊缝成形的影响

由图 5.15 可以看出,模拟结果与试验结果基本吻合。在不同的焊接速度条件下,T 型接头两侧形貌基本对称,焊缝成形良好,接头两侧熔池熔透相互贯通。随着焊接速度的增大,熔池的熔深和熔宽逐渐减小。

### 5.2.2　温度场仿真结果分析

为了保证热流耦合温度场计算模型的正确性,本节针对 2219 铝合金 DLBSW 过程熔池温度场分布结果进行探究。图 5.16 为焊接过程中不同时刻的熔池温度场

分布 (俯视图) 仿真结果。由图可知，桁条两侧的熔池温度场呈对称分布，并随着焊接过程的进行沿焊接方向同步前进。在 4 ~ 24ms，熔池温度场呈近似圆形分布，其中红色区域为匙孔及近匙孔区域。随着焊接过程的进行，熔池温度场后方等温线逐渐呈拖尾状。

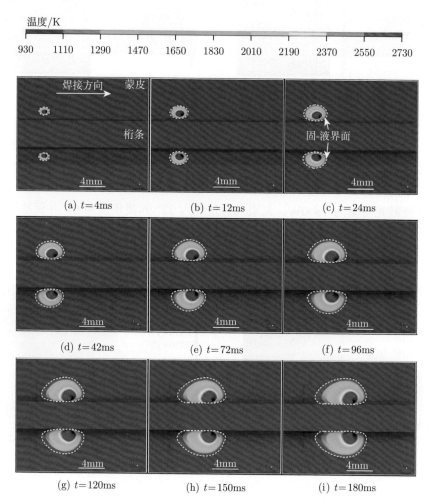

图 5.16　不同时刻的 2219 铝合金 T 型结构 DLBSW 过程熔池温度场分布仿真结果

焊接过程中熔池温度场分布关于桁条对称，现取 $t = 180$ms 时的熔池右侧温度场仿真结果进行分析，结果如图 5.17 所示。由图 5.17(b) 可知，熔池温度场的等温线呈前密后疏状分布，相较于匙孔后侧区域，匙孔前侧区域的等温线更加密集。这主要是由于在移动的激光热源下，匙孔前方的熔池区域较小，液态金属间的对流换热较少，其与固态金属之间的热量交换也较少，使熔池前端的温度梯度相较于熔池后端更高。

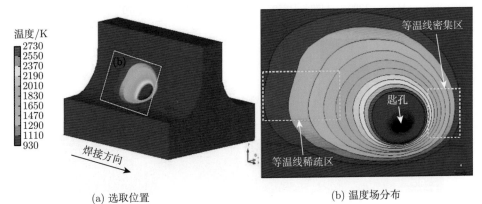

(a) 选取位置           (b) 温度场分布

图 5.17　2219 铝合金 T 型结构 DLBSW 过程熔池表面温度场分布特征

　　对垂直于焊接方向的匙孔及附近区域的不同横截面熔池温度场进行分析，选取截面如图 5.18 所示。图 5.19(a)~(d) 分别为 $P_1 \sim P_4$ 截面的温度场分布结果。由图可知，横截面温度场同样关于桁条呈近似对称分布，匙孔及近匙孔区域的等温线由 T 型结构表面沿激光束入射方向呈锥状分布，尤其在匙孔区域，等温线锥状分布特征更为显著。仿真结果表明，在铝合金激光深熔焊的模式下，激光能量在其入射方向存在一定程度的衰减效应，符合实际焊接过程的激光能量分布特征。此外，等温线在桁条中心线区域存在明显的凸起现象，这说明两侧激光热源在交汇处存在能量累积。

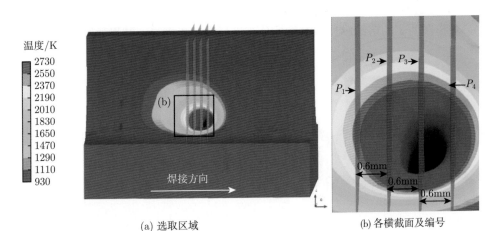

(a) 选取区域           (b) 各横截面及编号

图 5.18　匙孔及附近区域不同横截面选取位置

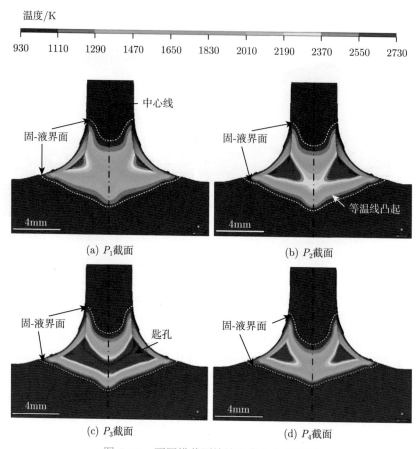

图 5.19　不同横截面熔池温度场分布结果

对桁条两侧的熔池纵截面温度场分布进行进一步探究，结果如图 5.20 所示。

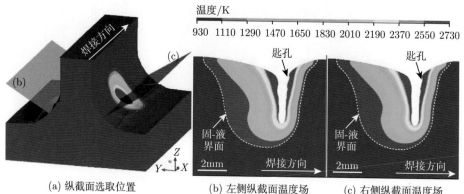

图 5.20　桁条两侧熔池纵截面温度场分布结果

由图 5.20 可知，两侧的熔池纵截面温度场分布特征极其相似，近匙孔壁区域的等温线从熔池表面沿激光热源作用方向同样呈锥状分布，匙孔开口附近的高温区 $(T \geqslant 2550\text{K})$ 范围相较于匙孔底部明显较大。此外，等温线在熔池后方存在凸起现象，即匙孔底部后方的等温线向后凸起，这种等温线 "后凸" 特征是由于双侧激光热源交汇处存在能量累积，熔池随着热源向前运动所形成的。

## 5.3  应力变形仿真

### 5.3.1  应力变形仿真基本理论

焊接热弹塑性分析包括四个基本关系：

(1) 应变-位移关系。

(2) 应力-应变关系。

(3) 平衡条件。

(4) 相应边界条件。

在热弹塑性分析时有如下假设：

(1) 材料的屈服行为服从米泽斯 (von Mises) 屈服准则。

(2) 塑性区的行为服从塑性流动准则和强化准则。

(3) 弹性应变、塑性应变与温度应变是不可分的。

(4) 材料的机械性能参数随温度而变化。

(5) 不考虑黏性和蠕变的影响。

材料处于弹性或塑性状态的应力-应变关系为

$$\mathrm{d}\sigma = \boldsymbol{D}\mathrm{d}\varepsilon - \boldsymbol{C}\mathrm{d}T \tag{5.21}$$

式中，$\boldsymbol{D}$ 为弹性或弹塑性矩阵；$\boldsymbol{C}$ 为与温度有关的向量。

对于结构的某一单元，有如下平衡方程：

$$\mathrm{d}F_{\mathrm{e}} + \mathrm{d}R_{\mathrm{e}} = \boldsymbol{K}_{\mathrm{e}}\mathrm{d}\delta_{\mathrm{e}} \tag{5.22}$$

式中，$\mathrm{d}F_{\mathrm{e}}$ 为单元节点的增量；$\mathrm{d}R_{\mathrm{e}}$ 为温度引起的单元初应变等效节点增量；$\mathrm{d}\delta_{\mathrm{e}}$ 为节点位移增量；$\boldsymbol{K}_{\mathrm{e}}$ 为单元刚度矩阵。

$$\boldsymbol{K}_{\mathrm{e}} = \int \boldsymbol{B}^{\mathrm{T}}\boldsymbol{D}\boldsymbol{B}\mathrm{d}V \tag{5.23}$$

$$\mathrm{d}R_{\mathrm{e}} = \int \boldsymbol{B}_{\mathrm{e}}\boldsymbol{C}\mathrm{d}T\mathrm{d}V \tag{5.24}$$

式中，$\boldsymbol{B}$ 为联系单元中应变与节点位移向量的矩阵。

根据单元处于弹性或塑性区，分别用 $\boldsymbol{D}_e$、$\boldsymbol{C}_e$ 代替式 (5.23) 和式 (5.24) 中的 $\boldsymbol{D}$、$\boldsymbol{C}$，形成单元刚度矩阵和等效节点载荷，然后集成总刚度矩阵 $\boldsymbol{K}$ 和总载荷向量 $\mathrm{d}F$，求得整个构件的平衡方程为

$$\boldsymbol{K}\mathrm{d}\delta = \mathrm{d}F \tag{5.25}$$

其中，

$$\boldsymbol{K} = \sum \boldsymbol{K}_e$$

$$\mathrm{d}F = \sum \left(\mathrm{d}F_e + \mathrm{d}R_e\right) \tag{5.26}$$

考虑到焊接过程一般无外力作用，环绕每个节点的单元相应节点力是自平衡的力系，即可取 $\sum \mathrm{d}F_e = 0$，因此 $\mathrm{d}F = \sum \mathrm{d}R_e$。

热弹塑性有限元分析的求解过程为：首先将构件划分为有限个单元，然后逐步加载温度增量。每次温度增量加载后，由 $\boldsymbol{K}\mathrm{d}\delta = \mathrm{d}F$ 可求得各节点的位移增量 $\mathrm{d}\delta$。每个单元内的应变增量 $\mathrm{d}\varepsilon_e$ 和单元位移增量 $\mathrm{d}\delta_e$ 的关系为

$$\mathrm{d}\varepsilon_e = \boldsymbol{B}\mathrm{d}\delta_e \tag{5.27}$$

再根据式 (5.21) 应力-应变关系，可求得各单元的应力增量 $\mathrm{d}\sigma$。这样可以了解整个焊接过程中动态应力-应变的变化过程，以及最终的残余应力和变形状态。

### 5.3.2　单桁条基本件残余应力结果

图 5.21 为激光焊接 10s 时，T 型结构上表面等效残余应力分布图。在焊接过程中，热源加载使金属受热膨胀，在热源作用的前方和焊缝的热影响区内存在一个压应力区；在热源作用位置，由于温度超过了力学熔点，应力很小，认为其处于零力学状态；在热源作用的后方，温度逐渐降低，金属开始冷却凝固，焊缝区

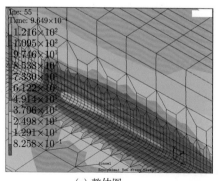

(a) 整体图

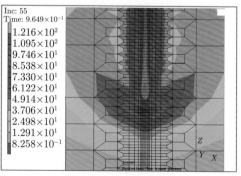

(b) 局部放大图

图 5.21　焊接 10s 等效残余应力分布图 (单位：MPa)

的纵向应力逐渐变为拉应力，应力随焊缝的冷却逐渐增大，远离焊缝的金属逐渐
进入压应力区，且应力区域在逐渐扩大。

　　图 5.22 为焊接结构件冷却到室温时 T 型接头的等效残余应力分布图。焊接
接头采用低组配焊，因此焊缝填充金属位置的残余应力较低，而桁条和底板最大
残余应力较大。底板背面的残余应力主要集中在一个约为 2mm 的区域内，周围
的残余应力很小。

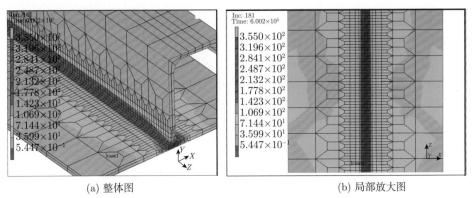

(a) 整体图　　　　　　　　　　　　　　　　(b) 局部放大图

图 5.22　焊接结束等效残余应力分布图 (单位：MPa)

　　图 5.23 为焊接结束后 T 型接头沿焊缝垂直方向的截面残余应力分布图。其
中，图 5.23(a) 为纵向应力分布图。纵向残余应力最大值约为 386.7MPa，位于底
板部位，这是由熔池位置的纵向收缩量较大所造成的。由焊缝到底板两侧以及桁
条的上部，纵向应力逐渐减小，进而改变为压应力。同理，熔池的横向收缩较大，
横向残余应力最大值也位于底板部位。图 5.23(b) 为截面横向应力分布图，熔池
冷却收缩后受到拉应力，受到桁条的拘束作用，导致焊缝中心的横向收缩量小于

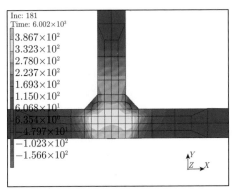
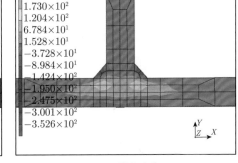

(a) 纵向应力　　　　　　　　　　　　　　　　(b) 横向应力

图 5.23　焊接结束 T 型接头截面残余应力分布图 (单位：MPa)

中心两侧位置，因此横向应力最大值位于焊缝内部中心的两侧。桁条底部和底板背面位于焊缝下侧的位置，由于拘束熔池收缩而受压应力。底板两侧位于焊缝的远端位置，应力趋近于零。

由于激光焊接焊缝集中区域较窄，构件厚度较小，本节采用切条法测量单桁条基本件的残余应力。切条法具有操作简单、不需要昂贵复杂的专用测量设备、测量结果能够满足要求等特点。

试验开始时，首先用锯条在构件垂直于焊缝的方向进行切割，切割线沿应变片的前端，尽量保持直线切割。切割过程中保证用力均匀，锯条切割速度尽量缓慢，以防止构件因摩擦生热导致温度升高而影响应变片的读数，锯条不能触及应变片，避免切割路径偏斜；其次在应变片之间沿平行于焊缝方向进行切割。每两个相邻的应变片之间都要进行切割，以保证纵向应力尽量得到释放。切割过程注意事项如上所述，切割长度应超过应变片的长度。切割完成后记录机械应变仪上的读数，根据式 (5.28) 计算焊缝纵向残余应力：

$$\sigma_x = -E\varepsilon_x \qquad (5.28)$$

式中，$\sigma_x$ 为纵向应力；$E$ 为弹性模量；$\varepsilon_x$ 为纵向应变。

图 5.24 为单桁条基本件背面中部位置垂直于焊缝方向的纵向残余应力的试验结果和仿真结果。由结果可以看出，T 型接头背面位于焊缝下面位置的纵向残余应力为拉应力，且拉应力区宽度非常窄，主要集中在一个宽度为 2mm 的区域内，最大拉应力为 294MPa，焊缝下面位置的两侧至底板边缘纵向残余应力为压应力，最大压应力为 37.5MPa。纵向残余应力测量结果的分布趋势与仿真结果相符，都是从拉应力过渡到压应力。应变片具有宽度，因此应变片测量的结果为粘

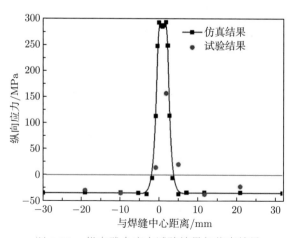

图 5.24　纵向残余应力试验结果与仿真结果

贴应变片区域内的平均值。本节所用的应变片的宽度约为 3mm，位于焊缝中心的应变片所测得的应力为 157.5MPa，紧贴焊缝下面位置两侧的应力为 20MPa，两侧远离焊缝的应力为 −30MPa，仿真结果与粘贴应变片相应位置的平均值和试验结果相符，因此纵向应力的仿真结果与试验结果基本一致。

图 5.25 为单桁条基本件背面中部位置垂直于焊缝方向的横向残余应力的仿真结果。熔池冷却收缩过程中，底板背面位于焊缝下面部位具有拘束作用，因此这一部位最终残余应力为压应力。底板两侧、焊缝远端的应力约为零。

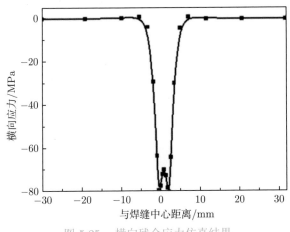

图 5.25　横向残余应力仿真结果

### 5.3.3　单桁条基本件焊接变形结果

焊接变形是由焊后残余应力引起的，本节所研究的 T 型接头的变形有四种类型。

1) 沿焊缝长度方向的挠曲变形

构件的中性轴位于桁条的中下部，底板之上，整个焊接区域位于中性轴之下，焊接区域焊后收缩，导致构件中性轴下面的部位沿焊缝长度方向即焊缝纵向焊后收缩变短，中性轴上面的部位纵向长度基本不变，进而导致桁条和底板沿焊缝纵向中间向上挠曲变形。

2) 角变形

激光束入射位置和焊丝填充部位都位于 T 型接头两侧，而且相互对称，焊缝金属冷却横向收缩引起角接两侧的金属在平面内产生偏角，从而产生角变形。原 T 型接头的桁条与底板两侧各成 90° 夹角，焊后夹角应小于 90°。由于两侧相互对称，两侧的焊接条件相互一致，最终 T 型接头两侧角变形基本一致。

3) 底板横向收缩变形

底板在焊接冷却过程中垂直于长度方向上产生收缩，长度缩短，产生变形。

4) 底板纵向收缩变形

底板在焊接冷却过程中平行于长度方向上产生收缩，长度缩短，产生变形。

本节针对单桁条基本件进行模拟仿真的实际激光焊接试验。焊接工艺参数为：激光功率为 1800W，焊接速度为 3.8m/min，激光入射光束与底板夹角为 22°，其他工艺参数不变。模拟变形结果如图 5.26 所示，构件中部向上挠曲变形，T 型接头每一个截面都有角变形，由于挠曲变形和角变形的叠加作用，构件的最大变形位于底板中部的两侧边缘位置，最大变形量约为 0.61mm。

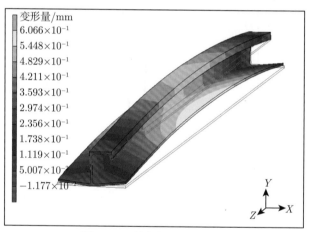

图 5.26　基本件变形示意图

对单桁条基本件进行实际激光焊接操作，利用游标卡尺对底板一侧长度方向的垂直于水平面的挠曲变形进行测量。选取同一位置底板 $Y$ 方向的挠曲变形结果，实测数据结果与模拟数据结果绘制成曲线，如图 5.27 所示。

由实测和模拟的变形结果可以看出，两条曲线的变形趋势相同，底板中间位置变形最大，因此两条曲线的峰值位于中间位置，这说明仿真结果和试验结果吻合良好。

图 5.28 为 T 型接头中间位置的截面，仿真得到的角变形为 1.03°，实测结果为 1.15°。

激光焊接的焊缝很窄，熔化时焊缝中心熔池的压缩塑性变形较小，导致最终的底板横向收缩很小，模拟结果如图 5.29 所示。底板位于桁条两侧的横向收缩基本对称，横向收缩变形接近于零。

底板纵向收缩变形量较横向收缩大，这是因为焊缝长度较长，焊缝加热时在长度方向上的压缩塑性变形的累积量较大。模拟结果如图 5.30 所示，以构件长度方向的中心截面为对称面，两侧的纵向收缩对称。长度方向两侧的焊缝部位收缩变形量最大，达 0.15mm，焊缝两边纵向变形量随距焊缝的距离增大而逐渐减小。

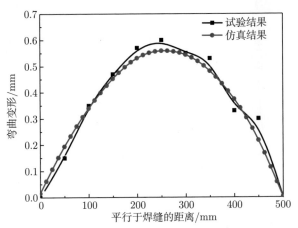

图 5.27　挠曲变形仿真与试验结果对比

图 5.28　T 型接头角变形结果

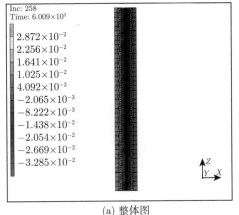

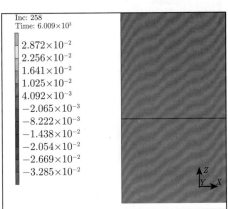

图 5.29　基本件横向变形结果 (单位：mm)

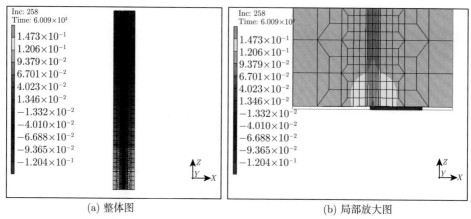

(a) 整体图　　　　　　　　　　　　　(b) 局部放大图

图 5.30　基本件纵向变形结果 (单位：mm)

　　激光功率和焊接速度对构件的焊后变形有很大的影响。本节通过对工件施加不同的焊接线能量分别进行模拟和实际焊接试验来研究焊接线能量对变形的影响规律。改变线能量范围为 26 ~ 32J/mm，模拟结果 (放大 30 倍) 如图 5.31 所示。

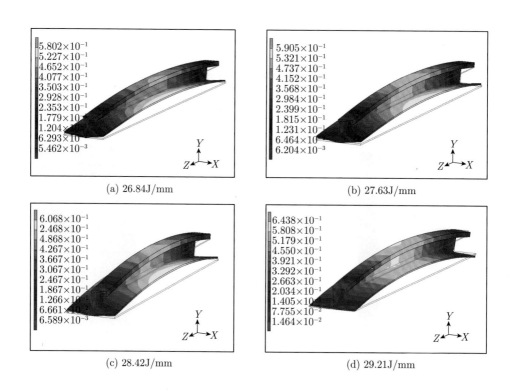

(a) 26.84J/mm　　　　　　　　　　　　(b) 27.63J/mm

(c) 28.42J/mm　　　　　　　　　　　　(d) 29.21J/mm

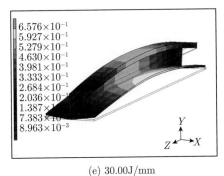
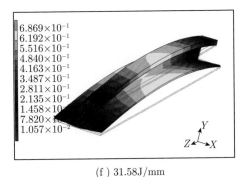

(e) 30.00J/mm          (f) 31.58J/mm

图 5.31    不同线能量焊后变形的模拟结果 (单位：mm)

由模拟结果可以看出，随着焊接线能量的增大，基本件的整体变形逐渐增大。对实际焊接所得到的试件分别进行变形测量，变形的试验数据和模拟数据绘制成曲线，如图 5.32 所示。由对比结果可以看出，线能量对焊接变形的影响的仿真结果与试验结果的变化趋势相一致。

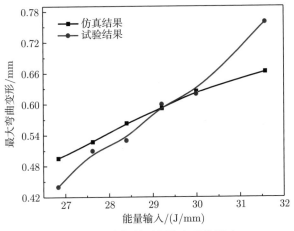

图 5.32    线能量对焊接变形的影响

# 参 考 文 献

[1]  Voller V R, Prakash C. A fixed grid numerical modelling methodology for convection-diffusion mushy region phase-change problems[J]. International Journal of Heat and Mass Transfer, 1987, 30(8): 1709-1719.

[2]  Chakroborty S, Dutta P. A generalized formulation for evaluation of latent heat functions in enthalpy-based macroscopic models for convection-diffusion phase change processes[J]. Metallurgical and Materials Transactions B, 2001, 32(3): 562-564.

[3] Brent A D, Voller V R, Reid K J. Enthalpy-porosity technique for modeling convection-diffusion phase change: Application to the melting of a pure metal[J]. Numerical Heat Transfer, 1988, 13(3): 297-318.

[4] Sohail M, Han S W, Na S J, et al. Numerical investigation of energy input characteristics for high-power fiber laser welding at different positions[J]. The International Journal of Advanced Manufacturing Technology, 2015, 80(5): 931-946.

[5] Ai Y W, Jiang P, Wang C M, et al. Experimental and numerical analysis of molten pool and keyhole profile during high-power deep-penetration laser welding[J]. International Journal of Heat and Mass Transfer, 2018, 126: 779-789.

[6] 汪任凭. 激光深熔焊接过程传输现象的数值模拟 [D]. 北京: 北京工业大学, 2011.

[7] Sahoo P, Debroy T, McNallan M J. Surface tension of binary metal—Surface active solute systems under conditions relevant to welding metallurgy[J]. Metallurgical Transactions B, 1988, 19(3): 483-491.

[8] Semak V, Matsunawa A. The role of recoil pressure in energy balance during laser materials processing[J]. Journal of Physics D: Applied Physics, 1997, 30(18): 2541-2552.

[9] Norman A F, Ducharme R, Mackwood A, et al. Application of thermal modelling to laser beam welding of aluminium alloys[J]. Science and Technology of Welding and Joining, 1998, 3(5): 260-266.

[10] 彭进. 铝合金激光液态填充焊的匙孔与熔池动态行为研究 [D]. 哈尔滨: 哈尔滨工业大学, 2016.

[11] Zhan X H, Chen J, Wei Y H, et al. Heat source analyses of dual laser-beam bilateral synchronous welding for T-joint[J]. China Welding, 2011, 20(1): 28-33.

[12] Li L Q, Peng G C, Wang J M, et al. Numerical and experimental study on keyhole and melt flow dynamics during laser welding of aluminium alloys under subatmospheric pressures[J]. International Journal of Heat and Mass Transfer, 2019, 133: 812-826.

# 第 6 章

## 蒙皮-桁条结构推进舱铝合金 DLBSW 仿真研究

本章基于前文所述的有限元仿真理论,以某航天飞行器推进舱的 5A90 铝锂合金蒙皮-桁条结构件为例,分别针对试片件、模拟段 DLBSW 过程开展仿真研究。

## 6.1 蒙皮-桁条结构有限元模型

本节针对铝锂合金蒙皮-桁条试片件模拟段,构建铝锂合金蒙皮-桁条结构 DLBSW 有限元模型,为后续热源模型的校核,以及焊接过程温度场、应力和应变场的有限元仿真奠定基础。

飞行器推进舱的蒙皮-桁条结构试片件由一根桁条和蒙皮组成,其尺寸如图 6.1 所示;模拟段由七根桁条和一块带曲率的蒙皮组成,其尺寸如图 6.2 所示。

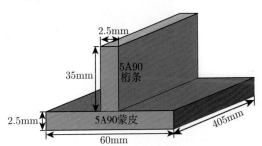

图 6.1 铝锂合金蒙皮-桁条结构试片件尺寸

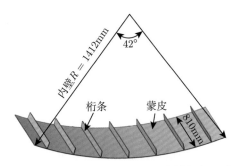

图 6.2 铝锂合金蒙皮-桁条结构模拟段尺寸

### 6.1.1　有限元网格划分

根据实际焊接件的尺寸,本节首先采用三维建模软件分别构建铝锂合金蒙皮-桁条结构试片件和模拟段的几何模型,并利用专业的网格划分软件开展有限元网格划分。

焊缝位置接收的热量多,温度梯度大,因此在该位置采用细小网格进行划分;而远离焊缝区域接收的热量少,温度变化小,因此在该位置采用较粗大的网格进行划分。在细小网格与粗大网格之间,利用过渡网格进行连接,以实现网格的平滑过渡。对铝锂合金蒙皮-桁条结构试片件进行有限元网格划分,划分结果如图 6.3 所示。在细小网格和粗大网格之间采用 3:1 的过渡网格进行连接。模型共划分为 100296 个节点和 89640 个网格单元。

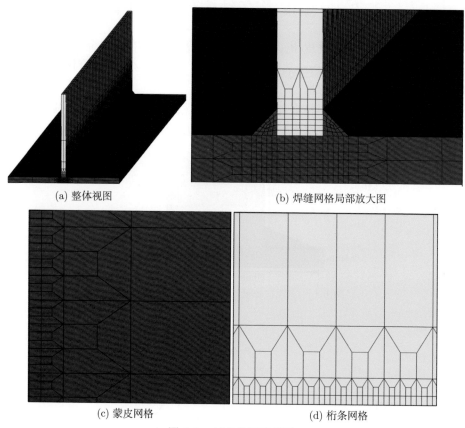

(a) 整体视图　　　　　　　　　(b) 焊缝网格局部放大图

(c) 蒙皮网格　　　　　　　　　(d) 桁条网格

图 6.3　试片件网格模型

对铝锂合金蒙皮-桁条结构模拟段进行网格划分,划分结果如图 6.4 所示。模拟段包含 7 根桁条,并且模拟段的蒙皮是一个圆弧面,在进行网格划分时难度较大。模拟段的整体尺寸较大,采用 3 : 1 的过渡网格划分技术进行划分,网格节点数多达 20 万多个,网格单元数多达 14 万多个。

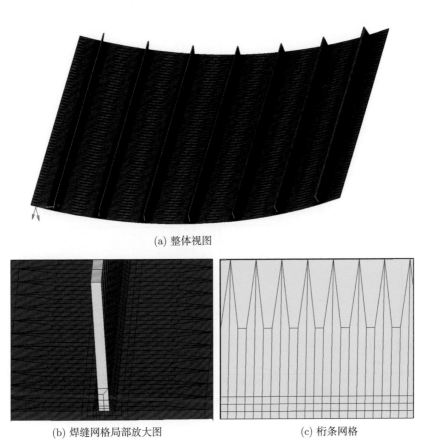

(a) 整体视图

(b) 焊缝网格局部放大图                    (c) 桁条网格

图 6.4    模拟段网格模型

## 6.1.2  热物理性能参数

材料的热物理性能参数不是定值,而是随温度变化的值,并且与温度呈非线性。在焊接过程中,焊缝区域的温度高,材料的热物理性能参数不同于常温下的热物理性能参数。在有限元仿真时,为了获得较精确的仿真结果,须将材料在不同温度下的热物理性能参数输入仿真软件。

然而,金属材料在高温熔融状态下的热物理性能参数难以通过试验进行测量。因此,本试验中铝锂合金在低温下的热物理性能参数直接通过试验测试获得,高温下的热物理性能参数则通过外推法处理获得。5A90 铝锂合金的热物理性能参数如图 6.5 所示。当温度为 0℃ 时,5A90 铝锂合金的弹性模量为 59.84GPa,屈服强度为 293.33MPa,热膨胀系数为 $2.47×10^{-5}K^{-1}$,热导率为 87.13W/(m·K)。

除此之外，图中显示弹性模量和屈服强度随着温度的升高而降低，热膨胀系数和热导率随着温度的升高先降低后升高。

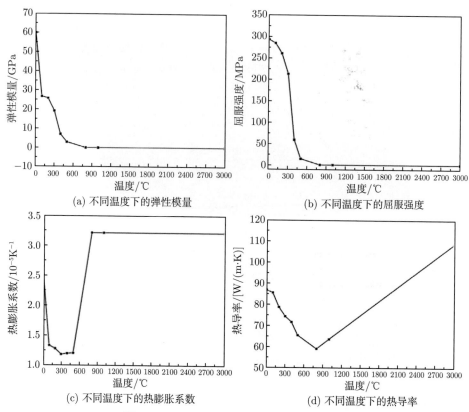

图 6.5　5A90 铝锂合金的热物理性能参数

### 6.1.3　初始条件和边界条件

初始条件是焊接开始前焊接件所处的环境条件。焊接件的焊前温度对焊接过程的影响较小，通常情况下，初始条件只考虑焊前周围环境对焊接件的影响。焊接件在没有经过焊前热处理的情况下，通常视焊接件的初始温度与环境温度一致，视为室温 25℃。

焊接边界条件包括换热边界条件、位移约束边界条件以及焊接热源的加载。换热边界条件是指，焊接件在焊接过程和焊后冷却过程中，焊接件表面与周围介质发生的热交换作用。这种热交换作用主要有两种方式，第一种方式是热对流，第二种方式是热辐射。然而在焊接过程中，焊接件通过热辐射方式传递的热量较少，通过热对流方式传递的热量较多。在焊接有限元仿真过程中，为了计算方便，统一将热对流系数和热辐射系数转换为总的换热系数，输入有限元仿真软件进行模拟计算。

在焊接有限元仿真过程中,为了防止焊接件发生刚性位移而导致计算终止,在焊前须对焊接件进行位移约束。结合试验过程中焊接件的真实装夹情况对焊接件有限元模型施加位移约束。在施加位移约束时,不可不约束,也不可过多约束,过多的位移约束会严重阻碍焊接件在焊接过程中的应力释放和自由变形,从而产生过约束的情况。因此,本节在充分考虑蒙皮-桁条结构件 DLBSW 的特点后,决定对蒙皮的四个角进行位移约束,具体如图 6.6 所示。蒙皮四个角上的每个节点都被约束,其在 $X$、$Y$、$Z$ 三个方向上的位移都受到了限制。而桁条上的节点不受约束,因此在焊接过程中,桁条可以通过自由变形来释放焊接应力。

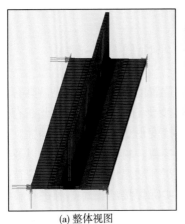
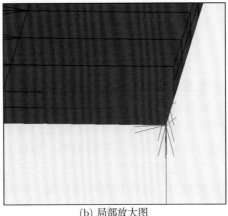

(a) 整体视图                              (b) 局部放大图

图 6.6    焊接件的位移约束

## 6.1.4  载荷工况

焊接过程有限元仿真的载荷工况主要分为焊接工况和冷却工况。焊接工况是指将初始条件、换热边界条件、位移约束边界条件以及焊接热源模型,加载到焊接工件上,然后根据焊接速度和焊缝长度设置焊接时间,从而进行焊接有限元仿真。焊接过程中温度场的分布具有瞬时性,因此在选择分析方法时,应选择瞬态分析。在分析前,应设置合适的焊接时间步长。时间步长越小,计算结果的准确性越高,计算所花费的时间就越多;相反,时间步长越大,计算结果的准确性越低,计算所花费的时间就越少。若时间步长过大,则会使模拟计算难以收敛,致使计算无法进行而自动终止计算。因此,在设置焊接时间步长时,应综合考虑计算结果的准确性与计算耗时的问题。

在焊接工况分析结束后,软件自动进入冷却工况分析。冷却工况需取消热源模型的加载,只保留初始条件、换热边界条件和位移约束边界条件。在焊接工件冷却至初始条件设置的环境温度后，计算自动终止，标志着整个焊接有限元仿真过程顺利完成。

### 6.1.5　热源模型加载

一般的有限元分析软件都自带便捷的输入/输出功能，方便用户输入具体的参数，但是由于有限元分析软件自身的局限性，以及不同用户的需求不同，每一款有限元分析软件都不可能完全满足所有用户的需求。因此，本章采用 Fortran 语言编写符合激光焊接的热源模型子程序，加载到有限元模型中进行分析计算。本章加载的热源模型由两部分组成，一部分是面热源模型，另一部分是体热源模型。将面热源模型和体热源模型进行组合，形成复合热源模型，能很好地实现激光焊接件的有限元仿真。

## 6.2　蒙皮-桁条结构试片件热机耦合仿真

焊接温度场可反映焊接过程中焊接件不同位置的温度变化情况，具有显著的瞬时性、移动性等特点。焊接温度场与应力场、变形有直接关系，因此在有限元仿真过程中温度场的准确性直接影响应力场和焊接变形仿真结果的准确性。在开展焊接过程有限元仿真时，热源模型、焊接工艺参数、材料热物理参数以及有限元网格尺寸等对温度场均有较大的影响。因此，在开展温度场仿真前，应首先选择合适的热源模型，调整热源模型参数，并采用实际焊接结果对热源进行校核，提高温度场仿真结果的准确性。

### 6.2.1　热源模型选择

本节在开展铝锂合金蒙皮-桁条结构试片件 DLBSW 有限元仿真前，分别采用"高斯面 + 圆锥体"复合热源模型和"高斯面 + 圆柱体"复合热源模型，初步模拟铝锂合金蒙皮-桁条结构试片件的 DLBSW 过程，并针对两种不同热源模型的有限元仿真结果，开展温度场和焊接热循环曲线对比，最终优选出最适合铝锂合金蒙皮-桁条结构 DLBSW 仿真的热源模型。对比研究所采用的焊接工艺参数初步设定为：激光功率 2500W、焊接速度 40mm/s、光束入射角度 35°。

#### 1. 不同热源模型的温度场对比

不同热源模型模拟的温度场结果存在一定的差异。图 6.7 ~ 图 6.9 为"高斯面 + 圆锥体"复合热源模型和"高斯面 + 圆柱体"复合热源模型在不同时刻的温度场模拟结果对比图。

由图 6.7 ~ 图 6.9 可见，随着焊接过程的不断进行，熔池不断向前移动。熔池前方的等温线较为密集，后方的等温线较为稀疏。"高斯面 + 圆柱体"复合热源模拟的温度场，其等温线比较平滑；而"高斯面 + 圆锥体"复合热源模拟的温度场，其等温线比较曲折。除此之外，两种热源模型模拟的温度场形貌相差不大。

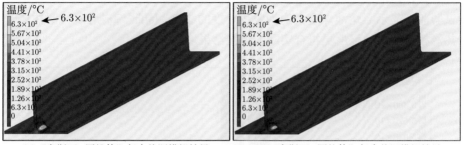

(a) "高斯面+圆锥体"复合热源模拟结果　　(b) "高斯面+圆柱体"复合热源模拟结果

图 6.7　$t = 0.5\text{s}$ 时两种热源模型对应的温度场模拟结果

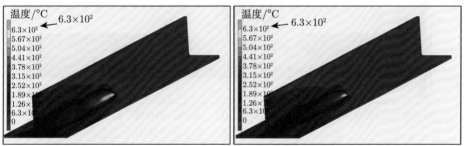

(a) "高斯面+圆锥体"复合热源模拟结果　　(b) "高斯面+圆柱体"复合热源模拟结果

图 6.8　$t = 5\text{s}$ 时两种热源模型对应的温度场模拟结果

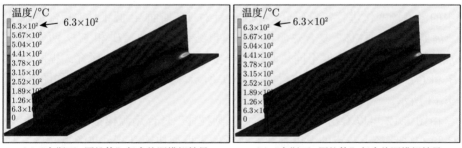

(a) "高斯面+圆锥体"复合热源模拟结果　　(b) "高斯面+圆柱体"复合热源模拟结果

图 6.9　$t = 10\text{s}$ 时两种热源模型对应的温度场模拟结果

为了对比"高斯面 + 圆锥体"复合热源和"高斯面 + 圆柱体"复合热源模拟的焊缝熔池形貌，将焊接件沿垂直于焊接方向切开，截取不同热源模型下的焊缝横截面，然后将两个热源模型模拟的熔池形貌各取 1/2 进行对比，具体如图 6.10 所示。

由图 6.10 可见，在相同的激光焊接参数下，"高斯面 + 圆锥体"复合热源模拟的熔池深度较深，而"高斯面 + 圆柱体"复合热源模拟的熔池深度较为适中，熔池深度大约为蒙皮厚度的 1/2。通常情况下，铝锂合金激光焊接焊缝的性能和强度低于母材，焊缝对工件而言，是一个比较薄弱的区域。对于蒙皮-桁条结构件激光焊接，熔池深度过深，熔化区域过大，会严重降低蒙皮的力学性能。并且焊接试验验证显示，熔池深度大约为蒙皮厚度的 1/2，因此"高斯面 + 圆柱体"复合热源模拟的熔池深度更符合实际的焊接结果。

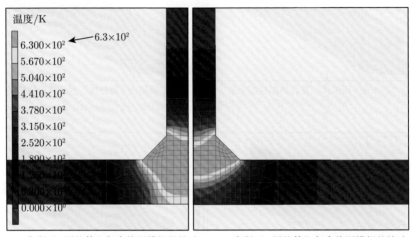

(a) "高斯面+圆锥体"复合热源模拟的熔池    (b) "高斯面+圆柱体"复合热源模拟的熔池
图 6.10    不同热源模拟的熔池形貌对比图

2. 不同热源模型的焊接热循环曲线对比

通过提取不同路径上节点的热循环曲线，可以对焊接件在焊接过程和冷却过程中的温度场变化进行定量研究。本试验针对"高斯面 + 圆锥体"复合热源模型和"高斯面 + 圆柱体"复合热源模型的模拟结果，提取 $AB$ 和 $CD$ 两条路径上节点的热循环曲线，开展不同热源模型焊接热循环曲线的对比研究。提取的路径 $AB$ 和 $CD$ 在焊接接头上的位置如图 6.11 所示，具体的热循环曲线如图 6.12 和图 6.13 所示。

由图 6.12 可以看出，在"高斯面 + 圆柱体"复合热源模拟的热循环曲线中，$AB$ 和 $CD$ 路径上节点的温度都随着热源的靠近而快速升高，热源离开后，温度又快速降低，最高温度可达到 1584.62℃。由图 6.13 可以看出，"高斯面 + 圆锥体"复合热源模拟的热循环曲线中，$AB$ 和 $CD$ 路径上节点的温度也同样随着热源的靠近而快速升高，热源离开后，温度又快速降低，最高温度可达到 2367.58℃。两种热源模拟的热循环曲线显示，"高斯面 + 圆柱体"复合热源模型模拟的最高温度比较合适，而"高斯面 + 圆锥体"复合热源模型模拟的最高温度偏高。综合对比两种热源的模拟结果发现，"高斯面 + 圆柱体"复合热源模拟的熔池形貌和最高温度更接近实际的焊接情况，因此本节选择"高斯面 + 圆柱体"复合热源模型开展后续的焊接有限元仿真。

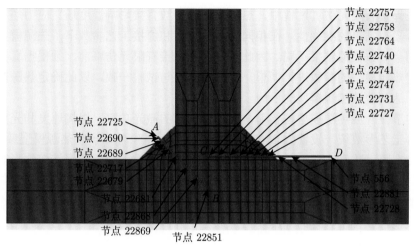

图 6.11   提取路径 AB 和 CD 的位置

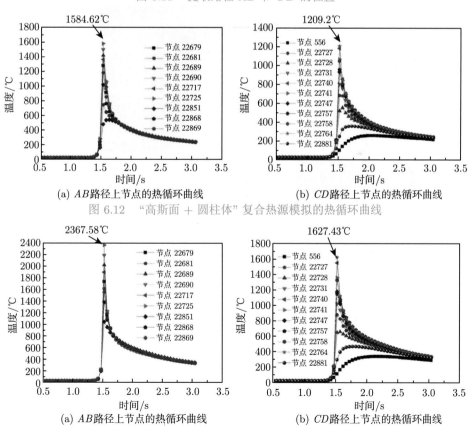

(a) AB 路径上节点的热循环曲线                (b) CD 路径上节点的热循环曲线

图 6.12   "高斯面 + 圆柱体"复合热源模拟的热循环曲线

(a) AB 路径上节点的热循环曲线                (b) CD 路径上节点的热循环曲线

图 6.13   "高斯面 + 圆锥体"复合热源模拟的热循环曲线

3. 热源模型的校核

在焊接有限元仿真过程中，热源模型的参数直接影响温度场、应力场和焊后变形等模拟结果的准确性。在相同的热源模型和焊接工艺参数下，热源模型的参数不同会导致模拟结果不同。因此，在开展焊接有限元仿真前，须根据真实试验结果对热源模型的参数进行调整，使仿真结果与试验一致，以此确定热源模型的参数，达到校核热源模型的目的。

本节在开展热源模型校核前，首先将仿真的激光功率、焊接速度和光束入射角度等工艺参数统一设置为 2500W、35mm/s 和 35°，然后调整热源模型参数，进行焊接有限元仿真。通过仿真获得不同热源模型参数下对应的焊接熔池形貌，并将其与实际试验获得的焊接接头的熔池形貌进行对比，当模拟的熔池形貌与实际焊接的熔池形貌一致时，即可确定该热源模型的参数为最优参数。本节通过热源模型校核，获得了较好的热源模型参数，在该参数下的仿真结果与试验结果对比如图 6.14 所示。

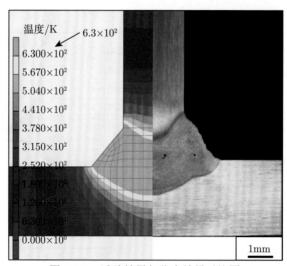

图 6.14    试验结果与仿真结果对比图

由图 6.14 可见，试验结果和仿真结果基本一致，说明该热源模型的参数是最优的，此时的热源模型能够较好地模拟蒙皮-桁条结构件 DLBSW 的热效应。

## 6.2.2    试片件温度场模拟

在焊接过程中，焊接参数如激光功率、焊接速度、光束入射角度对温度场、应力场以及焊后变形的影响较大。为了获得高质量的焊接接头，需要对比研究不同焊接工艺参数下焊缝的成形质量，最终筛选出最优的焊接工艺参数。最优焊接工艺参数的确定，往往需要开展大量的对比试验，然而大量的焊接试验不仅需要花费大量的资金，还需要花费大量的人力和时间。随着有限元仿真的发展，采用有限元法对不同焊接参数下的焊接过程进行模拟，并对比不同焊接参数下的焊接仿真结果，可有效弥补试验的不足，达到节约资金、减少人力和缩短研发周期的目的。本节针对蒙皮-桁条结构试片件，设计不同焊接工艺参数的有限元仿真正交表，具体如表 6.1 所示。

表 6.1    5A90 铝锂合金蒙皮-桁条结构试片件焊接仿真参数正交表

| 编号 | 激光功率 $P$/W | 焊接速度 $v$/(mm/s) | 光束入射角度 $\alpha$/(°) |
|---|---|---|---|
| 1 | 2500 | 35 | 35 |
| 2 | 2500 | 40 | 40 |
| 3 | 2500 | 45 | 25 |
| 4 | 2500 | 50 | 30 |
| 5 | 2900 | 35 | 40 |
| 6 | 2900 | 40 | 35 |
| 7 | 2900 | 45 | 30 |
| 8 | 2900 | 50 | 25 |

根据表 6.1，共开展 8 组焊接工艺参数仿真，各组焊接工艺参数下的熔池形貌及温度场仿真结果如图 6.15 所示。

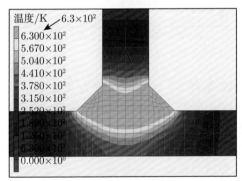

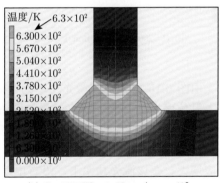

(a) $P=2500$W, $v=35$mm/s, $\alpha=35°$　　　　(b) $P=2500$W, $v=40$mm/s, $\alpha=40°$

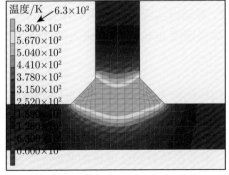
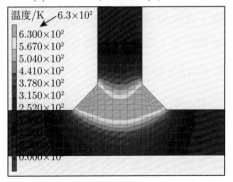

(c) $P=2500$W, $v=45$mm/s, $\alpha=25°$　　　　(d) $P=2500$W, $v=50$mm/s, $\alpha=30°$

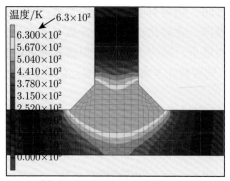

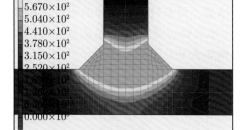

(e) $P=2900\mathrm{W}$, $v=35\mathrm{mm/s}$, $\alpha=40°$　　　　　(f) $P=2900\mathrm{W}$, $v=40\mathrm{mm/s}$, $\alpha=35°$

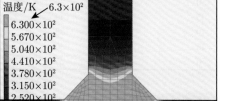

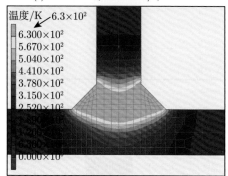

(g) $P=2900\mathrm{W}$, $v=45\mathrm{mm/s}$, $\alpha=30°$　　　　　(h) $P=2900\mathrm{W}$, $v=50\mathrm{mm/s}$, $\alpha=25°$

图 6.15　不同焊接工艺参数下的熔池形貌及温度场仿真结果

　　由图 6.15 可知，在激光功率为 2500W 条件下，当焊接速度为 35mm/s，光束入射角度为 35° 时，仿真结果如图 6.15(a) 所示，此时熔池的形貌最好，最符合预期要求。保持激光功率 2500W 不变，逐渐增大焊接速度，熔池的深度有所降低，熔池形貌逐渐变差。当激光功率增加至 2900W 时，热输入增大，熔池的面积相应增大。在该激光功率下，没有出现未焊透的现象。

　　当激光功率不变时，熔池形貌主要受到焊接速度和光束入射角度的影响。综合对比上述各焊接工艺参数的温度场仿真结果，并结合实际焊接接头的焊缝形貌，得出最优焊接工艺参数为：激光功率 2500W，焊接速度 35mm/s，光束入射角度 35°。

### 6.2.3　试片件应力模拟

　　对于航天飞行器中的蒙皮-桁条薄壁结构件的激光焊接，焊接残余应力的存在会降低结构件的承载能力，并且应力集中还会促使微裂纹的形成，导致焊接结构件失效。此外，结构件的焊后变形，会导致结构件的尺寸精度不够，给后期飞行器壁板的总体装配带来极大的困难。因此，本节在热弹塑性理论的基础上，采用试片件温度场仿真得出的最优焊接工艺参数，开展单桁条结构件的应力变形仿真，并通过试验对仿真结果进行验证。同时，开展单桁条在不同焊接工艺参数下的应力变形仿真，采用回归分析法，分析激光功率、焊接速度和光束入射角度三个参数分别对焊接残余应力及焊后变形影响的权重因子。

由温度场模拟结果可知，当激光功率为 2500W，焊接速度为 35mm/s，光束入射角度为 35° 时，仿真的熔池形貌最好，最符合实际焊接结果。因此，本节分别讨论在该焊接工艺参数下，蒙皮-桁条结构试片件的应力与变形仿真结果，并将仿真获得的残余应力、变形结果与实际测试测得的残余应力、变形结果进行比较，对应力变形仿真的结果进行验证，重点分析残余应力的仿真结果。

为了研究焊接过程中应力的演化，需要对不同时刻的应力进行观察。在实际激光焊接试验过程中，焊接温度较高，激光具有一定的危险性，因此难以对焊接过程中不同时刻的应力进行测量。但仿真可以查看焊接过程中任意时刻的应力及应力分布状态，有效弥补了试验在该问题上的不足。开始仿真前，先设定激光功率为 2500W，焊接速度为 35mm/s，光束入射角度为 35°，通过有限元仿真，得到该焊接参数下不同时刻的等效 von Mises 应力，仿真结果如图 6.16 ～ 图 6.19 所示。

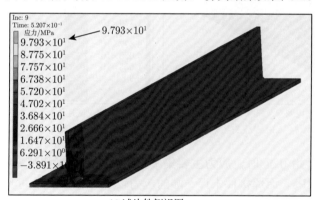 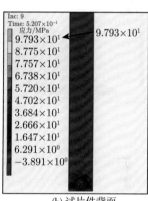

(a) 试片件侧视图　　　　　　　　　　　(b) 试片件背面

图 6.16　焊接开始 0.5s 时的应力分布

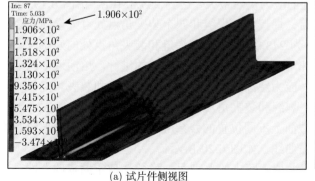 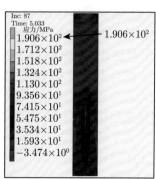

(a) 试片件侧视图　　　　　　　　　　　(b) 试片件背面

图 6.17　焊接开始 5s 时的应力分布

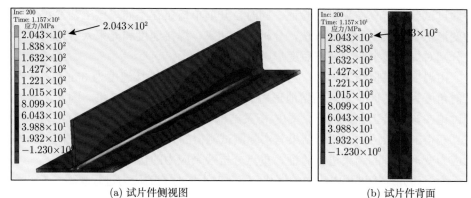

(a) 试片件侧视图　　　　　　　　　　　　　　　　(b) 试片件背面

图 6.18　　焊接开始 11.57s 时的应力分布

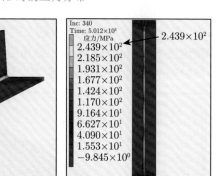

(a) 试片件侧视图　　　　　　　　　　　　　　　　(b) 试片件背面

图 6.19　　焊接结束焊接件冷却后的残余应力分布

由图 6.16 可见，焊接开始 0.5s 时，应力主要集中分布在熔池周围和装夹的角点处，最大应力为 97.93MPa，而焊接件未焊一端的应力较小。由图 6.17 可见，焊接开始 5s 时，应力主要集中分布在焊缝和装夹的角点处，焊缝处的应力最大，达到 190.6MPa。由图 6.18 可见，焊接开始 11.57s 时，应力仍主要集中分布在焊缝和装夹的角点处，焊缝处的应力仍然最大，达到 204.3MPa。由图 6.19 可见，焊接结束焊接件冷却至室温后，焊接件的焊缝和四个装夹角点处有大量的残余应力，焊缝处的残余应力最大，为 243.9MPa，远离焊缝和装夹角点处的残余应力很小。综合上述应力的演化规律可以看出，随着焊接过程的进行，熔池逐渐向前移动，应力逐渐在焊缝处累积，应力逐渐增大，主要分布在焊缝和装夹角点处。焊接结束焊接件冷却至室温后，焊缝和装夹角点处仍分布有大量的残余应力。

为了研究垂直于焊缝的截面上不同位置的残余应力，提取焊接件中部位置截面上不同路径的残余应力分布曲线，如图 6.20 所示。

由图 6.20(a) 可见，路径 1 位于蒙皮的上表面，路径 2 位于蒙皮的背面；图 6.20(b) 显示了路径 1 和路径 2 上不同位置的残余应力。由图 6.20(b) 可以看出，在路径 1 上，桁条中心的残余应力低于桁条两侧焊缝的残余应力，桁条两侧焊缝处的残余应力最高，达到 222.476MPa，远离焊缝的位置残余应力较低，且整个试片件残余应力的分布大致关于桁条中心线对称；路径 2 显示了蒙皮背面不同位置的残余应力分布，残余应力最高处位于蒙皮中心位置，残余应力达到 205.197MPa，蒙皮中心两侧的残余应力随着与焊缝的距离增大而逐渐降低。

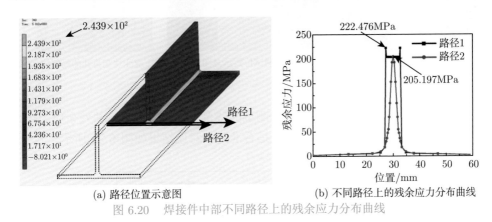

(a) 路径位置示意图      (b) 不同路径上的残余应力分布曲线

图 6.20 焊接件中部不同路径上的残余应力分布曲线

为了验证残余应力仿真结果的准确性，采用 ZS21B 盲孔残余应力检测仪，对铝锂合金蒙皮-桁条结构 DLBSW 试片件进行残余应力检测。试验共测试试片件上五个位置的残余应力，五个位置分别为蒙皮中心、蒙皮中心线两侧 10mm 位置、蒙皮中心线两侧 23mm 位置。测试前，首先将应变片粘贴在蒙皮的背面，然后将应变片与残余应力检测仪连接，用钻头在应变片相应的位置钻孔，钻孔后盲孔周围的残余应力得到释放，应变片将检测到的应变传输至残余应力检测仪，最后残余应力检测仪自动计算并显示残余应力的数值。具体的残余应力测试方法如图 6.21 所示。

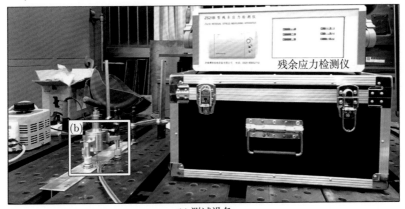

(a) 测试设备

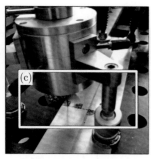

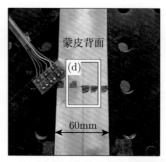

(b) 钻孔设备放大图　　　　(c) 测试位置示意图　　　(d) 应变片和盲孔的局部放大图

图 6.21　盲孔法残余应力测试

　　试片件残余应力测试完成后，将测试的残余应力结果与仿真的残余应力结果进行对比，以验证残余应力仿真结果是否准确，对比结果如图 6.22 所示。

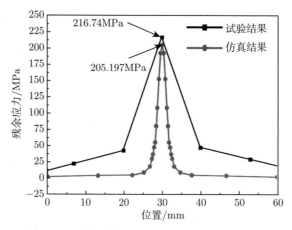

图 6.22　残余应力的试验结果与仿真结果对比

　　试验测试结果显示，蒙皮中心的残余应力最高，为 216.74MPa；仿真结果显示残余应力的最高处位于蒙皮中心，为 205.197MPa。仿真的最高残余应力达到实测最高残余应力的 94.67%，说明试片件焊接残余应力的模拟精度较高。另外，试验结果和仿真结果显示，蒙皮中心线两侧的残余应力随着与中心线距离的增大而逐渐降低，并且中心线两侧的残余应力分布大致关于中心线对称。通过对比残余应力的试验结果和仿真结果可以得出，仿真结果与试验结果之间存在一定的偏差，但两者的数值非常接近，残余应力的分布也大致相同。试验结果表明，蒙皮-桁条结构试片件 DLBSW 残余应力的仿真结果具有较高的准确性。

### 6.2.4　残余应力与变形的回归分析

不同的激光功率、焊接速度和光束入射角度下，焊接件的残余应力和变形不同。为了研究以上三个工艺参数对焊后残余应力和变形影响的权重因子，本节采用回归分析方法，分析不同焊接工艺参数下的残余应力和变形。根据温度场仿真结果，当激光功率为 1700W 和 2100W 时，存在桁条未焊透的情况，说明这两个激光功率偏小；当激光功率为 2500W 和 2900W 时，熔池形貌比较符合预期要求，说明此时激光功率比较合适。因此，本节开展激光功率为 2500W 和 2900W，不同焊接速度和不同光束入射角度下的应力变形仿真，仿真结果如表 6.2 所示。

表 6.2　不同焊接工艺参数下的应力和变形仿真结果

| 编号 | 激光功率/W | 焊接速度/(mm/s) | 光束入射角度/(°) | 焊接残余应力峰值/MPa | 焊后变形峰值/mm |
|---|---|---|---|---|---|
| 1 | 2500 | 35 | 35 | 243.9 | 0.2426 |
| 2 | 2500 | 40 | 40 | 230.8 | 0.2429 |
| 3 | 2500 | 45 | 25 | 234.2 | 0.2354 |
| 4 | 2500 | 50 | 30 | 239.2 | 0.19 |
| 5 | 2900 | 35 | 40 | 245.3 | 0.2372 |
| 6 | 2900 | 40 | 35 | 237 | 0.237 |
| 7 | 2900 | 45 | 30 | 240.1 | 0.2464 |
| 8 | 2900 | 50 | 25 | 238.4 | 0.2327 |

由表 6.2 可知，当激光功率为 2500W，焊接速度为 40mm/s，光束入射角度为 40° 时，焊接残余应力峰值最小，为 230.8MPa；当激光功率为 2900W，焊接速度为 35mm/s，光束入射角度为 40° 时，焊接残余应力峰值最大，为 245.3MPa。

焊后变形仿真结果显示，当激光功率为 2500W，焊接速度为 50mm/s，光束入射角度为 30° 时，焊后变形峰值最小，为 0.19mm。当激光功率为 2900W，焊接速度为 45mm/s，光束入射角度为 30° 时，焊后变形峰值最大，为 0.2464mm。以激光功率、焊接速度、光束入射角度分别作为自变量 $X_1$、$X_2$、$X_3$，以焊接残余应力为 $Y_1$，焊后变形量为 $Y_2$ 输入 Excel 表格，利用 Excel 的数据分析功能，开展不同焊接工艺参数下残余应力和焊后变形仿真结果的回归分析。

首先针对焊后残余应力进行回归分析，分析后得到自变量 (激光功率、焊接速度、光束入射角度) 与因变量 (焊接残余应力) 的关系。焊接残余应力回归分析统计如表 6.3 所示。

表 6.3　焊接残余应力回归分析统计

| 参数 | 数值 |
|---|---|
| Multiple $R$ | 0.549917329 |
| $R$ Square | 0.302409069 |
| 标准误差 | 5.255724392 |
| 观测组数 | 8 |

表 6.3 中的 Multiple $R$ 为相关系数,用来衡量因变量 $Y_1$ 和自变量 $X$ 之间相关程度的大小。表中 Multiple $R$ 等于 0.549917329,说明自变量 (激光功率、焊接速度、光束入射角度) 与因变量 (焊接残余应力) 之间的相关程度达到 54.9917329%。$R$ Square 为复测定系数,用来说明自变量 $X$ 解释因变量 $Y_1$ 变差的程度,以测定因变量 $Y_1$ 的拟合效果,该值为 0.302409069,说明自变量 (激光功率、焊接速度、光束入射角度) 可解释因变量 (焊接残余应力) 变差的 30.2409069%,而因变量变差的其余 69.7590931% 需要由其他因素来解释。回归分析拟合程度的大小用标准误差来衡量,此值越小,表明拟合程度越好。表 6.3 中的标准误差仅为 5.255724392,此值较小,说明该回归分析的拟合程度较好。该回归分析获得的自变量 (激光功率、焊接速度、光束入射角度) 对因变量 (焊接残余应力) 影响的具体权重因子如表 6.4 所示,据此可估算出回归方程。

表 6.4　焊接工艺与残余应力回归参数表

| 参数 | 权重因子 | 标准误差 |
|---|---|---|
| 截距 | 248.6784722 | 46.79288078 |
| $X_1$ | 7.9375 | 9.290895895 |
| $X_2$ | −0.517222222 | 0.554001994 |
| $X_3$ | −0.292777778 | 0.554001994 |

回归方程如下:

$$Y_1 = 248.6784722 + 7.9375X_1 - 0.517222222X_2 - 0.292777778X_3 \quad (6.1)$$

式中,$Y_1$ 为焊接残余应力;$X_1$ 为激光功率;$X_2$ 为焊接速度;$X_3$ 为光束入射角度。

表 6.4 及式 (6.1) 显示,激光功率对焊接残余应力影响的权重因子为 7.9375;焊接速度对焊接残余应力影响的权重因子为 −0.517222222,说明焊接速度与焊接残余应力呈负相关;光束入射角度对焊接残余应力影响的权重因子为 −0.292777778,说明光束入射角度与焊接残余应力也呈负相关,且影响因子较激光功率和焊接速度小。

经过回归分析后,得到各组焊接工艺参数下因变量 $Y_1$ 的预测值及残差 (实际值与预测值之差) 如表 6.5 所示。

由表 6.5 可以看出,该回归分析的 $Y_1$ 预测值与 $Y_1$ 实际值相差不大。预测值围绕实际值小幅度波动,最大残差只有 5.3222222。$Y_1$ 的预测值与实际值比较接近,说明该回归分析的拟合程度较高。

采用同样的方法对不同焊接工艺参数下的焊后变形进行分析,以激光功率为 $X_1$,焊接速度为 $X_2$,光束入射角度为 $X_3$,焊后变形量为 $Y_2$,研究自变量 (激光功率、焊接速度、光束入射角度) 对因变量 (焊后变形量) 影响的权重因子。经过回归分析后,得到焊后变形的回归分析统计数据如表 6.6 所示。

表 6.5　回归分析的焊接残余应力预测值及残差

| 观测组别 | $Y_1$ 实际值 | $Y_1$ 预测值 | 残差 |
|---|---|---|---|
| 1 | 243.9 | 240.1722222 | 3.7277778 |
| 2 | 230.8 | 236.1222222 | $-5.3222222$ |
| 3 | 234.2 | 237.9277778 | $-3.7277778$ |
| 4 | 239.2 | 233.8777778 | 5.3222222 |
| 5 | 245.3 | 241.8833333 | 3.4166667 |
| 6 | 237 | 240.7611111 | $-3.7611111$ |
| 7 | 240.1 | 239.6388889 | 0.4611111 |
| 8 | 238.4 | 238.5166667 | $-0.1166667$ |

表 6.6　焊后变形回归分析统计

| 参数 | 数值 |
|---|---|
| Multiple $R$ | 0.717456667 |
| $R$ Square | 0.514744069 |
| 标准误差 | 0.016551527 |
| 观测组数 | 8 |

表 6.6 中的 Multiple $R$ 等于 0.717456667，说明自变量 (激光功率、焊接速度、光束入射角度) 与因变量 (焊后变形量) 的相关程度达到 71.7456667%。$R$ Square 为 0.514744069，说明用自变量 (激光功率、焊接速度、光束入射角度) 可解释因变量 (焊后变形量) 变差的 51.4744069%，而因变量变差的其余 48.5255931% 需要由其他因素来解释。表中的标准误差仅为 0.016551527，此值较小，说明该回归分析的拟合程度很好。该回归分析获得的自变量 (激光功率、焊接速度、光束入射角度) 对因变量 (焊后变形量) 影响的具体权重因子如表 6.7 所示，据此可估算出回归方程。

表 6.7　焊接工艺与焊后变形回归参数表

| 参数 | 权重因子 | 标准误差 |
|---|---|---|
| 截距 | 0.337505556 | 0.147361921 |
| $X_1$ | 0.0265 | 0.029259243 |
| $X_2$ | $-0.002945556$ | 0.001744684 |
| $X_3$ | $-0.001564444$ | 0.001744684 |

回归方程如下：

$$Y_2 = 0.337505556 + 0.0265X_1 - 0.002945556X_2 - 0.001564444X_3 \tag{6.2}$$

式中，$Y_2$ 为焊后变形量；$X_1$ 为激光功率；$X_2$ 为焊接速度；$X_3$ 为光束入射角度。

表 6.7 及式 (6.2) 显示，激光功率对焊后变形量影响的权重因子为 0.0265。焊接速度对焊后变形量影响的权重因子为 $-0.002945556$，说明焊接速度与焊后变形

呈负相关。光束入射角度对焊后变形量影响的权重因子为 −0.001564444，说明光束入射角度与焊后变形也呈负相关，且影响因子较激光功率和焊接速度小。

经过回归分析后，得到各组焊接工艺参数下因变量 $Y_2$ 的预测值及残差 (预测值与实际值之差) 如表 6.8 所示。

表 6.8　　回归分析的焊后变形预测值及残差

| 观测组别 | $Y_2$ 实际值 | $Y_2$ 预测值 | 残差 |
|---|---|---|---|
| 1 | 0.2426 | 0.245905556 | −0.003305556 |
| 2 | 0.2429 | 0.223355556 | 0.019544444 |
| 3 | 0.2354 | 0.232094444 | 0.003305556 |
| 4 | 0.19 | 0.209544444 | −0.019544444 |
| 5 | 0.2372 | 0.248683333 | −0.011483333 |
| 6 | 0.237 | 0.241777778 | −0.004777778 |
| 7 | 0.2464 | 0.234872222 | 0.011527778 |
| 8 | 0.2327 | 0.227966667 | 0.004733333 |

由表 6.8 可以看出，该回归分析的 $Y_2$ 预测值与 $Y_2$ 实际值相差不大。预测值在实际值上下小幅度波动，最大残差只有 0.019544444。预测值与实际值比较接近，说明该回归分析的拟合程度很高。

## 6.3　推进舱服役载荷对试片件应力-应变的影响

铝锂合金具有卓越的性能，如高比强度、低密度、良好的延展性和韧性，以及优异的耐腐蚀性，因此在航空航天领域得到了广泛的应用 [1-4]。为了满足航空航天领域对结构减重的迫切需求，铝锂合金蒙皮-桁条轻质结构的连接问题亟待解决 [5-7]。铆接技术已广泛应用于蒙皮-桁条结构的连接，但其存在效率低、成本高等不可避免的缺点 [8]，且铆钉的存在会严重增加机身的重量，不符合航空航天轻量化的需求。针对此问题，2003 年，空中客车公司提出了 DLBSW 技术，并将其成功应用于蒙皮-桁条 T 型结构的连接，已实现 T 型结构壁板的批量生产 [9]。

然而，国内对 DLBSW 过程中的残余应力演变和性能变化研究尚且不足，特别是焊接过程中凝固、相变和收缩引起的残余应力变化是焊接工程研究领域中极为重要的问题 [10,11]。当受到外部服役载荷时，在焊接残余应力的共同作用下，缺陷生长的速度加快，极大地缩短了焊接结构的疲劳寿命 [12,13]。因此，准确估算因受到焊接残余应力和外部服役载荷共同作用而产生的潜在故障位置，对确保结构的高效设计和安全至关重要。

本节的研究目标是揭示服役载荷作用下 T 型接头的应力状态。首先，建立 T 型接头的 3D (三维) 热结构有限元模型，对其 DLBSW 过程进行数值模拟，并通过试验进行验证。随后，将焊接后的残余应力、应变分布和总等效塑性应变作为初始条件进行有限元分析，以研究服役载荷作用下蒙皮-桁条 T 型结构的残余应力演变规律。

为了研究焊接结构在服役载荷下残余应力的演变规律，对 T 型接头采取三种不同的服役载荷，即轴向载荷 $N$、剪切载荷 $Q$ 和弯曲载荷 $M$。载荷形式如图 6.23(a) 所示，整个过程包括两个阶段，即渐进加载和渐进卸载。图 6.23(b)~(e) 中用箭头表示四种加载方式下服役载荷模型的边界条件。如前所述，焊接残余应力的综合状态、应变分布和总等效塑性应变作为载荷加载过程分析的初始条件。同时，在服役载荷模型中采用具有 von Mises 屈服准则和各向同性硬化行为的弹塑性结构模型。

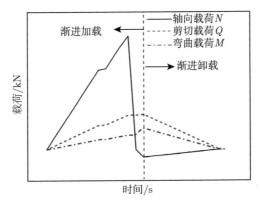

(a) 渐进式加载和渐进式卸载过程

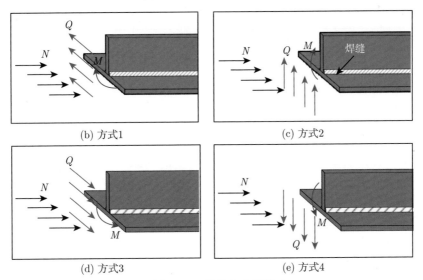

(b) 方式1

(c) 方式2

(d) 方式3

(e) 方式4

图 6.23　服役载荷模型

现对服役载荷在四种不同加载方式下的仿真结果进行分析。对蒙皮中间上表面沿 $A$—$A$ 的残余应力分布进行详细研究。图 6.24 和图 6.25 分别展示了渐进加载服役载荷和渐进卸载服役载荷之后的纵向残余应力再分布。

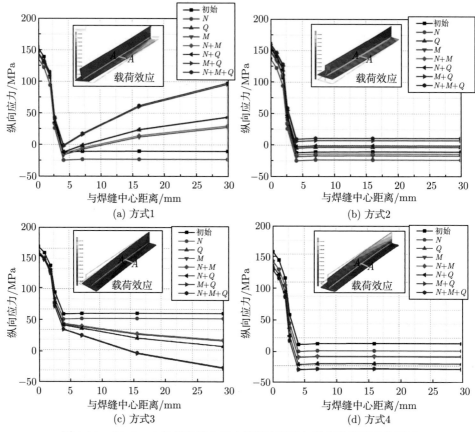

图 6.24　沿 $A$—$A$ 的纵向残余应力及其在渐进加载服役载荷后的演变

由图 6.24(a) 和 (c) 可以看出，在焊接区域以外，弯曲载荷 $M$ 沿蒙皮宽度分布，即纵向残余应力一侧为压应力，另一侧为拉应力，使蒙皮沿宽度方向发生弯曲变形。这是因为在服役载荷作用下，纵向收缩引起蒙皮一侧局部向内变形，自平衡作用导致蒙皮因另一侧纵向残余应力而受压变形。此外，纵向残余应力对剪切载荷 $Q$ 和弯曲载荷 $M$ 比轴向载荷 $N$ 更敏感，这主要是由于载荷作用方向和大小的不同。另外，无论是施加单个载荷还是施加多个载荷，渐进卸载后沿 $A$—$A$ 方向的纵向应力都以相似的幅度减小。具体而言，在焊缝附近降低至多 16.8MPa，远离焊接区域降低至多 17.1MPa (图 6.25)。由此可知，服役载荷对蒙皮上表面纵向残余应力的松弛没有叠加作用。

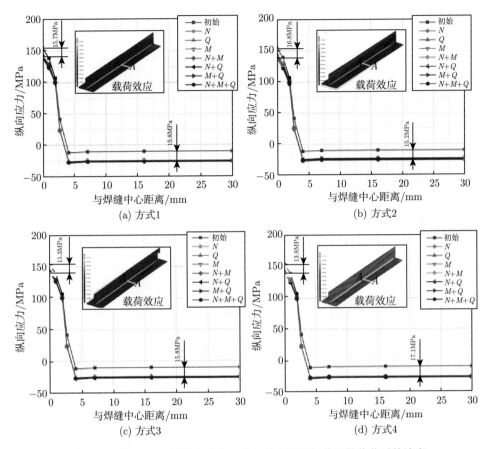

图 6.25   沿 *A—A* 的纵向残余应力及其在渐进卸载服役载荷后的演变

　　为了进一步确定结构在使用过程中潜在的失效位置, 模拟并分析焊接后按方式 1 加载载荷后与按方式 2 加载载荷后结构的应力分布情况, 如图 6.26 所示。焊接完成后, 纵向应力呈梯度分布, 高的纵向应力主要集中于接头内部 (图 6.26(a) 和 (b))。按方式 1 加载载荷后的纵向应力分布情况表明, 应力集中分布于蒙皮边缘区域, 即高拉伸应力和高压缩应力分别分布于蒙皮两侧 (图 6.26(c))。由于轴向载荷 *N* 的影响, 焊接接头内部原来的高拉伸应力区消失, 应注意, 按方式 3 加载载荷后的应力分布情况与按方式 1 加载载荷后的应力分布情况相似。按方式 2 加载载荷应力分布如图 6.26(f) 所示。由图可以看出, 焊缝内部的高拉伸应力已延伸至蒙皮背面, 按方式 4 加载载荷后的应力分布情况与按方式 2 加载载荷后的应力分布情况相似。在工件使用过程中, 焊趾被认为是关键易损区域, 焊趾区域存在明显的应力突变, 但并不是应力集中区域, 这可能是裂纹产生和扩展的致命部位。因此, 5A90 铝锂合金激光焊接 T 型接头在方式 2 和方式 4 载荷下服役会更容易失效，即焊接接头内部高拉伸应力集中区可能是潜在的失效位置。

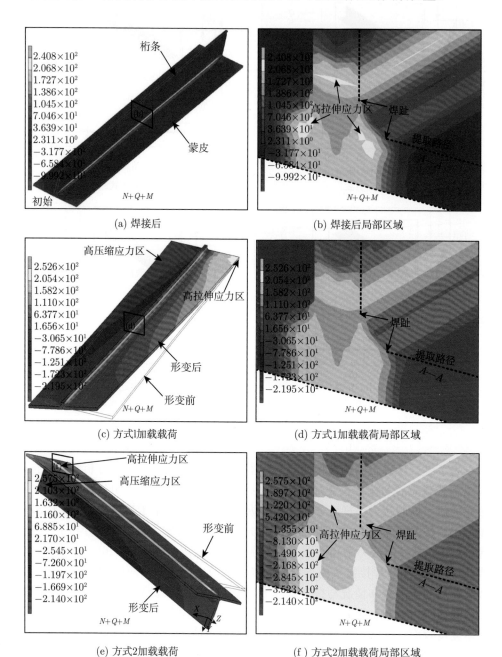

图 6.26　纵向残余应力的分布 (单位：MPa)

## 6.4　推进舱模拟段应力-应变仿真

推进舱模拟段由七根桁条和一块带曲率的蒙皮焊接而成。其焊接质量要求相较于试片件更加严格。因此，本节在前述试片件研究的基础上，采用有限元仿真法，开展模拟段在不同焊接顺序下的仿真研究，并分析其在不同焊接顺序下的应力和变形演化情况，以达到预测其残余应力和变形的目的。最终获取最优的焊接顺序，保证模拟段在服役过程中的可靠性。

### 6.4.1　模拟段应力场仿真

本节针对模拟段开展外侧对称焊接、中心对称焊接以及交叉焊接顺序下的应力仿真研究。外侧对称焊接即先焊接模拟段外部两侧的桁条，依次向中间焊接，最后焊接模拟段中间的桁条，如图 6.27(b) 所示。中心对称焊接即先焊接模拟段中间的桁条，然后依次向外焊接模拟段外部两侧的桁条，如图 6.27(c) 所示。交叉焊接即桁条之间相互交叉进行焊接，如图 6.27(d) 和 (e) 所示。

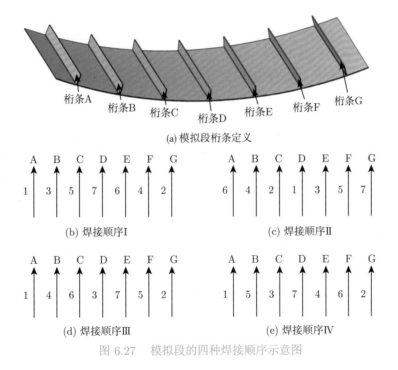

(a) 模拟段桁条定义

(b) 焊接顺序 I

(c) 焊接顺序 II

(d) 焊接顺序 III

(e) 焊接顺序 IV

图 6.27　模拟段的四种焊接顺序示意图

通过有限元热机耦合仿真，得到模拟段在焊接结束冷却后的残余应力分布情况。其中，模拟段在焊接顺序 I 下的应力场仿真结果如图 6.28 所示。由图可知，

　　焊接结束焊接件冷却后，焊缝是残余应力的主要集中位置，远离焊缝的蒙皮和桁条上的残余应力很小。这是因为在焊接时，焊缝处的金属发生了固-液转化，高温时膨胀严重，而冷却后又发生剧烈的收缩。又因为在焊接过程中焊接件被装夹固定，不能自由的变形和移动来弥补收缩量，造成应力在焊缝处集中。模拟段在焊接顺序 I 下，焊接冷却后的最大残余应力为 230.9MPa。

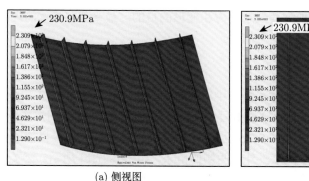 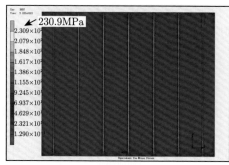

(a) 侧视图　　　　　　　　　　(b) 蒙皮背面

图 6.28　模拟段在焊接顺序 I 下的焊后残余应力

　　模拟段在焊接顺序 II 下的应力场仿真结果如图 6.29 所示。由图可知，模拟段在焊接顺序 II 下，其焊接冷却后的最大残余应力为 231.2MPa，残余应力也主要集中分布在焊缝处，远离焊缝的蒙皮和桁条上的残余应力很小。

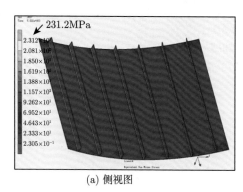 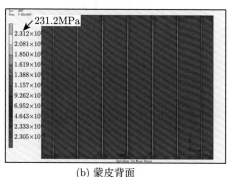

(a) 侧视图　　　　　　　　　　(b) 蒙皮背面

图 6.29　模拟段在焊接顺序 II 下的焊后残余应力

　　模拟段在焊接顺序 III 下的应力场仿真结果如图 6.30 所示。由图可知，模拟段在焊接顺序 III 下，其焊接冷却后的最大残余应力为 230.1MPa。残余应力仍主要集中分布在焊缝处。

　　模拟段在焊接顺序 IV 下的应力场仿真结果如图 6.31 所示。由图可知，模拟段在焊接顺序 IV 下，其焊接冷却后的最大残余应力为 233.7MPa。残余应力始终主要集中分布在焊缝处。对比分析模拟段在上述四种焊接顺序下的焊后最大残余应力发现,采用焊接顺序 Ⅲ 时的残余应力最小,为 230.1MPa。采用焊接顺序 Ⅳ 时的残余应力最大,为 233.7MPa。残余应力由大到小的顺序为:焊接顺序 Ⅳ> 焊接顺序 Ⅱ> 焊接顺序 Ⅰ> 焊接顺序 Ⅲ。由此可以发现,当采用焊接顺序 Ⅲ 时,可以有效控制模拟段的焊后残余应力。

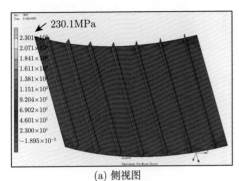
(a) 侧视图

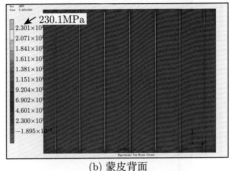
(b) 蒙皮背面

图 6.30    模拟段在焊接顺序 Ⅲ 下的焊后残余应力

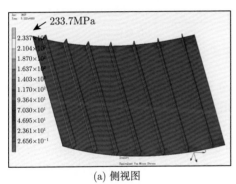
(a) 侧视图

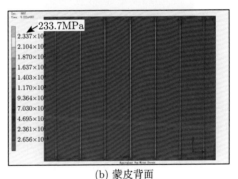
(b) 蒙皮背面

图 6.31    模拟段在焊接顺序 Ⅳ 下的焊后残余应力

### 6.4.2　模拟段变形仿真

为了分析焊接顺序对模拟段焊后变形的影响,本节截取不同焊接顺序下,模拟段在 $X$、$Y$、$Z$ 三个方向及整体的变形分布情况。其中,在焊接顺序 Ⅰ 下,模拟段的焊后变形分布情况如图 6.32 所示。由图可知,在焊接顺序 Ⅰ 下,模拟段在 $X$ 方向的最大变形量为 0.1406mm,在 $Y$ 方向的最大变形量为 0.6816mm,在 $Z$ 方向的最大变形量为 0.0726mm。由此可以看出,模拟段在 $Y$ 方向上的变形最大,在 $Z$ 方向上的变形最小。模拟段的整体变形显示,最大变形位于模拟段两侧边缘的中间位置,该位置发生了向上的拱曲变形,最大变形量为 1.9670mm。模拟段中间区域由于多根桁条的加强作用,结构刚度大,焊后变形较小。

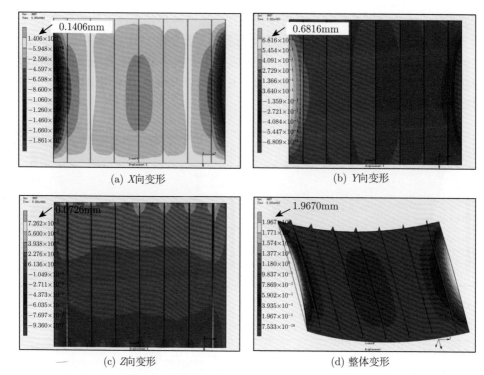

(a) X向变形　　　　　　　　　　(b) Y向变形

(c) Z向变形　　　　　　　　　　(d) 整体变形

图 6.32　模拟段采用焊接顺序 I 时的焊后变形

在焊接顺序 II 下，模拟段的焊后变形分布情况如图 6.33 所示。由图可知，模拟段采用焊接顺序 II 时，在 $X$ 方向上的最大变形量为 0.1205mm，在 $Y$ 方向上的最大变形量为 0.6296mm，在 $Z$ 方向上的最大变形量为 0.0747mm。模拟段在 $Y$ 方向上的变形仍然最大，在 $Z$ 方向上的变形仍然最小。整体变形显示，最大变形仍位于模拟段两侧边缘的中间位置，最大变形量为 1.8550mm。模拟段中部由于具有多根桁条加强，焊后变形较小。

在焊接顺序 III 下，模拟段的焊后变形分布情况如图 6.34 所示。由图可知，模拟段采用焊接顺序 III 时，在 $X$ 方向上的最大变形量为 0.1411mm，在 $Y$ 方向上的最大变形量为 0.6478mm，在 $Z$ 方向上的最大变形量为 0.0721mm。模拟段的整体变形显示，最大变形处始终位于模拟段两侧边缘的中间位置，最大变形量为 1.8720mm，模拟段中部的焊后变形始终较小。

在焊接顺序 IV 下，模拟段的焊后变形分布情况如图 6.35 所示。由图可知，模拟段采用焊接顺序 IV 时，在 $X$ 方向上的最大变形量为 0.1541mm，在 $Y$ 方向上的最大变形量为 0.6318mm，在 $Z$ 方向上的最大变形量为 0.0719mm。模拟段的整体变形显示，最大拱曲变形量为 1.8340mm。模拟段中部由于多根桁条的加强作用，焊后变形仍然较小。

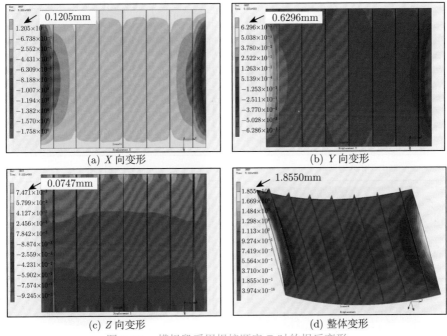

(a) $X$ 向变形　　(b) $Y$ 向变形

(c) $Z$ 向变形　　(d) 整体变形

图 6.33　模拟段采用焊接顺序 Ⅱ 时的焊后变形

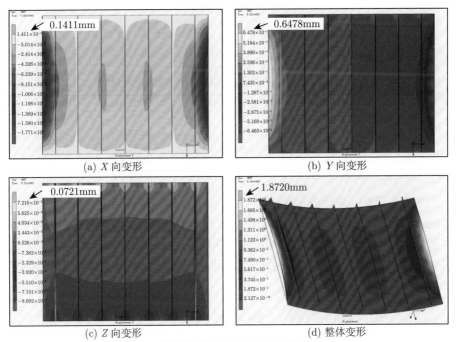

(a) $X$ 向变形　　(b) $Y$ 向变形

(c) $Z$ 向变形　　(d) 整体变形

图 6.34　模拟段采用焊接顺序 Ⅲ 时的焊后变形

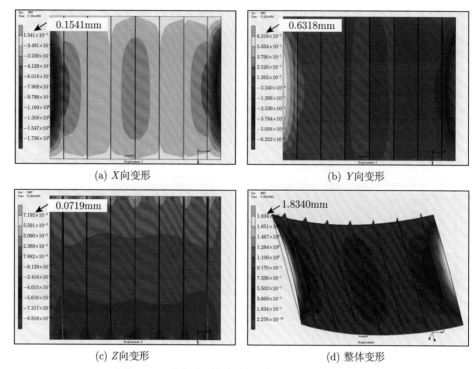

图 6.35　模拟段采用焊接顺序 Ⅳ 时的焊后变形

综合上述结果，整理四种焊接顺序下，模拟段在 $X$、$Y$、$Z$ 三个方向及整体的最大变形量如表 6.9 所示。

表 6.9　模拟段在四种焊接顺序下的焊后变形对比

| 焊接顺序 | $X$ 向变形/mm | $Y$ 向变形/mm | $Z$ 向变形/mm | 整体变形/mm |
|---|---|---|---|---|
| Ⅰ | 0.1406 | 0.6816 | 0.0726 | 1.9670 |
| Ⅱ | 0.1205 | 0.6296 | 0.0747 | 1.8550 |
| Ⅲ | 0.1411 | 0.6478 | 0.0721 | 1.8720 |
| Ⅳ | 0.1541 | 0.6318 | 0.0719 | 1.8340 |

由表 6.9 可知，采用焊接顺序 Ⅳ 时，模拟段的整体焊后变形最小，变形量为 1.8340mm。采用焊接顺序 Ⅰ 时，模拟段的整体焊后变形最大，变形量为 1.9670mm。模拟段焊后整体变形由大到小的顺序是：焊接顺序 Ⅰ> 焊接顺序 Ⅲ> 焊接顺序 Ⅱ> 焊接顺序 Ⅳ。由此可以发现，当采用焊接顺序 Ⅳ 时，可以有效减小模拟段的焊后变形。

## 参 考 文 献

[1]　陈楚. 数值分析在焊接中的应用 [M]. 上海: 上海交通大学出版社, 1985.

[2]    郇学东. 海工高强钢激光-电弧复合焊数值模拟研究 [D]. 南京: 东南大学, 2017.

[3]    Huang W J, Lin G Z, Chen Z L, et al. Numerical simulation on residual stress in Y-slit type cracking test of Q690E[C]. AIP Conference Proceedings, Zhuhai, 2018: 020040.

[4]    Yu H S, Zhan X H, Kang Y E, et al. Numerical simulation optimization for laser welding parameter of 5A90 Al-Li alloy and its experiment verification[J]. Journal of Adhesion Science and Technology, 2019, 33(2): 137-155.

[5]    邓华然. 深冷对 AZ31 镁合金 TIG 焊接头残余应力影响的数值模拟 [D]. 太原: 太原科技大学, 2012.

[6]    周洋. 船体大型结构件焊接变形预测 [D]. 镇江: 江苏科技大学, 2016.

[7]    Derakhshan E D, Yazdian N, Craft B, et al. Numerical simulation and experimental validation of residual stress and welding distortion induced by laser-based welding processes of thin structural steel plates in butt joint configuration[J]. Optics and Laser Technology, 2018, 104: 170-182.

[8]    Cui L, Li X Y, He D Y, et al. Study on microtexture of laser welded 5A90 aluminium-lithium alloys using electron backscattered diffraction[J]. Science and Technology of Welding and Joining, 2013, 18(3): 204-209.

[9]    Janasekaran S, Jamaludin M F, Muhamad M R, et al. Autogenous double-sided T-joint welding on aluminum alloys using low power fiber laser[J]. The International Journal of Advanced Manufacturing Technology, 2017, 90(9): 3497-3505.

[10]   Xia L, Zhan X H, Yu H S, et al. Morphology and formation mechanism of equiaxed grains along the fusion boundary in Al-Li alloy weld seam[J]. Materials Research Express, 2018, 5(11): 116523.

[11]   Xiao R S, Zhang X Y. Problems and issues in laser beam welding of aluminum-lithium alloys[J]. Journal of Manufacturing Processes, 2014, 16(2): 166-175.

[12]   Tao W, Yang Z B, Chen Y B, et al. Double-sided fiber laser beam welding process of T-joints for aluminum aircraft fuselage panels: Filler wire melting behavior, process stability, and their effects on porosity defects[J]. Optics and Laser Technology, 2013, 52: 1-9.

[13]   Tsirkas S A. Numerical simulation of the laser welding process for the prediction of temperature distribution on welded aluminium aircraft components[J]. Optics and Laser Technology, 2018, 100: 45-56.

# 第 7 章

## 大型客机机身壁板铝合金
## DLBSW 仿真研究

本章以大型客机机身壁板铝合金为研究对象，充分利用壳单元模型网格数量少、计算量小等优点，开展试片件、典型件及模拟段三种结构的激光焊接仿真研究，解决机身大型薄壁结构计算时间长、计算不准确、计算难收敛等问题。首先，利用壳单元法对试片件结构开展各项必要建模参数优化仿真，并进行对比分析，之后通过试验对模拟结果进行校核与验证，在保证计算精度的基础上提升计算效率；其次，对典型件结构运用壳单元模型与全实体单元模型开展焊接仿真求解，进一步验证优化后的网格模型、单元类型以及固定时间步长等建模参数的适用性；最后，对典型件结构开展焊接方向优化仿真，并分析其残余应力与变形的演化过程。在此研究基础上，开展模拟段结构在不同焊接顺序与焊接方向下的有限元仿真，对残余应力与变形结果进行对比分析，为飞机壁板结构的实际生产提供更加可靠的焊接方案。

## 7.1 机身壁板铝合金壳单元的 DLBSW 有限元仿真原理

焊接过程的热弹塑性分析是一个包含温度场、应力场和变形场等状态场之间相互作用的复杂的高度非线性过程。需要求解的非线性问题包括由高温引起的材料非线性、几何非线性与边界条件非线性。

### 7.1.1 壳单元构成及其理论

#### 1. 四节点平面应力等参单元

建立如图 7.1(a) 所示的自然坐标下的四节点平面应力单元。假设局部坐标与自然坐标的转换关系为

$$x = \sum_{i=1}^{4} N_i(r, s) x_i$$
$$y = \sum_{i=1}^{4} N_i(r, s) y_i$$

$$(7.1)$$

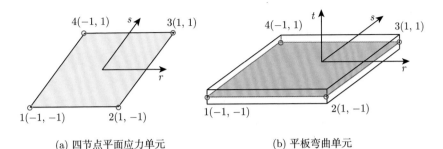

(a) 四节点平面应力单元      (b) 平板弯曲单元

图 7.1 自然坐标下的平面应力单元

单元位移可表示为

$$
\begin{aligned}
u &= \sum_{i=1}^{4} N_i(r,s) u_i \\
v &= \sum_{i=1}^{4} N_i(r,s) v_i
\end{aligned}
\tag{7.2}
$$

由最小势能原理可得单元刚度矩阵为

$$
\boldsymbol{K}^{\text{ep}} = \int_{-1}^{1} \int_{-1}^{1} \boldsymbol{B}^{\text{T}} \boldsymbol{D} \boldsymbol{B} \boldsymbol{J} t \,\mathrm{d}r \mathrm{d}s
\tag{7.3}
$$

式中，$\boldsymbol{D}$ 为单元材料本构关系矩阵；$t$ 为板厚；$\boldsymbol{B}$ 为单元应变与节点位移关系矩阵；$\boldsymbol{J}$ 为局部坐标 $(x,y)$ 与自然坐标 $(r,s)$ 之间的微分变换矩阵 (雅可比矩阵)，其表达式为

$$
\boldsymbol{J} =
\begin{bmatrix}
\dfrac{\partial x}{\partial r} & \dfrac{\partial y}{\partial r} \\[2ex]
\dfrac{\partial x}{\partial s} & \dfrac{\partial y}{\partial s}
\end{bmatrix}
=
\begin{bmatrix}
\displaystyle\sum_{i=1}^{4} \dfrac{\partial N_i}{\partial r} x_i & \displaystyle\sum_{i=1}^{4} \dfrac{\partial N_i}{\partial r} y_i \\[3ex]
\displaystyle\sum_{i=1}^{4} \dfrac{\partial N_i}{\partial s} x_i & \displaystyle\sum_{i=1}^{4} \dfrac{\partial N_i}{\partial s} y_i
\end{bmatrix}
\tag{7.4}
$$

因此

$$
\boldsymbol{\varepsilon} =
\begin{bmatrix}
\varepsilon_x \\
\varepsilon_y \\
\varepsilon_{xy}
\end{bmatrix}
=
\begin{bmatrix}
\dfrac{\partial u}{\partial x} \\[2ex]
\dfrac{\partial u}{\partial y} \\[2ex]
\dfrac{\partial u}{\partial x} + \dfrac{\partial u}{\partial y}
\end{bmatrix}
= \boldsymbol{B} \boldsymbol{\delta}_{\text{e}}
\tag{7.5}
$$

式中，$\boldsymbol{\delta}_e$ 为单元节点位移向量，$\boldsymbol{\delta}_e = [u_1,\,v_1,\,u_2,\,v_2,\,u_3,\,v_3,\,u_4,\,v_4]^\text{T}$；$\boldsymbol{B}$ 为单元应变与节点位移关系矩阵，$\boldsymbol{B} = [B_1,\,B_2,\,B_3,\,B_4]$。

由式 (7.1) 和式 (7.2) 得

$$
\boldsymbol{B}_i = \begin{bmatrix} \dfrac{\partial N_i}{\partial x} & 0 \\[2mm] 0 & \dfrac{\partial N_i}{\partial y} \\[2mm] \dfrac{\partial N_i}{\partial y} & \dfrac{\partial N_i}{\partial x} \end{bmatrix} = \boldsymbol{J}^{-1} \begin{bmatrix} \dfrac{\partial N_i}{\partial r} & 0 \\[2mm] 0 & \dfrac{\partial N_i}{\partial s} \\[2mm] \dfrac{\partial N_i}{\partial s} & \dfrac{\partial N_i}{\partial r} \end{bmatrix}, \quad r = 1, 2, 3, 4 \tag{7.6}
$$

形函数可取为双线性函数：

$$
N_i = N_i(r, s) = \frac{1}{4}\,(1 + rr_i)\,(1 + ss_i), \quad r = 1, 2, 3, 4 \tag{7.7}
$$

式 (7.7) 表达的形函数不是完整的二次多项式，其计算精度较差。因此，为了提高精度，同时改善单元的性能，需要补充四节点等参单元位移函数中所缺的二次项，即在单元的位移插值函数中附加位移项：

$$
u = \sum_{i=1}^{4} N_i(r, s) u_i + \lambda_1(1 - r^2) + \lambda_2(1 - s^2) \tag{7.8}
$$

$$
v = \sum_{i=1}^{4} N_i(r, s) v_i + \lambda_3(1 - r^2) + \lambda_4(1 - s^2) \tag{7.9}
$$

式中，$\lambda_i(i = 1, 2, 3, 4)$ 为附加系数。附加位移项 $(1 - r^2)$ 与 $(1 - s^2)$ 在单元的四个节点上产生的位移为零，即其对节点位移不产生影响，只具有对单元内部的调整作用。附加系数 $\lambda_i$ 称为单元的内部自由度，在生成刚度矩阵时，可由静力凝聚法消除。

### 2. 平板弯曲单元

平板弯曲单元主要基于 Kirchhoff 和 Mindlin 两种分析理论。前者忽略了板中横向剪切变形的影响，在薄板分析中被大量应用。后者考虑了横向剪切应力对变形的影响，可以适用于中厚板。

建立如图 7.1(b) 所示的自然坐标下的平板弯曲单元，假设局部坐标与自然坐标的转换关系为

$$
x = \sum_{i=1}^{4} N_i(r, s) x_i
$$

$$y = \sum_{i=1}^{4} N_i(r,s)y_i$$

假设板的厚度为 $t_i(i=1,2,3,4)$，单元内任一点的 $z$ 坐标为

$$z = \sum_{i=1}^{4} \frac{N_i(r,s)tt_i}{2} \tag{7.10}$$

平板弯曲单元节点 $i$ 的位移为 $\boldsymbol{\delta}_i = [w_i \quad \theta_{yi} \quad \theta_{xi}]^{\mathrm{T}}$，则单元内任一点的位移可表示为

$$u = \sum_{i=1}^{4} \frac{N_i(r,s)tt_i\theta_{yi}}{2}$$

$$v = -\sum_{i=1}^{4} \frac{N_i(r,s)tt_i\theta_{xi}}{2} \tag{7.11}$$

$$w = \sum_{i=1}^{4} N_i(r,s)w_i$$

3. 板壳单元

板壳单元在局部坐标系下的三个位移可表示为

$$\begin{bmatrix} u \\ v \\ w \end{bmatrix} = \sum_{i=1}^{4} N_i \begin{bmatrix} u_i \\ v_i \\ w_i \end{bmatrix} + \sum_{i=1}^{4} N_i \frac{tt_i}{2} \begin{bmatrix} a_{1i} & b_{1i} \\ a_{2i} & b_{2i} \\ a_{3i} & b_{3i} \end{bmatrix} \begin{bmatrix} \theta_{xi} \\ \theta_{yi} \end{bmatrix} \tag{7.12}$$

式中，$N_i$ 为形函数，$N_i = N_i(r,s) = \frac{1}{4}(1+rr_i)(1+ss_i)(i=1,2,3,4)$；$\boldsymbol{a}$ 为 $s$ 方向的单位矢量，$\boldsymbol{a} = [a_{1i},a_{2i},a_{3i}]^{\mathrm{T}}$；$\boldsymbol{b}$ 为单元平面内的单位矢量，$\boldsymbol{b} = [b_{1i},b_{2i},b_{3i}]^{\mathrm{T}}$；$t$ 为厚度坐标；$t_i$ 为节点 $i$ 处的厚度。局部坐标与自然坐标的变换关系为

$$\begin{bmatrix} x \\ y \\ z \end{bmatrix} = \sum_{i=1}^{4} N_i \begin{bmatrix} x_i \\ y_i \\ z_i \end{bmatrix}_{\text{中面}} + \sum_{i=1}^{4} N_i \frac{t}{2} \begin{bmatrix} \Delta x_i \\ \Delta y_i \\ \Delta z_i \end{bmatrix} \tag{7.13}$$

$$\begin{bmatrix} \Delta x_i \\ \Delta y_i \\ \Delta z_i \end{bmatrix} = \begin{bmatrix} x_i \\ y_i \\ z_i \end{bmatrix}_{\text{下表面}} - \begin{bmatrix} x_i \\ y_i \\ z_i \end{bmatrix}_{\text{上表面}} \tag{7.14}$$

单元应变为

$$\boldsymbol{\varepsilon} = \begin{bmatrix} \varepsilon_x \\ \varepsilon_y \\ \gamma_{xy} \\ \gamma_{yz} \\ \gamma_{zx} \end{bmatrix} = \begin{bmatrix} \dfrac{\partial u}{\partial x} \\[2mm] \dfrac{\partial v}{\partial y} \\[2mm] \dfrac{\partial u}{\partial y} + \dfrac{\partial v}{\partial x} \\[2mm] \dfrac{\partial w}{\partial y} + \dfrac{\partial v}{\partial z} \\[2mm] \dfrac{\partial w}{\partial x} + \dfrac{\partial u}{\partial z} \end{bmatrix} = \boldsymbol{B}\boldsymbol{\delta}_{\mathrm{e}} \tag{7.15}$$

式中，$\boldsymbol{\delta}_{\mathrm{e}} = \begin{bmatrix} u_i & v_i & w_i & \theta_{xi} & \theta_{yi} \end{bmatrix}^{\mathrm{T}}$；$\boldsymbol{B}$ 为单元应变与节点位移关系矩阵。

由式 (7.12)、式 (7.14) 与式 (7.15) 可求得自然坐标系 $rst$ 与局部坐标系 $xyz$ 之间的雅可比矩阵，由此单元的刚度矩阵为

$$\boldsymbol{K}_{\mathrm{e}} = \int_{-1}^{1} \int_{-1}^{1} \int_{-1}^{1} \boldsymbol{B}^{\mathrm{T}} \boldsymbol{D} \boldsymbol{B} J \mathrm{d}t \mathrm{d}r \mathrm{d}s \tag{7.16}$$

### 7.1.2　热弹塑性有限元理论

#### 1. 焊接热传播基本定律

在焊接过程中，涉及的热量传递方式有热传导传热、对流传热、辐射传热以及焓迁移。焓迁移主要指的是焊丝熔滴过渡过程中在传质的同时发生传热，另外，焊接过程中飞溅也是一种焓迁移。在目前的有限元分析过程中，主要考虑热传导传热、对流传热以及辐射传热三种热量传递方式。

#### 1) 热传导传热

在焊接过程中，热量从高温区域传递到低温区域的传递方式称为热传导，可表示为

$$q^{*} = -\lambda \frac{\partial T}{\partial n} \tag{7.17}$$

式中，$\lambda$ 为热导率；$\dfrac{\partial T}{\partial n}$ 为温度梯度。

#### 2) 对流传热与辐射传热

焊接过程中热对流主要发生在焊接件表面处，通过周围气体介质的流动带走一部分热量，即发生对流传热。高温物体的热辐射实际上是一种电磁波辐射过程，空间中任何物体间均发生着相互辐射产生的热交换，特别是在焊接过程中产生的

弧光具有极高的温度，必将向周围的低温物体发生辐射从而传递能量，即发生辐射传热。对流传热与辐射传热过程可表示为

$$q = q_c^* + q_r^* = \alpha_c(T - T_0) + \varepsilon C_0(T^4 - T_0^4) \tag{7.18}$$

式中，$q_c^*$ 和 $q_r^*$ 分别为对流传热和辐射传热的热流密度；$T$ 为工件的温度；$T_0$ 为环境温度；$\alpha_c$ 为对流传热系数；$C_0$ 为常数，其值为 $5.67 \times 10^{-14} \mathrm{J/(mm^2 \cdot s \cdot K^4)}$；$\varepsilon$ 为吸收率，其值小于 1。

式 (7.18) 的线性近似方程如下：

$$q = \alpha_c(T - T_0) + \alpha_r(T - T_0) = \alpha(T - T_0) \tag{7.19}$$

式中，$\alpha_r$ 为辐射传热系数；$\alpha$ 为总传热系数。

3) 热传导微分方程

假设材料为各向同性的连续体介质，在能量守恒原理的基础上，得到如下热传导微分方程：

$$\frac{\partial T}{\partial t} = \frac{\lambda}{C\rho}\left(\frac{\partial^2 T}{\partial x^2} + \frac{\partial^2 T}{\partial y^2} + \frac{\partial^2 T}{\partial z^2}\right) + \frac{1}{C\rho}\frac{\partial Q_v}{\partial t} \tag{7.20}$$

式中，$C$ 为比热容；$\rho$ 为材料密度；$\lambda$ 为热导率；$\dfrac{\partial Q_v}{\partial t}$ 为内部热源强度。

2. 热分析理论

在求解焊接非线性瞬态热分析问题中，空间域内采用有限单元法划分，时间域内采用有限差分法划分 [1-3]。

1) 空间域的离散

在三维空间域，对温度的离散方程为

$$T = NT_e \tag{7.21}$$

式中，$T$ 为单元内的温度；$N$ 为单元的温度形函数；$T_e$ 为单元节点温度。

通过伽辽金加权残值法可得

$$C\dot{T} + KT = Q \tag{7.22}$$

式中，$T$ 为温度；$\dot{T}$ 为温度对时间的一阶导数；$Q$ 为热流密度。

展开式 (7.22) 得

$$\left(\sum \boldsymbol{K}_e + \sum \boldsymbol{H}_e\right)\dot{T} + \sum \boldsymbol{C}_e \cdot T = \sum \boldsymbol{R}_{eQ} + \sum \boldsymbol{R}_{eq} + \sum \boldsymbol{R}_{eh} \tag{7.23}$$

其中,

$$\boldsymbol{K}_{e} = \int_{V_e} \boldsymbol{N}^{T} \boldsymbol{K} \boldsymbol{B} \mathrm{d} V \tag{7.24}$$

$$\boldsymbol{H}_{e} = \int_{S_3} h \boldsymbol{N}^{T} \boldsymbol{N} \mathrm{d} S \tag{7.25}$$

$$\boldsymbol{C}_{e} = \int_{V_e} \rho C \boldsymbol{N}^{T} \boldsymbol{N} \mathrm{d} V \tag{7.26}$$

$$\boldsymbol{R}_{eQ} = \int_{V_e} \rho Q H \boldsymbol{N}^{T} \mathrm{d} V \tag{7.27}$$

$$\boldsymbol{R}_{eq} = \int_{S_2} q \boldsymbol{N}^{T} \mathrm{d} S \tag{7.28}$$

$$\boldsymbol{R}_{eh} = \int_{S_2} h T \boldsymbol{N}^{T} \mathrm{d} S \tag{7.29}$$

式中,$\boldsymbol{K}_{e}$ 为热传导矩阵;$\boldsymbol{C}_{e}$ 为比热矩阵。则与温度相关的非线性微分方程可表示为

$$C(T)T + K(T)T = Q(T) \tag{7.30}$$

2) 时间域的离散

假设时间域以等时间间距进行离散,则有

$$\frac{T_{n-1} - \sigma_y}{\Delta t} = \frac{\partial}{\partial x} T_n + \theta \left( \frac{\partial}{\partial x} T_{n-1} - \frac{\partial}{\partial x} T_n \right) \tag{7.31}$$

式中,$\theta$ 为加权系数,将方程 (7.22) 代入式 (7.31) 可得

$$\left( \frac{C}{\Delta t} + \theta \boldsymbol{K} \right) T_{n-1} = \left[ \frac{C}{\Delta t} - (1 - \theta) \boldsymbol{K} \right] T_n + [\theta R_{n-1} + (1 + \theta) R_n] \tag{7.32}$$

给定初值 $T_0$,即可通过式 (7.32) 求得任意时刻的温度场分布。当 $\theta = 0$ 时,为向后差分格式;当 $\theta = 0.5$ 时,为中心差分格式;当 $\theta = 1$ 时,为向前差分格式。向前差分格式在实际应用中要求较小的时间步长,容易受到计算稳定性的限制。而具有各向同性的中心差分格式,其与瞬态温度场过程中对流或时间推进过程不相符。因此,一般情况下时间域离散采用向后差分格式。

### 3. 结构分析理论

当材料处于弹性或塑性状态时，其应力-应变关系 [4] 如下：

$$\mathrm{d}\sigma = \boldsymbol{D}\mathrm{d}\varepsilon - \boldsymbol{C}\mathrm{d}T \tag{7.33}$$

式中，$\boldsymbol{C}$ 为与温度相关的向量；$\boldsymbol{D}$ 为弹性或弹塑性矩阵。

当材料处于弹性状态时，关系式为

$$\boldsymbol{D} = \boldsymbol{D}_{\mathrm{e}} \tag{7.34}$$

$$\boldsymbol{C} = \boldsymbol{C}_{\mathrm{e}} = \boldsymbol{D}_{\mathrm{e}}\left(\alpha + \frac{\partial \boldsymbol{D}_{\mathrm{e}}^{-1}}{\partial T}\sigma\right) \tag{7.35}$$

式中，$T$ 为温度；$\alpha$ 为材料的热膨胀系数。

当材料处于塑性状态时，假设材料的屈服条件为

$$f = f_{\mathrm{o}}\left(\sigma_{\mathrm{s}}, T, K\left(\rho\varepsilon\right), \cdots\right) \tag{7.36}$$

式中，$f$ 与温度和塑性应变有关，根据多轴应力场的本构关系，塑性应变增量 $\mathrm{d}\varepsilon_{\mathrm{p}}$ 表示为

$$\mathrm{d}\varepsilon_{\mathrm{p}} = \xi\frac{\partial \boldsymbol{f}}{\partial \sigma} \tag{7.37}$$

$$\xi = \frac{\dfrac{\partial f^{\mathrm{T}}}{\partial \sigma}\boldsymbol{D}_{\mathrm{e}}\mathrm{d}\varepsilon - \dfrac{\partial f^{\mathrm{T}}}{\partial \sigma}\boldsymbol{D}_{\mathrm{e}}\left(\alpha + \dfrac{\partial \boldsymbol{D}_{\mathrm{e}}^{-1}}{\partial T}\sigma\right)\mathrm{d}T - \dfrac{\partial f_{\mathrm{o}}}{\partial T}\mathrm{d}T}{P} \tag{7.38}$$

$$P = \frac{\partial f}{\partial \sigma}\boldsymbol{D}_{\mathrm{e}}\frac{\partial f}{\partial \sigma} + \frac{\partial f}{\partial k}\cdot\frac{\partial K}{\partial \varepsilon_{\mathrm{p}}}\cdot\frac{\partial f}{\partial \sigma} \tag{7.39}$$

则式 (7.33) 可写为

$$\mathrm{d}\sigma = \boldsymbol{D}_{\mathrm{ep}}\mathrm{d}\varepsilon - \left(\boldsymbol{D}_{\mathrm{ep}}\alpha + \boldsymbol{D}_{\mathrm{ep}}\frac{\partial \boldsymbol{D}_{\mathrm{e}}^{-1}}{\partial T}\sigma - \boldsymbol{D}_{\mathrm{e}}\frac{\partial f}{\partial \sigma}\frac{\partial f_{\mathrm{o}}}{\partial \sigma}/P\right)\mathrm{d}T \tag{7.40}$$

其中，

$$\boldsymbol{D}_{\mathrm{ep}} = \boldsymbol{D}_{\mathrm{e}} - \boldsymbol{D}_{\mathrm{e}}\frac{\partial f}{\partial \sigma}\left(\frac{\partial f_{\mathrm{o}}}{\partial \sigma}\right)^{\mathrm{T}}\boldsymbol{D}_{\mathrm{e}}/P \tag{7.41}$$

$$\boldsymbol{C} = \boldsymbol{C}_{\mathrm{ep}} = \boldsymbol{D}_{\mathrm{ep}}\alpha + \boldsymbol{D}_{\mathrm{ep}}\frac{\partial \boldsymbol{D}_{\mathrm{e}}^{-1}}{\partial T}\sigma - \boldsymbol{D}_{\mathrm{e}}\frac{\partial f}{\partial \sigma}\frac{\partial f_{\mathrm{o}}}{\partial \sigma}/P \tag{7.42}$$

塑性区的卸载可由 $\xi$ 的值进行判定：

(1) 当 $\xi < 0$ 时，为卸载过程。

(2) 当 $\xi > 0$ 时，为加载过程。

(3) 当 $\xi = 0$ 时，为中性过程。

因此，针对计算模型中的某一单元，平衡关系可表示为

$$\mathrm{d}\boldsymbol{F}_{\mathrm{e}} = \mathrm{d}\boldsymbol{R}_{\mathrm{e}} = \boldsymbol{K}_{\mathrm{e}}\mathrm{d}\boldsymbol{\delta}_{\mathrm{e}} \tag{7.43}$$

$$\boldsymbol{K}_{\mathrm{e}} = \int \boldsymbol{B}^{\mathrm{T}}\boldsymbol{D}\boldsymbol{B}\mathrm{d}V \tag{7.44}$$

$$\mathrm{d}\boldsymbol{R}_{\mathrm{e}} = \int \boldsymbol{B}^{\mathrm{T}}\boldsymbol{C}\mathrm{d}T\mathrm{d}V \tag{7.45}$$

式中，$\mathrm{d}\boldsymbol{F}_{\mathrm{e}}$ 为单元节点上的力增量；$\mathrm{d}\boldsymbol{R}_{\mathrm{e}}$ 为温度引起的单元初应变等效节点力增量；$\boldsymbol{K}_{\mathrm{e}}$ 为单元刚度矩阵；$\mathrm{d}\boldsymbol{\delta}_{\mathrm{e}}$ 为节点位移增量；矩阵 $\boldsymbol{B}$ 是单元中联系应变向量与节点位移向量的纽带。当单元处于弹性或塑性区时，分别用 $\boldsymbol{D}_{\mathrm{e}}$、$\boldsymbol{C}_{\mathrm{e}}$ 与 $\boldsymbol{D}_{\mathrm{ep}}$、$\boldsymbol{C}_{\mathrm{ep}}$ 代替式 (7.43)～ 式 (7.45) 中的 $\boldsymbol{D}$ 和 $\boldsymbol{C}$，集成的总刚度矩阵 $\boldsymbol{K}$、总载荷向量 $\mathrm{d}\boldsymbol{F}$ 可分别表示为

$$\boldsymbol{K} = \sum \boldsymbol{K}_{\mathrm{e}} \tag{7.46}$$

$$\mathrm{d}\boldsymbol{F} = \sum (\mathrm{d}\boldsymbol{F}_{\mathrm{e}} + \mathrm{d}\boldsymbol{R}_{\mathrm{e}}) \tag{7.47}$$

进而可得到整个模型的平衡方程组为

$$\boldsymbol{K}\mathrm{d}\boldsymbol{\delta} = \mathrm{d}\boldsymbol{F} \tag{7.48}$$

考虑到一般焊接过程不受外力的影响，各节点对应的单元节点力是一个平衡力系统，有

$$\sum \mathrm{d}\boldsymbol{F}_{\mathrm{e}} = 0 \tag{7.49}$$

即

$$\mathrm{d}\boldsymbol{F} = \sum \mathrm{d}\boldsymbol{R}_{\mathrm{e}} \tag{7.50}$$

通过上述方程可将热分析过程中计算得到的节点温度在结构分析中施加温度载荷增量，从而可求得节点位移增量 $\mathrm{d}\boldsymbol{\delta}_{\mathrm{e}}$，再通过应力-应变关系求得应力增量 $\mathrm{d}\sigma$。最终可计算出应力-应变在焊接过程中的演变过程，并获得最终的焊接残余应力与变形分布。

### 7.1.3　壳单元-实体单元耦合建模与求解策略

#### 1. 壳单元-实体单元耦合建模

在有限元分析中，实体单元的节点有三个自由度，壳单元的节点有六个自由度。若将实体单元与壳单元进行直接连接，则需要对连接处的壳单元节点三个旋

转自由度进行处理。常用的方法包括接触法、约束方程法以及嵌入法等。本节采用嵌入法实现壳单元与实体单元的节点耦合，如图 7.2 所示，将壳单元延伸至实体单元内部，对壳单元与实体单元重合部分通过共节点方法进行连接。该方法可以保证壳单元节点的六个自由度均能传递到实体单元中。

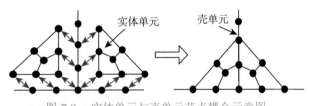

图 7.2　实体单元与壳单元节点耦合示意图

2. 求解策略

高斯面-圆柱体组合热源以及高斯面-圆锥体组合热源如图 7.3 所示。综合考虑激光焊接的特性以及参考相关研究结论，选用高斯面-圆柱体组合热源，并通过自编 Fortran 代码的子程序运行。

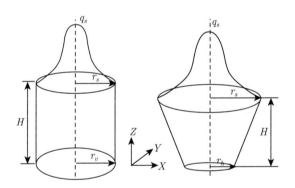

(a) 高斯面-圆柱体组合热源　　(b) 高斯面-圆锥体组合热源

图 7.3　激光焊接组合热源模型

另外，本节采用 3D 热-力耦合有限元分析来表征蒙皮-桁条 T 型结构的 DLBSW 过程。由于激光焊接过程的复杂性，数值模型基于以下假设[5]：

(1) 假设焊接过程是准稳态过程，组合热源以恒定速度进行。

(2) 假设材料是各向同性的，材料的热物理性能取决于温度，同时不考虑填充材料和母材的不一致性。

(3) 忽略熔池中的流体流动和搅拌作用，同时由于相变潜热值较小，忽略熔池中的冶金现象。

(4) 忽略焊接件与工装平台之间的热量传递，假设在焊接过程中产生的热量传递到空气中仅通过工件的外边界进行对流传热，辐射传热与对流传热转化为总的传热系数，此外，还应忽略蒙皮与桁条的间隙。

(5) 假设受到蒸气压力、重力和表面张力作用的熔池表面是静态平衡的。

将自编子程序的两组高斯面-圆柱体组合热源分别加载到桁条两侧的角焊缝中，角焊缝热源作用示意图如图 7.4(a) 所示。两组热源与蒙皮呈一定角度对称作用在桁条两侧的角焊缝中并同步运行，双激光束热源实现过程如图 7.4(b) 和 (c) 所示。高斯面-圆柱体组合热源能较好地呈现出 DLBSW 过程中的贯通熔池，两组合热源相交弥补了高斯圆柱体热源在深度方向上峰值热流的衰减。

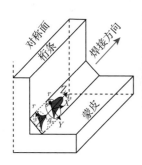 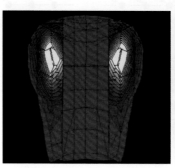 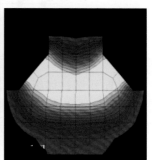

(a) 角焊缝热源作用　　　(b) 双热源作用效果俯视图　　　(c) 双热源作用效果截面图

图 7.4　DLBSW 热源模型

# 7.2　蒙皮-桁条试片件结构有限元求解

大型薄壁结构激光焊接数值模拟具有计算时间长、计算不准确、计算难收敛等特点。因此，在对大型薄壁结构进行激光焊接仿真前，不仅需要确定最优工艺参数与热源参数，而且对于网格模型的划分策略、单元类型的选择以及固定时间步长等必要建模参数的优化与确定，更是必不可少的预备性仿真过程。在保证计算准确性的前提下提高计算效率，对实现大型薄壁结构焊接智能化仿真在实际飞机壁板制造中具有重大意义。

本节针对后续大型薄壁结构的仿真计算，对蒙皮-桁条试片件结构进行网格模型的优化 (包括确定网格尺寸及壳单元所占比例)、单元类型的确定、固定时间步长的优化，主要研究并对比各种建模参数下仿真模型的计算精度与计算效率。

### 7.2.1　蒙皮-桁条试片件求解模型

本节针对国产大型客机机身壁板蒙皮-桁条 T 型结构开展 DLBSW 试验。试验选用的材料为美国铝业公司生产的第三代高强度铝锂合金，蒙皮为 2mm 厚的 2060 铝锂合金，工艺状态为 T8；桁条为 2mm 厚的 2099 铝锂合金，工艺状态为

T83。试验所采用的焊丝为直径为 1.2mm 的 ER4047 焊丝，2060 与 2099 铝锂合金以及 ER4047 焊丝具体化学成分如表 7.1 所示。

表 7.1    2060 与 2099 铝锂合金以及 ER4047 焊丝化学成分表 (质量分数)

| 材料 | Cu | Li | Mg | Zn | Mn | Zr | Ag | Si | Sr | Fe | Ti | Al |
|---|---|---|---|---|---|---|---|---|---|---|---|---|
| 2060-T8/% | 3.9 | 0.8 | 0.7 | 0.32 | 0.29 | 0.1 | 0.34 | 0.02 | — | 0.02 | <0.1 | 余量 |
| 2099-T83/% | 2.52 | 1.87 | 0.5 | 1.19 | 0.31 | 0.08 | — | — | 0.06 | — | — | 余量 |
| ER4047/% | <0.001 | — | 0.01 | 0.001 | 0.01 | — | — | 11.52 | — | 0.20 | 0.01 | 余量 |

根据实际焊接试验情况，建立与试验件相同尺寸的蒙皮-桁条试片件几何模型。蒙皮为尺寸为 500mm×100mm×2mm 的平板，桁条为高 28mm、厚 2mm 的钩形型材，蒙皮与桁条组成 T 型结构。其中，填充部分截面假设为直角边是 1mm 的等腰直角三角形。蒙皮-桁条试片件结构几何模型如图 7.5 所示。

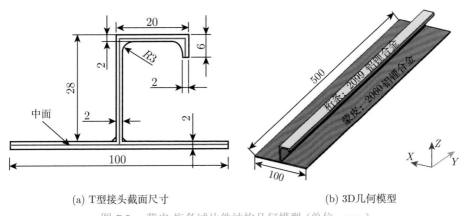

(a) T型接头截面尺寸                    (b) 3D几何模型

图 7.5    蒙皮-桁条试片件结构几何模型 (单位：mm)

在焊接过程中，材料的热物理性能随着温度的变化而变化，特别是在熔点温度以后，材料属性的准确性是影响计算精度的重要因素。热弹塑性有限元计算中所需要的材料属性包括材料密度、弹性模量、屈服强度、热膨胀系数、热导率以及比热容。因此，为了简化计算，假设填充金属的材料热物理性能和机械性能与相对较差的 2060 铝锂合金具有相同的属性值。假设蒙皮-桁条材料为各向同性，即不考虑方向对材料属性的影响。2060 与 2099 铝锂合金部分随温度变化的材料热物理性能如图 7.6 所示。

## 7.2.2    蒙皮-桁条试片件网格模型及其优化

针对单桁条试片件进行不同网格尺寸与数量的划分，研究网格尺寸与数量对焊后温度场、残余应力以及变形的影响，优化出兼具计算精度与计算效率的网格

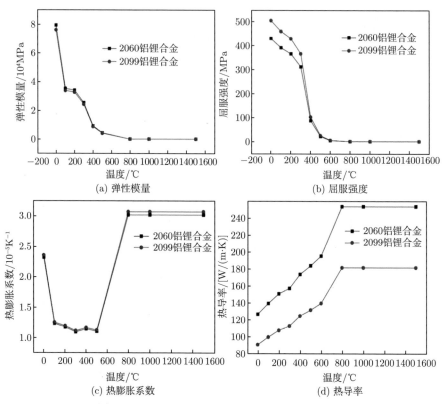

(a) 弹性模量  (b) 屈服强度

(c) 热膨胀系数  (d) 热导率

图 7.6  2060 与 2099 铝锂合金热物理性能参数

划分策略，并最终应用于大型薄壁结构中。本节以全实体单元模型为基准，建立两种划分策略以及三种不同网格尺寸 (长宽比) 的实体-壳单元模型，各类网格模型如图 7.7 所示，具体方案如表 7.2 所示。其中，近焊缝区实体网格模型中划分的实体单元区域为残余应力主要集中区域。除全实体网格模型外，在蒙皮-桁条结构的中面上进行壳单元划分，壳单元厚度设置为 2mm，温度分布运用二次类型。网格模型优化过程中各计算模型除了网格划分策略不同外，焊接参数与各建模参数完全一致。

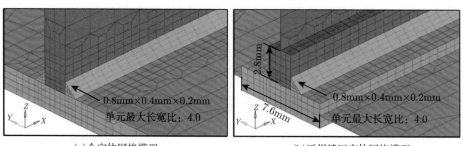

(a)全实体网格模型  (b)近焊缝区实体网格模型

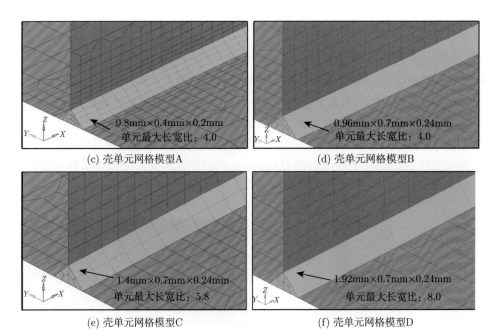

图 7.7　蒙皮-桁条试片件网格模型

表 7.2　试片件结构网格模型方案

| 模型方案 | 实体单元区域 | 焊缝单元近似尺寸 | 单元最大长宽比 | 单元与节点数量 |
|---|---|---|---|---|
| 全实体网格模型 | 全结构 | 0.8mm×0.4mm×0.2mm | 4.0(实体单元) | 82892 实体单元，183167 节点 |
| 近焊缝区实体网格模型 | 蒙皮 7.6mm + 桁条 2.8mm + 填充区域 | 0.8mm×0.4mm×0.2mm (实体单元)，0.8mm×0.3mm (壳单元) | 4.0(实体单元)，2.7(壳单元) | 63648 实体单元 +20808 壳单元，168873 节点 |
| 壳单元网格模型 A | 填充区域 | 0.8mm×0.4mm×0.2mm (实体单元)，0.8mm×0.3mm (壳单元) | 4.0(实体单元)，2.7(壳单元) | 9792 实体单元 +22013 壳单元，25577 节点 |
| 壳单元网格模型 B | 填充区域 | 0.96mm×0.7mm×0.24mm (实体单元)，0.96mm×0.5mm (壳单元) | 4.0(实体单元)，1.9(壳单元) | 3672 实体单元 +20196 壳单元，22496 节点 |
| 壳单元网格模型 C | 填充区域 | 1.4mm×0.7mm×0.24mm (实体单元)，1.4mm×0.5mm (壳单元) | 5.8(实体单元)，2.8(壳单元) | 2592 实体单元 +14160 壳单元，15798 节点 |
| 壳单元网格模型 D | 填充区域 | 1.92mm×0.7mm×0.24mm (实体单元)，1.92mm×0.5mm (壳单元) | 8.0(实体单元)，3.8(壳单元) | 1728 实体单元 +9376 壳单元，10484 节点 |

### 1. 试片件网格模型优化温度场结果

焊后残余应力与变形主要由温度场决定，同时结构在焊接过程中的力学行为对温度分布也会产生影响。本节基于试验及测试结果，首先比较试验观测和计算提取的焊缝截面形貌及几何特征，在验证模型可行性的同时对计算结果进行校核。试验所得和由全实体网格模型计算出的焊缝横截面几何形状如图 7.8 所示。由图可见，计算得到的焊缝形貌与试验观测的横截面形貌吻合良好，熔宽相差 0.08mm，上熔深相差 0.1mm，下熔深相差 0.12mm。焊缝熔池形貌结果验证了所采用的热源模型的可行性，同时验证了温度场计算的准确性。

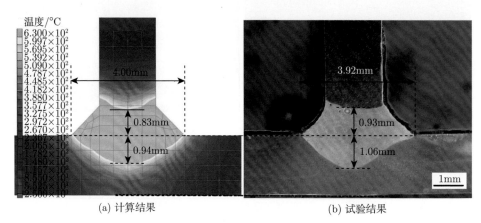

温度/°C

(a) 计算结果　　　　　　　　　　(b) 试验结果

图 7.8　焊缝横截面几何形状对比图

实体网格模型计算得到的焊缝截面形貌和几何特征验证完成后，对比分析 6 种网格模型在同一时刻 (0.5s) 的温度分布，如图 7.9 所示。可以发现，无论是焊缝表面还是焊缝内部，其高温区域均较小，且都为圆形，较好地呈现了高斯面-圆柱体组合热源模型的特征。沿焊接方向高温区前沿的温度分布较密集，温度梯度大，而在高温区后端温度分布逐渐稀疏。熔池最高温度出现在桁条两侧双热源的相交处，热量同时从热源中心向蒙皮与桁条进行传导且呈对称分布，距离热源中心越远，温度越低，温度梯度就越小。

由各类网格模型的温度分布云图可知，具有壳单元的网格模型，其最高温度比全实体模型高 100~300℃，且在焊缝内部具有较大的高温区。这可能是由于热源同时作用于实体单元与壳单元，在耦合节点处热量进行了一定的叠加。同时，由于节点耦合，实体单元与壳单元交界处热量传导平滑。对比图 7.9(a)~(c) 发现，在焊缝网格尺寸相同的情况下，近焊缝区实体网格模型高温区后端的温度梯度较小，熔池具有一定的拖尾现象。同时在焊缝网格尺寸相同的情况下，蒙皮与桁条采用壳单元划分对温度分布影响较小。对比分析壳单元网格模型 A 与 B 的温度分布可得，在填充区的网格具有一致的长宽比时 (长宽比为 4)，网格尺寸对温度分布的影响不大。另外，综合对比壳单元网格模型 B、C 与 D 发现，当填充区网格的长宽比逐渐增大时，虽然具有相近的最高温度，但是焊缝表面与焊缝内部的高温区有增大的趋势，并且高温区后端的温度梯度逐渐减小，熔池后端呈现一定的拖尾现象。

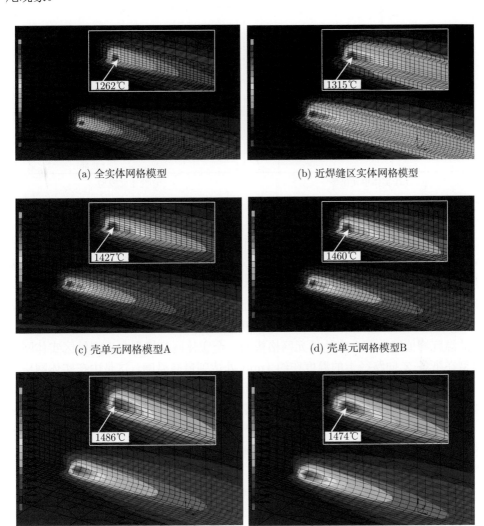

(a) 全实体网格模型

(b) 近焊缝区实体网格模型

(c) 壳单元网格模型A

(d) 壳单元网格模型B

(e) 壳单元网格模型C

(f) 壳单元网格模型D

图 7.9　试片件各网格模型温度场分布云图

为了进一步比较各类网格模型温度场的计算结果，选取焊接稳定时结构截面上两条路径上的温度分布以及三个节点上的温度热循环曲线进行对比分析，提取路径与温度节点如图 7.10 所示。其中，温度节点 1 位于蒙皮-桁条 T 型结构焊脚边缘，温度节点 2 对应温度节点 1 的蒙皮背面，温度节点 3 位于焊缝中心。对于壳单元模型，分别提取温度节点 1 的顶部温度与底部温度以及温度节点 3 的温度。

图 7.10　　提取路径与温度节点示意图

　　图 7.11(a) 与 (b) 分别为 1s 时刻截面上各网格模型蒙皮 $Y$ 向路径与桁条 $Z$ 向路径上的温度分布。由图可得，所有网格模型在两条路径上从结构中心至边缘的温度分布吻合良好，温度曲线斜率基本保持一致。同时，所有模型在蒙皮 $Y$ 向路径上的温度都在 10mm 处降至室温，而在桁条 $Z$ 向路径上的温度在 8mm 处降至室温，这归因于蒙皮 2060 与桁条 2099 的热传导系数不同。具有壳单元网格模型的温度峰值略大于全实体单元网格模型。全实体网格模型与近焊缝区实体网格模型在桁条 $Z$ 向路径上的温度在约 1mm 处达到最高温度，这是由在实体网格模型中光束入射角度导致高温中心偏向于桁条侧所引起的。由此表明，无论是全实体单元网格模型还是壳单元网格模型，其温度分布特征在蒙皮与桁条上保持一致。

　　各个网格模型中温度节点 1、2、3 的热循环曲线如图 7.12(b)~(d) 所示。当热源移动到截面上时，所有节点温度迅速升高至最高温度，热源继续前进，该三个节点在 1s 内又迅速降至 200℃ 左右，这体现了铝合金激光焊高温停留时间短、冷却速度快的特点。所有网格模型在温度节点 1 上的最高温度相近，为 1000℃ 左右。而在温度节点 2 上，全实体网格模型与近焊缝区实体网格模型的最高温度为 500℃ 左右，壳单元网格模型 A~D 的最高温度为 850℃ 左右。壳单元厚度与蒙皮厚度一致，但是其 Bottom 温度在峰值上比相同位置的实体单元低 350℃ 左右，这表明壳单元技术在体现厚度方向上的温度时具有一定的误差。同样在温度节点 3 上，全实体网格模型与近焊缝区实体网格模型的最高温度相近，且较其他模型低。另外，由图 7.12(b)~(d) 可以发现，在冷却过程中，壳单元网格模型与全实体网格模型相比具有较大的冷却速度，采用实体网格的区域越少，其冷却速度越快。当填充区网格的长宽比一定时，随着网格尺寸的增大，冷却速度略有提升，而当填充区网格的长宽比从 4 增大至 8 时，冷却速度有较大提升。

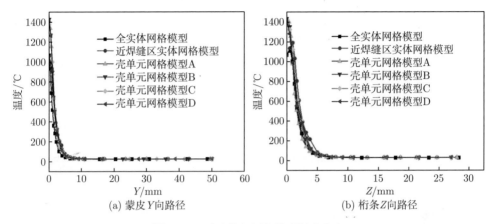

(a) 蒙皮 Y 向路径    (b) 桁条 Z 向路径

图 7.11　试片件各网格模型温度分布

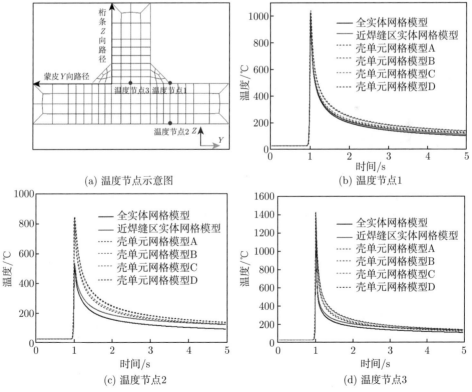

(a) 温度节点示意图    (b) 温度节点 1

(c) 温度节点 2    (d) 温度节点 3

图 7.12　试片件各网格模型温度节点热循环曲线

### 2.试片件网格模型优化残余应力场结果

图 7.13 为各个网格模型焊后等效 von Mises 应力分布云图。由图可得，蒙皮-桁条试片件在冷却后产生了关于桁条对称的残余应力，所有网格模型的等效 von Mises 应力在取平均值后都达到了一致的峰值 (465MPa 左右)，高应力区主要集中在焊缝及其附近的较小区域内。为了更好地比较各类网格模型对等效应力高应力区范围的影响，将高应力区的尺寸用高度 $h$ 与宽度 $w$ 在图中标出。对比图 7.13(a)~(c) 的等效应力高应力区可以发现，在焊缝区具有相同的单元尺寸时，采用部分 T 型实体单元划分后高应力区主要集中在实体单元区域 (高度为 3.8mm，宽度为 7.6mm)，而当只对填充区采用实体单元划分时，高应力区的范围除了宽度

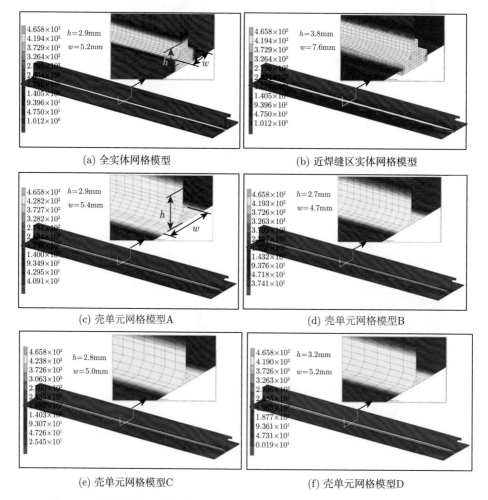

(a) 全实体网格模型　　　　　　　　　　　(b) 近焊缝区实体网格模型

(c) 壳单元网格模型A　　　　　　　　　　(d) 壳单元网格模型B

(e) 壳单元网格模型C　　　　　　　　　　(f) 壳单元网格模型D

图 7.13　试片件各网格模型焊后等效 von Mises 应力分布云图 (单位：MPa)

略有增加外，大小与全实体网格模型几乎一致。由壳单元网格模型 A 与 B 的结果可得，当填充区单元具有一致的长宽比时，较大的填充区单元具有较小的等效应力高应力区，其中宽度从 5.4mm 下降为 4.7mm。对比壳单元网格模型 B~D 的高应力区可得，当填充区单元的长宽比逐渐增大时，等效应力的高应力区逐渐增大。当长宽比为 8 时，高应力区的高度增加至 3.2mm，而其宽度与全实体网格模型以及采用精细网格策略划分填充区时 (壳单元网格模型 A) 大体一致。

为进一步对比分析蒙皮-桁条 T 型结构各网格模型的焊后应力分布情况，提取 $X = 250$mm 处蒙皮背面各节点及 $X = 250$mm 处桁条各节点纵向残余应力分布曲线，提取结果如图 7.14 所示。另外，为了验证残余应力计算结果的准确性，在图中也给出了试验测量的纵向残余应力结果。结果表明，蒙皮背面纵向残余应力的试验测试结果与各个网格模型的计算结果存在一定的偏差，但是数值较为接近，总体趋势大致吻合，验证了所采用计算模型的可行性。

对比图 7.14(a) 中的结果可得，各个网格模型在蒙皮背面的纵向残余应力分布表现为中心高的纵向拉应力，两边低的纵向压应力，两边呈对称分布，并且都呈现出两个峰值，峰值位置出现在蒙皮中线略微偏两边的区域。同时，纵向残余拉应力由蒙皮焊缝附近向两边迅速减小并过渡为纵向压应力，距离蒙皮中线大约10mm 后趋于稳定。对比纵向残余应力分布曲线可知，焊缝区具有相同的网格尺寸时除了拉应力峰值稍有不同，对焊缝附近纵向拉应力分布的影响较小，但是在近焊缝区实体网格模型中纵向压应力在实体单元与壳单元过渡处发生了约 20MPa 的突变，然后保持在一个稳定值。对比壳单元网格模型 A 与 B 的纵向残余应力曲线可得，当长宽比一定时，填充区单元的大小在一定程度上影响纵向高拉应力区，单元尺寸越大，高拉应力区越窄。另外，只对填充区进行实体单元划分后的网格模型在蒙皮背面具有较低的纵向残余应力峰值 (相差 50MPa 左右)。对比壳单元网格模型 B~D 的纵向残余应力曲线可以发现，填充区单元的长宽比对蒙皮中线纵向残余应力的分布影响甚微。

六种网格模型在 $X=250$mm 处桁条各节点纵向残余应力分布曲线如图 7.14(b) 所示。由图可知，所有网格模型中纵向残余应力在桁条上的分布与在蒙皮上的分布大致相似，纵向残余应力从桁条与蒙皮交界处向远离焊缝区迅速减小，在距离桁条与蒙皮交界处 5mm 左右降至为纵向压应力，然后随着离交界处的距离增大，纵向残余应力趋于零。另外，由曲线图还可以看出，全实体网格模型与近焊缝区实体网格模型桁条纵向残余应力的分布较为相似，壳单元网格模型 A~D 桁条纵向残余应力的分布也大体相近，这表明具有壳单元的网格模型在桁条一侧具有较大范围的高纵向应力区，并且蒙皮与桁条交界处有较小的纵向残余应力。进一步对比六种网格模型下的残余应力模拟结果可以发现，无论长宽比是否相同，填充区实体单元的尺寸大小对桁条上纵向残余应力分布的影响均较小。

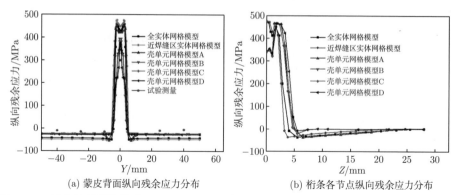

(a) 蒙皮背面纵向残余应力分布　　　　　　(b) 桁条各节点纵向残余应力分布

图 7.14　试片件各网格模型 $X = 250\text{mm}$ 处蒙皮背面及桁条各节点纵向残余应力分布曲线

### 3. 试片件网格模型优化变形结果

六种网格模型冷却后变形分布如图 7.15 所示。由图可见，所有网格模型的变形分布较为一致，即蒙皮-桁条试片件在焊接冷却后主要产生了沿焊缝长度方向的挠曲变形以及垂直于焊缝长度方向的角变形。另外，由六组变形结果可知，全实体网格模型具有最大的变形量，为 1.095mm，具有壳单元的网格模型最大变形量在 0.8~1.0mm，其中近焊缝区实体网格模型与全实体网格模型最为接近。因此，采用壳单元进行网格划分只对最大变形量产生了一定的影响，对变形分布影响较小，并且填充区单元的尺寸大小以及长宽比对变形分布结果的影响也较小。

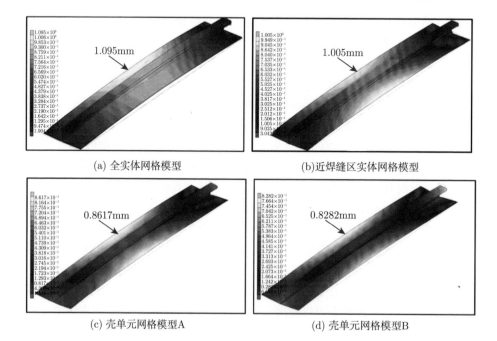

(a) 全实体网格模型　　　　　　　　　(b) 近焊缝区实体网格模型

(c) 壳单元网格模型A　　　　　　　　　(d) 壳单元网格模型B

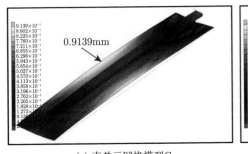 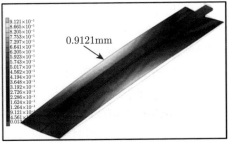

(e) 壳单元网格模型C　　　　　　　　(f) 壳单元网格模型D

图 7.15　试片件各网格模型冷却后变形分布云图

为了比较六种网格模型挠曲变形与角变形的差异，提取平行焊缝方向蒙皮 $Y=-50$mm处的挠曲变形曲线以及垂直焊缝方向蒙皮 $X=0$mm处角变形曲线，分别如图 7.16(a) 和 (b) 所示。其中，实体网格模型给出了各节点上下表面位移结果的平均值。同时，为了验证变形计算结果的准确性，在图中也分别给出了试验测量的挠曲变形与角变形结果。

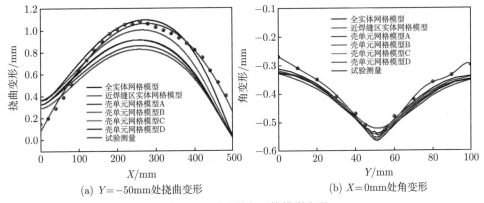

(a) $Y=-50$mm处挠曲变形　　　　　　(b) $X=0$mm处角变形

图 7.16　试片件各网格模型变形

图 7.16(a) 表明，六种网格模型在蒙皮外侧的挠曲变形趋势相同，最大挠曲变形量出现在蒙皮中部，然后沿着两边逐渐减小。其中，壳单元网格模型 C 与 D 具有的挠曲变形分布基本一致，最大差值为 0.0018mm，同时全实体网格模型与壳单元网格模型 B 的挠曲变形曲线差异最大，最大差值为 0.2668mm。由此可得，运用壳单元的网格模型在最大挠曲变形上与实体网格模型具有一定的差异，但该最大差值对结构整体尺寸而言可忽略不计。同时可得填充区单元的尺寸大小以及长宽比对挠曲变形结果的影响较小。由图 7.16(b) 可见，角变形结果无论是最大值还是变形趋势，都比挠曲变形结果更具一致性。所有网格模型的最大角变形量均

位于蒙皮-桁条结构的中部，这是由于焊缝附近温度变化剧烈，引起了较大的热应力梯度，从而在此处产生了较大的局部变形。而随着距焊缝中心距离的增大，热应力梯度逐渐减小，变形向两侧呈非线性延伸。壳单元模型与全实体模型相比，具有较大的角变形，并且随着实体单元划分区域的减小，最大角变形量逐渐增大。同时填充区单元的尺寸大小以及长宽比对角变形趋势与最大值的影响较小。

表 7.3 统计了所有网格模型中挠曲变形与角变形的最大值，并与试验测量的最大变形量进行对比，同时针对挠曲变形与角变形的最大变形量进行误差计算。统计结果表明，所有网格模型的挠曲变形误差均保持在 24% 以内，角变形误差保持在 7.5% 以内。采用壳单元网格模型 D 时，挠曲变形误差为 15.6%，角变形误差为 7.2%。

表 7.3　试片件各网格模型挠曲变形与角变形统计结果

| 网格模型 | 最大挠曲变形/mm | 挠曲变形误差/% | 最大角变形/mm | 角变形误差 /% |
| --- | --- | --- | --- | --- |
| 全实体网格模型 | 1.095 | 1.4 | 0.540 | 1.9 |
| 近焊缝区实体网格模型 | 1.005 | 6.9 | 0.546 | 3.0 |
| 壳单元网格模型 A | 0.862 | 20.2 | 0.553 | 4.3 |
| 壳单元网格模型 B | 0.828 | 23.3 | 0.563 | 6.2 |
| 壳单元网格模型 C | 0.914 | 15.4 | 0.559 | 5.5 |
| 壳单元网格模型 D | 0.912 | 15.6 | 0.565 | 6.6 |
| 试验测量 | 1.08 | — | 0.53 | — |

### 7.2.3　蒙皮-桁条试片件单元类型比较

为了在提高计算效率的同时获得精确的应力与变形结果，采用合适的单元类型往往具有事半功倍的效果。MSC.Marc 商用软件包含一个广泛的单元类型库。这些单元类型覆盖平面应力和平面应变结构、轴对称结构、板、梁和任意壳结构以及三维实体结构。对于二维模型，通常采用低阶四边形单元计算的结果明显优于三角形单元。而对于涉及热依赖性的问题，高阶等参单元更精确。当模型采用接触功能时，低阶单元更有利。另外，具有中间节点的单元需要较大的带宽求解主刚度矩阵。

7 号单元是 8 节点等参的任意六面体单元。此单元使用三线性插值函数，因此应变在整个单元中趋于恒定。该单元的刚度是使用 8 点高斯积分形成的，如图 7.17(a) 所示。在三维热-力耦合分析中，若单元不存在剪切效应，则 7 号单元具有一定的计算精度与计算效率。

21 号单元是 20 节点等参的任意六面体单元。此单元使用三次插值表示坐标和位移的函数，具有线性变化、能精确表示弹性分析的应变场。但在接触分析中，低阶单元是首选。21 号单元的刚度采用 27 点高斯积分形成，如图 7.17(b) 所示。

139 号单元是一个 4 节点薄壳单元，以整体位移和旋转为自由度。双线性插值用于坐标、位移和旋转。该单元既可用于曲壳分析，也可用于复合板结构的分析。与标准的高阶壳单元相比，139 号单元的公式更简单，计算代价更低，因此常用于非线性分析。另外，139 号单元对变形不敏感。139 号单元在几何上用 4 个角节点的坐标定义，在几何特性中可指定单元厚度。应力输出以局部正交表面方向 $V_1$、$V_2$ 和 $V_3$ 给出，其定义如图 7.17(c) 所示。

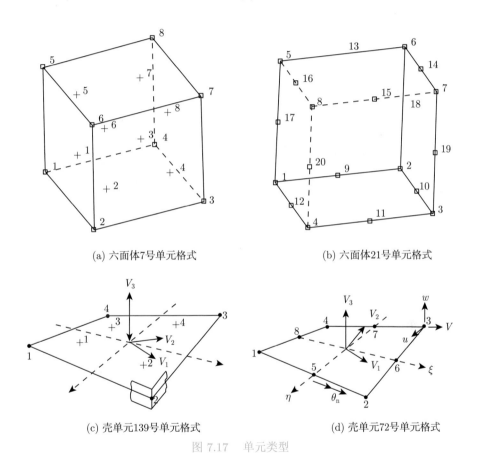

(a) 六面体7号单元格式    (b) 六面体21号单元格式

(c) 壳单元139号单元格式    (d) 壳单元72号单元格式

图 7.17    单元类型

72 号单元是 8 节点薄壳单元，如图 7.17(d) 所示。双线性插值用于全局位移和坐标，全局旋转对质心和中间节点的旋转矢量进行二次插值。在这些中间节点处，通过将旋转法向与边界相关，以及将围绕曲面的旋转法向与局部位移相关，对旋转施加约束。此外，三个旋转分量都与质心处的局部位移有关。这样就得到了一个非常有效和简单的单元。该单元既可用于曲壳分析，也可用于复合板结构的分析。另外，该单元对变形相当不敏感，特别是当角节点位于同一平面时。在这种情况下，所有恒定的弯曲模式都被精确地表示出来。

本节针对实体单元与壳单元开展四种不同单元类型组合下蒙皮-桁条试片件结构焊接仿真，目的是比较各单元类型对焊接温度场、残余应力与变形的影响，以获得兼具计算效率和计算精度的实体单元与壳单元类型组合，并最终应用于大型薄壁结构的仿真计算中。不同单元类型组合方案如表 7.4 所示。

表 7.4　　不同单元类型组合方案

| 单元类型组合 | 实体单元 | 壳单元 |
| --- | --- | --- |
| 7 号单元 +139 号单元 | 7 号 | 139 号 |
| 7 号单元 +72 号单元 | 7 号 | 72 号 |
| 21 号单元 +139 号单元 | 21 号 | 139 号 |
| 21 号单元 +72 号单元 | 21 号 | 72 号 |

对蒙皮-桁条试片件结构在实体单元与壳单元不同单元类型组合下的温度场、残余应力与变形的结果进行对比，制定出兼具计算精度与计算效率的单元类型组合，并最终应用于大型薄壁结构中。单元类型比较过程中各计算模型除了实体单元与壳单元的单元类型不同外，焊接参数与各建模参数完全一致。考虑实体单元数量及尺寸对计算效率的影响，统一采用壳单元网格模型 D，并统一固定时间步长为 0.075s。

### 1. 试片件单元类型比较温度场结果

四组不同单元类型组合下蒙皮-桁条试片件在某时刻的温度场分布如图 7.18 所示。可以发现，四组不同单元类型下的高温区范围较小，熔池最高温度出现于桁条两侧双热源的相交处，热量同时从热源中心向蒙皮与桁条传导，且呈对称分布，距离热源中心越远，温度越低，温度梯度就越小。分别对比图 7.18(a) 和 (b) 与图 7.18(c) 和 (d) 可知，壳单元的低阶类型 (4 节点 139 号) 与高阶类型 (8 节点 72 号) 对温度分布及高温区大小的影响较小。另外，分别对比图 7.18(a) 和 (c) 与图 7.18(b) 和 (d) 可得，当对实体单元采用 20 节点高阶 21 号单元时，实体单元表面的高温区显著减小，且与低阶 7 号单元相比更接近于圆形。这是由于单元节点的增加，即温度积分节点的增加使单元内温度梯度减小，从而使温度分布更加均匀。

图 7.19(a) 和 (b) 分别为不同单元类型组合下蒙皮 $Y$ 向路径与桁条 $Z$ 向路径上在 0.5s 时刻的温度分布。由结果可以看出，不同单元类型组合在两条路径上的温度分布曲线基本重合，这进一步表明，无论是实体单元还是壳单元，单元类型对模型计算的温度分布结果影响较小。另外，由图还可以看出，无论是实体单元还是壳单元，采用高阶单元都比低阶单元具有更高的峰值温度，其中实体单

采用高阶 21 号单元时在焊缝中心的峰值温度为 1600℃ 左右，与低阶 7 号单元相比，温度峰值高 200℃ 左右。

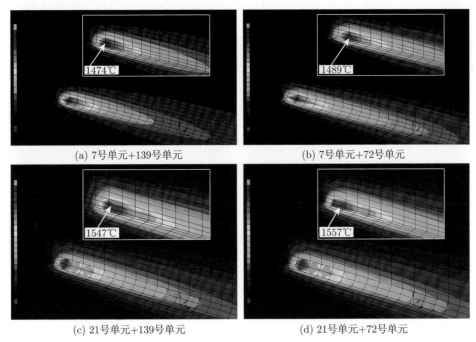

(a) 7号单元+139号单元　　　　　　　　　(b) 7号单元+72号单元

(c) 21号单元+139号单元　　　　　　　　(d) 21号单元+72号单元

图 7.18　试片件各单元类型组合温度场分布云图

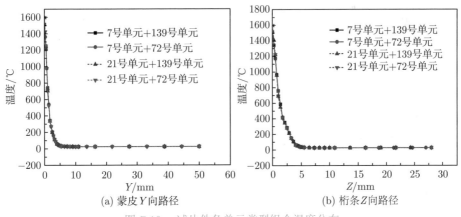

(a) 蒙皮 Y 向路径　　　　　　　　　　(b) 桁条 Z 向路径

图 7.19　试片件各单元类型组合温度分布

同样对四种不同单元类型组合模型提取图 7.20 截面中两个节点的温度热循环曲线，分别如图 7.20(b)~(d) 所示。热源移动到 0.5s 时刻，所有单元类型组合模型中的两个节点同时迅速升高至最高温度，然后又迅速以相同的冷却速度降至室温，每个节点的热循环曲线除了峰值温度存在差异外高度重合。其中，四种单元类型组合计算的温度节点 1(Top) 峰值温度都在 880℃ 左右，温度节点 1(Bottom) 峰值温度都在 720℃ 左右，温度节点 3 由于在焊缝中心其峰值温度差异较大，最高温度出现在 21 号单元的热循环曲线中，约为 1600℃。由此可得，不同单元类型组合的计算模型对温度场的分布以及高温区的大小影响较小，对于实体单元或者壳单元，当采用高阶单元类型时，可获得较高的峰值温度。

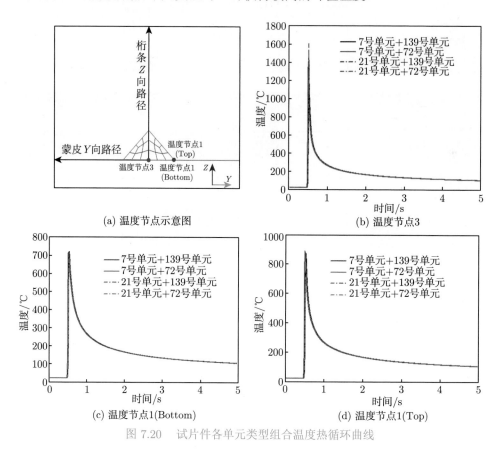

图 7.20　试片件各单元类型组合温度热循环曲线

**2. 试片件单元类型比较残余应力场结果**

图 7.21 为四种单元类型组合下焊后等效 von Mises 应力分布云图。由图可得，四种单元类型组合下的蒙皮-桁条试片件在冷却后同样都产生了关于桁条对称的残余应力，所有单元类型组合模型的等效 von Mises 应力在取平均值后都达到了与网格模型优化中一致的峰值 (465MPa)，高应力区同样主要集中在焊缝及其附近。将高应力区量化后的高度 $h$ 与宽度 $w$ 在图中标出。可以发现，当实体单元与壳单元同时采用低阶单元类型时，即 7 号单元与 139 号单元，具有较大的高

应力区域 (高度为 3.2mm，宽度为 5.2mm)。另外，当实体单元采用高阶 21 号单元类型时，无论壳单元类型是高阶或是低阶，其高应力范围都近似为高度 2.2mm，宽度 4.3mm。

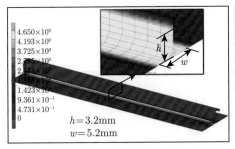

(a) 7号单元+139号单元

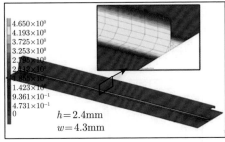

(b) 7号单元+72号单元

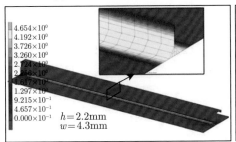

(c) 21号单元+139号单元

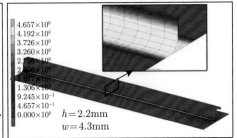

(d) 21号单元+72号单元

图 7.21    试片件各单元类型组合焊后等效 von Mises 应力分布云图

为进一步对比分析试片件结构采用不同单元类型组合的焊后应力分布情况，提取 $X = 250\text{mm}$ 处蒙皮背面与桁条各节点纵向残余应力分布曲线，提取结果分别如图 7.22(a) 和 (b) 所示。另外，在图中也给出了试验测量的纵向残余应力结果，以验证各类单元类型组合模型计算结果的准确性。

图 7.22(a) 表明，蒙皮背面纵向残余应力的试验测试结果与四种单元类型组合模型的计算结果分布趋势吻合较好，数值大体接近，特别是当实体单元采用高阶类型 21 号单元时，在焊缝附近的纵向残余应力计算值 (321.8MPa) 与试验测量值 (301.3MPa) 最为接近，由此验证了所采用计算模型的可行性。对比图中结果可得，各个网格模型在蒙皮背面的纵向残余应力分布表现为中心高的纵向拉应力，两边低的纵向压应力，两边呈对称分布，在蒙皮中线略微偏两边的区域出现了两个峰值。同时，纵向残余拉应力由蒙皮焊缝附近向两边迅速减小，并在距蒙皮中线 5mm 处过渡为纵向残余压应力，随后纵向应力趋于稳定。对比图中曲线可发现，7 号单元 +139 号单元与 7 号单元 +72 号单元两条应力曲线基本重合，21 号

单元 +139 号单元与 21 号单元 +72 号单元两条应力曲线也基本重合。这表明壳单元的高低阶类型对纵向残余应力分布及其在焊缝附近峰值的影响较小。与采用低阶实体单元相比，采用高阶实体单元类型在焊缝附近可获得较低的纵向残余应力峰值 (差值约为 57.3MPa)。由图 7.22(b) 可知，四种单元类型组合模型计算的纵向残余应力在桁条上的分布曲线基本重合，纵向残余应力从桁条与蒙皮交界处向远离焊缝区先上升到峰值然后迅速减小，在距离桁条与蒙皮交界处 5mm 左右降至最低压应力，随后纵向残余应力趋于零。

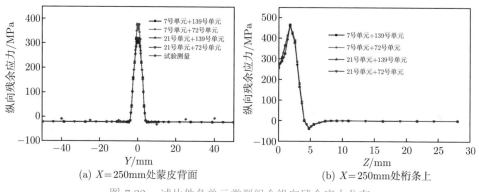

(a) X=250mm 处蒙皮背面　　　　　(b) X=250mm 处桁条上

图 7.22　试片件各单元类型组合纵向残余应力分布

### 3. 试片件单元类型比较变形结果

四种不同单元类型组合模型冷却后变形分布云图如图 7.23 所示。由图可得，当壳单元采用低阶 139 号单元类型时，最大变形量在 0.9mm 左右，产生在蒙皮外侧中部。而当壳单元采用高阶 72 号单元类型时，最大变形量在 1.1mm 左右，同时发生在蒙皮外侧中部与蒙皮边角处。由此可知，壳单元的高低阶类型对结构的整体变形分布具有较大的影响。这是因为高阶单元在每条边界上具有 3 个节点，单元边界可弯曲，单元刚度较小，这样可较好地处理由弯矩产生的剪力自锁现象，从而使变形效果产生较大的差异。由图还可发现，实体单元的高低阶类型对蒙皮桁条试片件的变形分布影响较小。高阶实体单元同样在每条边界上具有 3 个节点，并且不会产生自锁现象，但在本节中由于实体单元只存在于小范围的填充区，其影响能力也仅限于自身以及与其连接的单元。

为了进一步比较不同单元类型模型的挠曲变形与角变形差异，提取平行焊缝方向蒙皮 $Y=-50$mm 处的挠曲变形曲线以及垂直焊缝方向蒙皮 $X=0$mm 处角变形曲线，分别如图 7.24(a) 和 (b) 所示。同时，为了验证变形计算结果的准确性，在图中也给出了试验测量的挠曲变形与角变形结果。

由图 7.24(a) 可知，四种单元类型模型在 $Y=-50$mm 处的挠曲变形趋势相似，最大挠曲变形出现在蒙皮中部，然后沿着两边逐渐减小。其中，7 号单元 +139

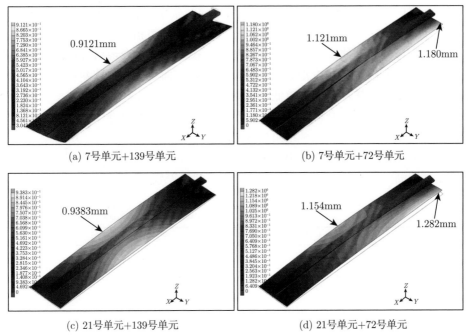

(a) 7号单元+139号单元　　　　　　　　　(b) 7号单元+72号单元

(c) 21号单元+139号单元　　　　　　　　　(d) 21号单元+72号单元

图 7.23　试片件各单元类型组合冷却后变形分布云图

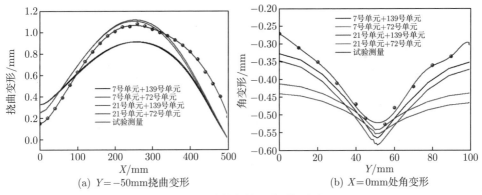

(a) $Y=-50\text{mm}$挠曲变形　　　　　　　　(b) $X=0\text{mm}$处角变形

图 7.24　试片件各单元类型组合变形

号单元与 21 号单元 +139 号单元两条变形曲线基本重合, 7 号单元 +72 号单元
与 21 号单元 +72 号单元两条变形曲线也基本重合, 并且前两条变形曲线的峰值
较后两条曲线高 0.2mm 左右。由此可以得出, 壳单元的高低阶类型不仅对整体变
形分布具有较大的影响, 而且对蒙皮挠曲变形峰值也有较大的影响。由于填充区
实体单元范围较小, 其高阶类型对挠曲变形峰值几乎无影响。由图 7.24(b) 可见,
四种单元类型模型的角变形结果具有一定的差异。其与挠曲变形结果相似, 即 7

号单元 +139 号单元与 21 号单元 +139 号单元两条变形曲线趋势相同，7 号单元 +72 号单元与 21 号单元 +72 号单元两条变形曲线趋势相同。壳单元使用低阶单元时其角变形分布曲线较使用高阶单元更陡，在蒙皮边缘表现出较小的变形，而在焊缝附近具有较大的角变形。当实体单元采用高阶类型 21 号单元时，增加了焊缝附近的角变形量，但增量较低，仅为 0.02mm 左右。

对四种单元类型组合模型中挠曲变形与角变形的最大值进行统计，并与试验测量的最大变形量进行对比，结果如表 7.5 所示。统计结果表明，所有单元类型组合的挠曲变形误差均保持在 16% 以内，角变形误差均保持在 12% 以内。当只对壳单元采用高阶单元时，其挠曲变形与角变形的误差较小，分别为 3.8% 与 2.8%。

表 7.5 试片件各单元类型组合挠曲变形与角变形统计结果

| 单元类型组合 | 最大挠曲变形 /mm | 挠曲变形误差 /% | 最大角变形 /mm | 角变形误差 /% |
|---|---|---|---|---|
| 7 号单元 +139 号单元 | 0.912 | 15.6 | 0.565 | 6.6 |
| 7 号单元 +72 号单元 | 1.121 | 3.8 | 0.542 | 2.3 |
| 21 号单元 +139 号单元 | 0.938 | 13.1 | 0.585 | 10.4 |
| 21 号单元 +72 号单元 | 1.154 | 6.9 | 0.553 | 4.3 |
| 试验测量 | 1.08 | — | 0.53 | — |

### 7.2.4 蒙皮-桁条试片件固定时间步长优化

选择合适的固定时间步长是非线性求解中的一个重要步骤。一方面，较大的固定时间步长通常会导致每个增量步的循环次数增加，由此可能引起计算结果不精确或计算不收敛；另一方面，若采用较小的固定时间步长，则会严重影响计算效率。因此，合适的固定时间步长不仅可以使计算在合理的循环次数内实现收敛，还可以保证计算精度与计算效率。

本节采用蒙皮-桁条试片件在相同的求解模型中对固定时间步长进行优化，然后将获得的最优固定时间步长运用在大型薄壁结构的求解计算中。以 MSC.Marc 循环标准推荐的循环次数为参考，制订针对试片件结构的固定时间步长优化方案如表 7.6 所示。

表 7.6 固定时间步长优化方案

| 方案 | 固定时间步长/s | 焊接过程增量步数 |
|---|---|---|
| 步长方案 1 | 0.005 | 600 |
| 步长方案 2 | 0.01 | 300 |
| 步长方案 3 | 0.025 | 120 |
| 步长方案 4 | 0.05 | 60 |

固定时间步长优化过程中除了固定时间步长不同外，焊接参数与各建模参数完全一致。考虑实体单元及高阶单元类型对计算效率的影响，统一采用壳单元网格模型 D，实体单元类型统一采用 7 号单元，壳单元类型统一采用 139 号单元。

### 1. 试片件固定时间步长优化温度场结果

四种固定时间步长方案在相同时刻的温度场分布如图 7.25 所示。可以发现，当固定时间步长小于 0.01s 时，温度在蒙皮与桁条上分布均匀，高温区形状大体一致，且随着热源前进均匀过渡。而当固定时间步长大于 0.025s 时，温度场分布表现出了不连续性，特别是高温区随着热源移动而呈现跳跃分布，跳跃间距随着时间步长的增大而增大。同时可观察到，焊缝表面与内部的高温区温度梯度随着时间步长的增大而增大，高温区范围随着时间步长的增大而减小。另外，高温区在较大固定时间步长的情况下具有跳跃性，但热量仍然同时从热源中心向蒙皮与桁条传导，且呈对称分布。

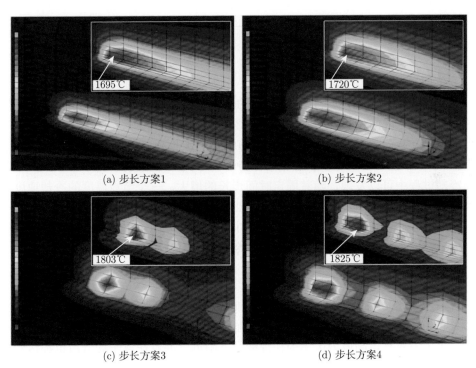

(a) 步长方案1                           (b) 步长方案2

(c) 步长方案3                           (d) 步长方案4

图 7.25　试片件不同步长方案温度场分布云图

四种步长方案下 0.5s 时刻在蒙皮 $Y$ 向路径与桁条 $Z$ 向路径上的温度分布分别如图 7.26(a) 和 (b) 所示。可以发现，无论是在蒙皮上，还是在桁条上，步长方案 1 与步长方案 2 的路径温度分布曲线基本重合，步长方案 3 与步长方案 4 的路径温度分布曲线也基本重合，同时后者在焊缝中心的最高温度大约为 1800℃，比前者高 100℃。路径温度分布随着步长的增大存在一定的差异，但是在同一路径上温度的冷却速度几乎保持一致。由此可得，固定时间步长的增大只对蒙皮与桁条上的峰值温度产生影响。

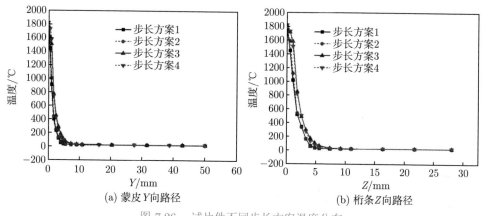

图 7.26　试片件不同步长方案温度分布

在四种固定时间步长方案下提取各节点的温度热循环曲线，分别如图 7.27(b)~(d) 所示。可以发现，各节点的温度热循环曲线都表现出高而陡的特点，并且随着固定时间步长的增大，温度峰值都有所增大。例如，温度节点 1(Top) 中当采用 0.05s 的步长时，峰值温度比 0.005s 的步长高 300℃ 左右，并且温度节点 1 的 Top 温度在所有步长方案中保持着比 Bottom 温度高 200℃ 左右。另外，在冷却过程中可以发现，随着固定时间步长的增大，三个节点温度的冷却速度有所增大。例如，采用步长方案 3 时 (0.025s)，温度节点 1(Top) 在 0.5s 内降低至 260℃ 左右，而采用步长方案 1 时 (0.005s)，温度节点 1(Top) 在 0.5s 内只降低至 340℃ 左右；但当步长为 0.05s 时，冷却速度保持与步长 0.025s 时一致。

2. 试片件固定时间步长优化残余应力场结果

蒙皮-桁条试片件不同固定时间步长方案下计算得到的焊后等效 von Mises 应力分布如图 7.28 所示。可以发现，四种固定时间步长的等效 von Mises 应力分布均关于桁条对称，高应力区集中在焊缝及其附近，并且在取平均值后也都达到了一致的峰值 (465MPa)。当固定时间步长小于 0.01s 时，焊后等效 von Mises 应力在蒙皮与桁条上分布均匀，高应力区随着步长的增大有所减小。当固定时间步长大于 0.025s 时，等效 von Mises 应力的高应力区分布与温度场高温区分布相对应，随高温区的跳跃在蒙皮与桁条上表现出一定的不连续性。但是当固定时间步长为 0.05s 时，其高应力区的最大范围反而比步长为 0.025s 时小。因此，可得出固定时间步长的增大只对等效应力高应力区的连续性产生影响。

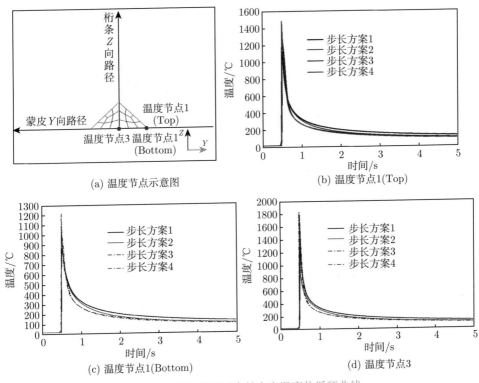

图 7.27　试片件不同步长方案温度热循环曲线

　　为进一步对比分析蒙皮-桁条结构采用不同固定时间步长后的应力分布情况，提取 $X = 250\text{mm}$ 处蒙皮背面与桁条各节点纵向残余应力分布曲线，提取结果分别如图 7.29(a) 和 (b) 所示，另外在图中同样也给出了试验测量的纵向残余应力结果。图 7.30(a) 表明，固定时间步长增大后，高纵向拉应力在焊缝处的分布具有一定的不连续性，但是四种固定时间步长方案计算得到的纵向应力与试验测量结果吻合良好，即使在步长为 0.05s 时，焊缝附近纵向应力的计算误差也保持在 60MPa 左右。另外，四种步长方案下的纵向应力分布不具有规律性，但是其在蒙皮背面的分布曲线趋势基本保持一致，关于蒙皮中心两边呈对称分布，同样在蒙皮中线略微偏两边的区域也都出现了两个峰值，纵向拉应力范围保持在宽度为 10mm 范围内。图 7.29(b) 表明，随着固定时间步长的增大，在桁条上分布的纵向残余拉应力的范围有所减小，当步长为 0.05s 时，其分布曲线与步长为 0.025s 时大体保持一致。四种步长方案下纵向应力在桁条上的分布都是先上升到峰值然后迅速减小，并在远离焊缝处纵向残余应力趋于零。综合图 7.29(a) 和 (b) 可得，随着固定时间步长增大到 0.05s，高纵向拉应力在焊缝处的分布具有一定的不连续性，但对其峰值以及在蒙皮与桁条上的具体分布趋势影响较小。

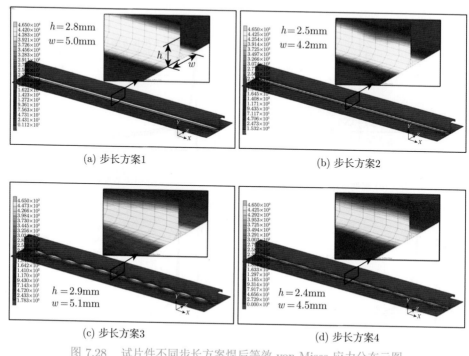

(a) 步长方案1　　　　　　　　　　(b) 步长方案2

(c) 步长方案3　　　　　　　　　　(d) 步长方案4

图 7.28　试片件不同步长方案焊后等效 von Mises 应力分布云图

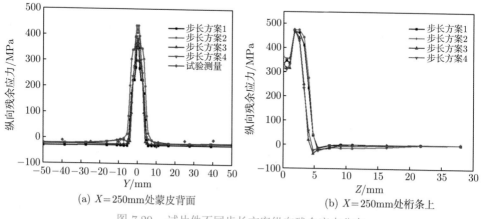

(a) X=250mm处蒙皮背面　　　　(b) X=250mm处桁条上

图 7.29　试片件不同步长方案纵向残余应力分布

3. 试片件固定时间步长优化变形结果

不同固定时间步长冷却后的残余变形分布如图 7.30 所示。由图可知，所有固定时间步长方案下的变形分布云图较为一致，沿焊缝长度方向产生了挠曲变形，在结构首尾两侧垂直于焊缝长度方向产生了角变形，并且由于桁条作为加强筋的作用，结构的整体变形量较小。由此可得，固定时间步长在一定范围内的增大，对蒙皮-桁条结构的整体变形分布影响较小。

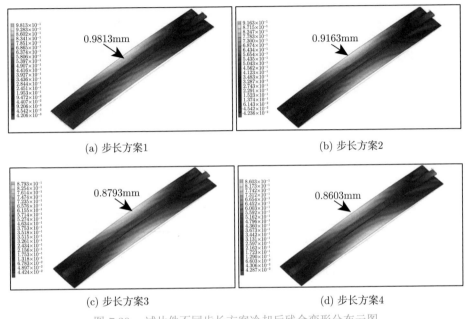

(a) 步长方案1        (b) 步长方案2

(c) 步长方案3        (d) 步长方案4

图 7.30 试片件不同步长方案冷却后残余变形分布云图

提取平行焊缝方向蒙皮 $Y = -50$mm 处的挠曲变形曲线以及垂直焊缝方向蒙皮 $X = 0$mm 处角变形曲线分别如图 7.31(a) 和 (b) 所示。图 7.31 中还分别给出了试验测量的挠曲变形与角变形结果。四种步长方案下的挠曲变形曲线趋势表现出了较好的一致性，在蒙皮中部产生变形峰值，并沿着两边呈曲线递减。四条曲线表明，随着固定时间步长在一定范围内的增大，蒙皮外侧中部的挠曲变形峰值逐渐减小。但当固定时间步长为 0.05s 时，挠曲变形峰值为 0.860mm，仅比步长为 0.005s 时的峰值低 0.121mm，数值误差为 12.3%。对比图 7.31(b) 中四种步长方案的角变形曲线同样可以发现，随着固定时间步长在一定范围内的增大，结构一侧的角变形峰值呈逐渐增大的趋势。但当固定时间步长为 0.05s 时，角变形峰值为 0.570mm，仅比步长为 0.005s 时的峰值略微大 0.012mm，数值误差仅为 2.1%。由此可知，固定时间步长在一定范围内的增大，对蒙皮-桁条结构焊后的挠曲变形与角变形具有一定的影响，但是对整体结构而言其影响程度有限。

对四种固定时间步长方案中挠曲变形与角变形的最大值进行统计，并与试验测量的最大变形量进行对比，结果如表 7.7 所示。统计结果表明，所有步长方案的挠曲变形误差均保持在 21% 以内，角变形误差均保持在 8% 以内。当采用 0.005s

的步长时，其挠曲变形与角变形的误差较小，分别为 9.1% 与 5.3%。而当采用 0.05s 的步长时，其挠曲变形与角变形的误差分别为 20.3% 与 7.5%。

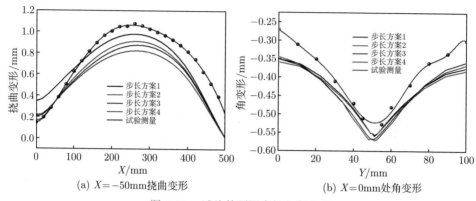

(a) $X=-50$mm挠曲变形　　　　　　(b) $X=0$mm处角变形

图 7.31　　试片件不同步长方案变形

表 7.7　　试片件不同步长方案挠曲变形与角变形统计结果

| 单元类型组合 | 最大挠曲变形/mm | 挠曲变形误差/% | 最大角变形/mm | 角变形误差/% |
|---|---|---|---|---|
| 步长方案 1(0.005s) | 0.9813 | 9.1 | 0.558 | 5.3 |
| 步长方案 2(0.01s) | 0.9163 | 15.2 | 0.556 | 4.9 |
| 步长方案 3(0.025s) | 0.8793 | 18.6 | 0.568 | 7.2 |
| 步长方案 4(0.05s) | 0.8603 | 20.3 | 0.570 | 7.5 |
| 试验测量 | 1.08 | — | 0.53 | — |

### 7.2.5　蒙皮-桁条试片件不同模型计算效率对比

本节基于网格模型优化、单元类型选择以及固定时间步长优化结果，统计所有试片件模型的计算时间、迭代次数以及采用的并行分区数，以比较各种优化模型的计算效率，如表 7.8 所示。

结合表 7.2 与表 7.8 可发现，当采用近焊缝区实体网格模型进行计算时，与全实体网格模型相比，单元总量增加了 1.89%，具有较少的节点数，但计算时间增加了 25.3%。对比全实体网格模型与壳单元网格模型 A 可知，在焊缝区网格尺寸相同的情况下，只对填充区采用实体单元可减少单元总数 61.2%，在迭代次数相近的情况下，计算效率可提高 42.6%。对比壳单元网格模型 A 与 B 可发现，在填充区网格长宽比一定时，后者比前者的单元总数少 25%，计算时间降低了 16.9%。另外，针对壳单元网格模型 B 开展两种并行分区数计算，可发现在单元与节点总数相同的情况下，计算效率与并行分区数有很大的关系 (分区数为 2 时比分区数为 4 时的计算效率提高了 42%)。对比壳单元网格模型 B 与 D 可发现，随着长宽比从 4 增加至 8，单元与节点总数分别减少了 53.5% 与 53.4%，迭代次数增加

表 7.8 试片件模型计算效率对比

| 模型方案 | 计算时间/s | 迭代次数 | 并行分区数 |
|---|---|---|---|
| 全实体网格模型 | 22254 | 2875 | 4 |
| 近焊缝区实体网格模型 | 27883 | 3160 | 4 |
| 壳单元网格模型 A | 12754 | 2784 | 4 |
| 壳单元网格模型 B(情形一) | 10603 | 2731 | 4 |
| 壳单元网格模型 B(情形二) | 6152 | 2731 | 2 |
| 壳单元网格模型 C | 5215 | 3127 | 2 |
| 壳单元网格模型 D | 3562 | 3792 | 2 |
| 7 号单元 +139 号单元 | 3366 | 3572 | 2 |
| 7 号单元 +72 号单元 | 4208 | 3294 | 2 |
| 21 号单元 +139 号单元 | 7073 | 3686 | 2 |
| 21 号单元 +72 号单元 | 6522 | 3367 | 2 |
| 步长方案 1(0.005s) | 4048 | 4428 | 2 |
| 步长方案 2(0.01s) | 3814 | 2786 | 2 |
| 步长方案 3(0.025s) | 2975 | 1904 | 2 |
| 步长方案 4(0.05s) | 2319 | 1362 | 2 |

了 38.9%，计算效率提高了 42.1%。

运用壳单元网格模型 D 对比不同单元类型组合下的计算效率可得，当只对壳单元采用高阶单元类型时，计算时间增加了 25%；当只对实体单元采用高阶单元类型时，计算时间增加了 110%；当同时对实体单元与壳单元采用高阶单元类型时，计算时间增加了 93.8%。四种单元类型组合计算后的迭代次数最大相差 10.6%。四种步长方案计算效率对比表明，试片件结构采用 0.05s 步长时，与 0.005s 的步长相比，计算效率提高了 42.7%，迭代次数减少了 69.2%。

## 7.3  蒙皮-桁条典型件结构有限元求解

7.2 节在兼顾计算精度与计算效率的前提下获得了最优网格划分策略、最优单元类型以及最优固定时间步长等必要模型参数，本节在此基础上开展飞机壁板蒙皮-桁条典型件结构 DLBSW 模型构建与仿真求解。重点对壳单元模型与全实体单元模型的结果展开对比，进一步验证优化后的网格模型、单元类型以及固定时间步长等模型参数的适用性。然后对比典型件结构在不同焊接方向下的仿真结果，并研究典型件焊后残余应力与变形的演化过程，重点为后续大型飞机壁板模拟段结构 DLBSW 仿真提供合理的优化工艺方案。

### 7.3.1  蒙皮-桁条典型件求解模型

蒙皮-桁条典型件结构的尺寸如图 7.32(a) 所示。蒙皮是尺寸为 1200mm× 450mm×2mm 的一块平板，蒙皮上有三根长度与其相等且间距相同的桁条，间距为 150mm，焊缝总长为 3.6m，蒙皮与桁条的厚度为 2mm。针对典型件结构分别采用全实体单元法与壳单元法建立网格模型。采用全实体单元法划分的最终单元数与节点数分别为 150228 和 193856。如图 7.32(b) 所示，其中焊缝处的实体单元尺寸采用前章网格模型优化结果为 1.92mm×0.7mm×0.24mm，经过若干次过渡后在远离焊缝处的单元尺寸为 15.4mm×12.1mm×2mm。壳单元法划分的网格模型如图 7.32(c) 所示，同样采用最优网格划分策略进行网格划分，即仅对桁条两侧与蒙皮相交的角焊缝区域采用 3D 实体单元划分，其余部分采用壳单元。划分完成后壳单元数为 68607，实体单元数为 12474，节点数为 76242。其中，焊缝处的实体单元尺寸与全实体模型相同，近似为 1.92mm×0.7mm×0.24mm，焊缝处的壳单元尺寸为 1.92mm×0.5mm，经过若干次过渡后获得较粗的单元，即远离焊缝处的单元尺寸为 15.6mm×12.5mm。热-力耦合分析采用的实体单元类型为六面体 8 节点 7 号单元，壳单元类型为四边形 4 节点 139 号单元，瞬态工况中固定时间步长为 0.05s。另外，在两桁条焊接间隔设置冷却工况，冷却时间为 10s。

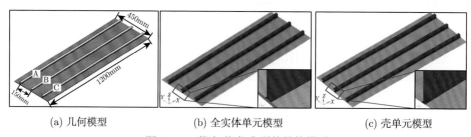

(a) 几何模型　　　　　　　　(b) 全实体单元模型　　　　　　　(c) 壳单元模型

图 7.32　蒙皮-桁条典型件结构模型

　　典型件有三条焊道，根据前期研究结果，三桁条典型件在采用外侧对称焊接顺序 (开始于两边的对称焊接) 时变形最优，如图 7.33 所示。因此，本节对典型件全实体模型与壳单元模型采用外侧对称焊接顺序进行焊接仿真，对比两种模型的温度场、残余应力与变形结果，进一步验证优化后的网格划分策略、单元类型

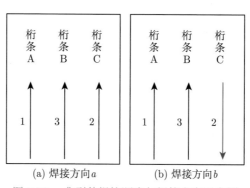

(a) 焊接方向 a　　　　　　　　(b) 焊接方向 b

图 7.33　典型件焊接顺序与焊接方向示意图

以及固定时间步长等模型参数的适用性。然后，对典型件壳单元模型开展不同焊接方向下的焊接仿真求解，研究典型件焊接方向对焊后残余应力与变形的影响。

### 7.3.2 蒙皮-桁条典型件单元模型对比

#### 1. 典型件温度场结果对比

图 7.34(a) 和 (b) 分别为典型件全实体单元模型与壳单元模型在 $X = 600\text{mm}$ 截面 A、B、C 三个接头上节点 3 的温度热循环曲线。两图中的三个节点保持着相同的温度变化趋势，全实体单元模型中三个节点的最高温度维持在 1580℃ 左右，壳单元模型中三个节点的最高温度维持在 1600℃ 左右。当热源移动到下一个节点时，上上个节点的温度已迅速降至室温，这是由铝锂合金热传导系数大，热量传递速度快所导致的。另外，激光焊接热源集中，热影响范围小，虽然桁条间距为 150mm，但是上一道焊缝热量对邻近焊缝的节点温度变化影响较小。两种网格模型节点热循环曲线表明，对典型件结构采用优化后的壳单元划分策略与全实体单元模型具有较为一致的温度场结果。

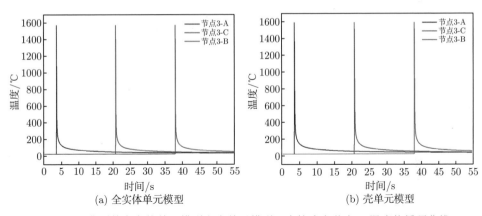

图 7.34　典型件全实体单元模型和壳单元模型三个接头上节点 3 温度热循环曲线

#### 2. 典型件残余应力场结果对比

典型件全实体单元模型与壳单元模型在不同时刻的等效 von Mises 应力分布分别如图 7.35 和图 7.36 所示。由两图可以看出，在焊接过程中熔池部分的等效应力接近于零，熔池附近存在一个小范围的高应力区，随着热源的远离，焊缝区域转变为高的残余等效应力，其分布区域保持不变，直至整个结构焊接完成并冷却结束。这是由于在焊接过程中熔池为无应力的高温液态，随后快速凝固产生塑性应变，从而导致残余应力的产生。其中，全实体单元模型的高应力区主要存在于焊缝内部，壳单元模型的高应力区存在于整个填充区域。对于典型件全实体单元模型，在 3.6s、20.8s 以及 38.0s 时刻熔池附近最高等效应力分别为 458.3MPa、

463.3MPa、464.2MPa，每根桁条焊接完并冷却后，最终的等效应力峰值分别为
462.9MPa、464.0MPa、465.8MPa。对于壳单元模型，在 3.6s、20.8s 以及 38.0s 时
刻熔池附近最高等效应力分别为 448.3MPa、461.5MPa、463.0MPa，每根桁条焊
接完成并冷却后，最终的等效应力峰值分别为 460.7MPa、462.8MPa、465.7MPa。
可以发现，典型件两种模型在不同时刻的等效应力峰值较为一致，最大数值误差
在 2%左右。

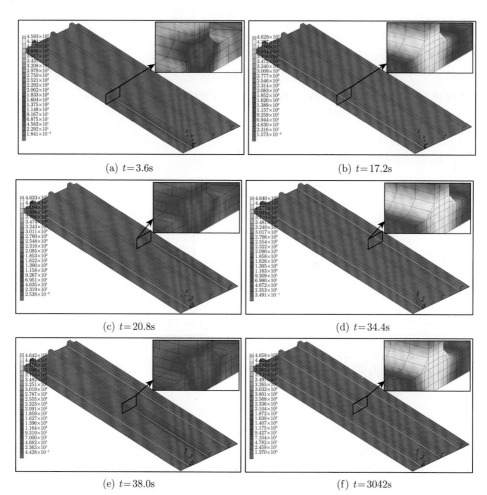

(a) $t=3.6$s

(b) $t=17.2$s

(c) $t=20.8$s

(d) $t=34.4$s

(e) $t=38.0$s

(f) $t=3042$s

图 7.35　典型件全实体单元模型等效 von Mises 应力演变

　　为进一步对比分析典型件结构全实体单元模型与壳单元模型的焊后应力分布
情况，分别提取 $X=400$mm 与 $X=800$mm 截面处蒙皮背面各节点纵向残余应
力分布曲线，分别如图 7.37(a) 和 (b) 所示。由图可得，典型件结构全实体单元
模型与壳单元模型焊后蒙皮背面的纵向应力曲线分布趋势基本一致，高拉应力区

集中在焊缝附近较小的区域，随后纵向残余应力迅速降低，在距焊缝中心约 5mm 处降为纵向压应力，并随着距离的增大纵向应力保持不变，该分布与试片件的纵向应力结果保持一致。另外，图中全实体单元模型在蒙皮纵向压应力区的压应力高于壳单元模型约 6.5MPa，而纵向拉应力峰值在 390MPa 左右，比壳单元模型略微高 20MPa，最大数值误差在 5％左右。

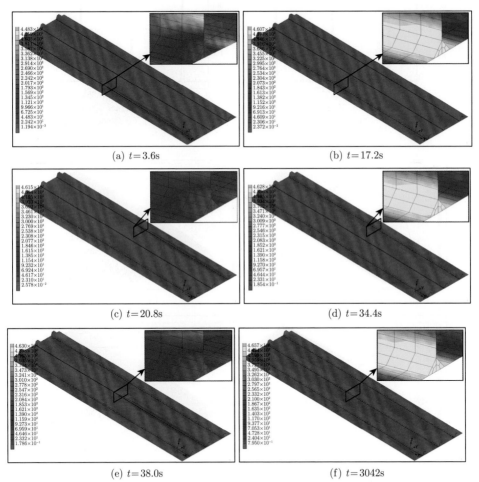

(a) $t=3.6$s        (b) $t=17.2$s

(c) $t=20.8$s        (d) $t=34.4$s

(e) $t=38.0$s        (f) $t=3042$s

图 7.36 典型件壳单元模型等效 von Mises 应力演变

3. 典型件变形结果对比

典型件全实体单元模型与壳单元模型在不同时刻的变形分布分别如图 7.38 与图 7.39 所示。由两图可以发现，典型件两种模型在不同时刻的变形分布与最大变形位置总体保持一致，不同的是各时刻各位置的最大变形量，如表 7.9 所示。由表中数据与云图可知，两种模型的最大变形位置基本都位于蒙皮边缘处，壳单元模型在各个时刻都具有较大的变形量峰值，并且在焊完第二根桁条并冷却后的变形量最大，是全实体模型相应位置变形量的 1.8 倍。

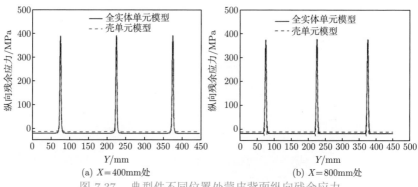

(a) $X=400mm$处　　　　　　　　　　　(b) $X=800mm$处

图 7.37　典型件不同位置处蒙皮背面纵向残余应力

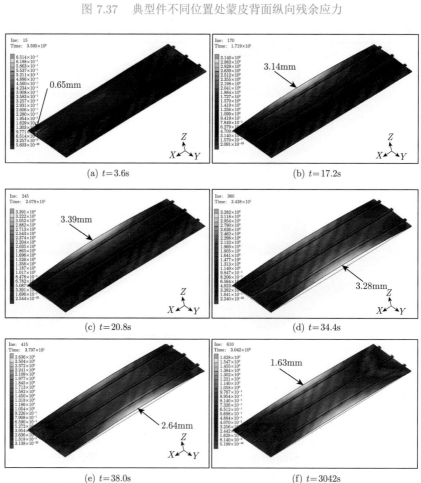

(a) $t=3.6s$　　　　　　　　　　　(b) $t=17.2s$

(c) $t=20.8s$　　　　　　　　　　　(d) $t=34.4s$

(e) $t=38.0s$　　　　　　　　　　　(f) $t=3042s$

图 7.38　典型件全实体单元模型变形演变

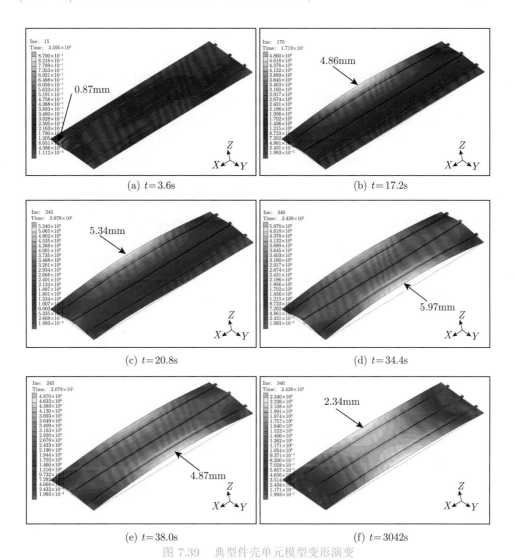

图 7.39　典型件壳单元模型变形演变

表 7.9　典型件不同模型在不同时刻的最大变形量　（单位：mm）

| 时刻 | 全实体单元模型 | 壳单元模型 |
| --- | --- | --- |
| 3.6s | 0.65 | 0.87 |
| 17.2s | 3.14 | 4.86 |
| 20.8s | 3.39 | 5.34 |
| 34.4s | 3.28 | 5.97 |
| 38.0s | 2.64 | 4.87 |
| 3042s | 1.63 | 2.34 |

　　为了比较典型件全实体单元模型与壳单元模型挠曲变形与角变形的差异，提

取平行焊缝方向蒙皮 $Y = -225\text{mm}$ 处的挠曲变形曲线, 如图 7.40(a) 所示, 以及垂直焊缝方向蒙皮 $X = 0\text{mm}$ 与 $X = 1200\text{mm}$ 处角变形曲线, 如图 7.40 (b) 和 (c) 所示。由图可知, 典型件两种模型的挠曲变形变化趋势保持一致, 并与试片件相似, 蒙皮中部为变形峰值, 并沿两边逐渐减小。两种模型的挠曲变形峰值分别为 1.63mm 与 2.34mm, 数值误差在 30% 左右。两种模型的角变形变化趋势也基本保持一致, 都出现了三个峰, 位于焊缝附近, 最大角变形都位于蒙皮 $Y = 225\text{mm}$ 处, 两种模型在 $X = 0\text{mm}$ 处的角变形峰值分别为 0.77mm 与 0.59mm, 在 $X = 1200\text{mm}$ 处的角变形峰值分别为 0.94mm 与 0.73mm, 数值误差分别为 23.3% 与 22.3%。由以上数据可以发现, 典型件壳单元模型与全实体单元模型相比, 具有更大的挠曲变形, 但是在蒙皮两侧都具有较小的角变形。

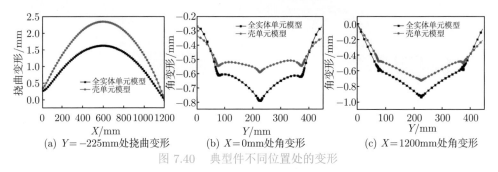

图 7.40　典型件不同位置处的变形

#### 4. 典型件计算效率对比

典型件采用全实体单元模型与壳单元模型的计算时间、迭代次数以及并行分区数的比较如表 7.10 所示。由表可以发现, 典型件采用壳单元模型时单元总数与节点总数分别减少了 46.0% 与 60.7%, 迭代次数减少了 7.2%, 计算效率最大提高了 58.9%。因此, 对于典型件结构, 在保证计算精度的前提下, 采用壳单元模型能显著地提高计算效率, 在后续针对飞机壁板大型模拟段结构开展仿真计算时将采用以上模型优化结果。

表 7.10　典型件模型计算效率对比

| 模型方案 | 单元总数 | 节点总数 | 计算时间/s | 迭代次数 | 并行分区数 |
|---|---|---|---|---|---|
| 全实体模型 | 150228 | 193856 | 53195 | 3438 | 6 |
| 壳单元模型 | 81081 | 76242 | 34913 | 3190 | 6 |
| | | | 21880 | 3190 | 3 |
| | | | 34824 | 3190 | 2 |

### 7.3.3　蒙皮-桁条典型件焊接方向对残余应力的影响

典型件在外侧对称焊接顺序的基础上开展不同焊接方向对残余应力与变形的影响研究。典型件在焊接方向 $b$(图 7.33(b)) 下不同时刻的等效 von Mises 应力云图如图 7.41 所示。壳单元模型采用焊接方向 $b$ 时，在 3.6s、20.8s 以及 38.0s 时刻熔池附近最高等效应力分别为 448.3MPa、461.6MPa、463.0MPa，每根桁条焊接完并冷却后，最终的等效应力峰值分别为 460.7MPa、462.8MPa、465.7MPa。

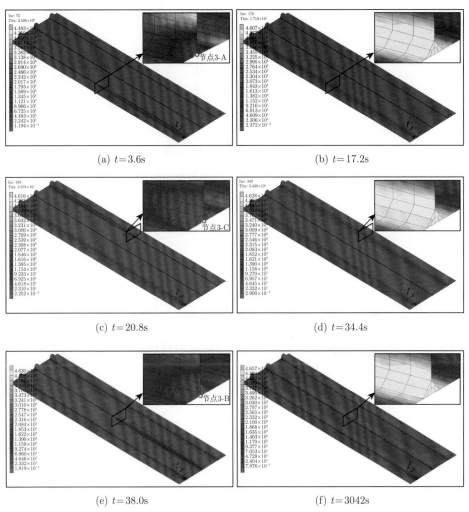

(a) $t=3.6$s

(b) $t=17.2$s

(c) $t=20.8$s

(d) $t=34.4$s

(e) $t=38.0$s

(f) $t=3042$s

图 7.41  典型件壳单元模型等效 von Mises 应力演变 (焊接方向 $b$)

为进一步对比分析典型件结构壳单元模型在两种焊接方向下的焊后应力分布情况，同样提取 $X=400$mm 与 $X=800$mm 截面处蒙皮背面各节点纵向残余应力分布曲线，分别如图 7.42(a) 和 (b) 所示。可以发现，两图中两曲线的分布趋势一致，除了在 $X=800$mm 蒙皮背面距焊缝中心 5mm 处的纵向应力分布比较复杂，曲线其余区域高度重叠。在 $X=400$mm 处采用焊接方向 $b$ 的纵向应力曲线峰值在 377.2MPa 左右，比采用焊接方向 $a$ 略微高 3.6MPa，数值误差为 0.95%。同样在 $X = 800$mm 处采用焊接方向 $b$ 的纵向应力曲线峰值在 368.0MPa 左右，比采用焊接方向 $a$ 高 3.6MPa，数值误差为 0.76%。由此可得，焊接方向不仅对典型件结构焊后残余应力分布影响甚微，而且对残余应力峰值的影响也可忽略不计。

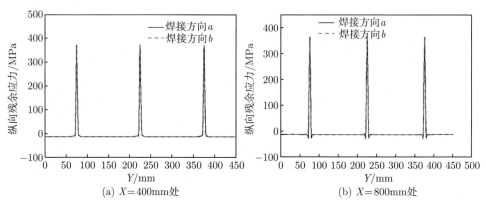

(a) $X = 400$mm 处 　　　　　　　　　　　(b) $X = 800$mm 处

图 7.42　典型件不同位置处蒙皮背面纵向残余应力

　　为了研究典型件结构在焊接过程中残余应力的演变过程，提取焊缝处节点 3-A、3-B、3-C 的等效 von Mises 应力、纵向应力以及横向应力的历程曲线如图 7.43(a) 和 (b) 所示。可以发现，节点处的等效 von Mises 应力在热源到达之前骤升至 120MPa 左右，当热源靠近时，迅速降至零，然后随着热源继续前进又骤升至 450MPa 左右并保持不变。纵向应力与横向应力则在热源到达前表现出相反的变化趋势。纵向应力在热源到达前，先产生一定的压应力，然后当热源靠近时骤升至峰值并保持不变。这表明，纵向应力与横向应力可相互协调，从而保持等效

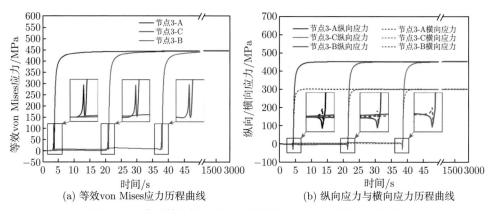

(a) 等效 von Mises 应力历程曲线 　　　　　(b) 纵向应力与横向应力历程曲线

图 7.43　典型件焊接方向 $b$ 三个接头上节点 3 应力历程曲线

von Mises 应力的平衡。应力历程曲线表明，焊缝处的应力变化在受到热作用前后的短时间内平衡至稳定峰值，随着冷却工况的进行及相邻桁条焊缝的应力变化而保持不变。

## 7.4  蒙皮-桁条模拟段结构有限元求解

本节在试片件模型完成网格模型优化、单元类型优化、固定时间步长优化，以及典型件模型完成焊接顺序与方向优化的基础上，开展大型飞机壁板模拟段结构激光焊接仿真求解。通过对比分析不同焊接顺序与焊接方向下的仿真结果，定量分析和控制大型薄壁结构的焊接应力和变形。特别是分析残余应力和变形的演化过程，对调整工艺、改善焊接质量、提升装配与服役性能具有重大意义，并最终能够在较少的资源和较短的时间内对大型飞机壁板的实际生产过程提供重要指导。

### 7.4.1  蒙皮-桁条模拟段求解模型

蒙皮-桁条模拟段尺寸如图 7.44(a) 所示。蒙皮沿宽度方向是半径尺寸为 1928.4mm 的一段圆弧，蒙皮上有十根桁条，间距均为 141mm(弧长)。模拟段整体尺寸为 1600mm×1609mm(弧长)×30mm。接头截面形状与试片件相同。通过对试片件进行网格模型优化，采用最优网格划分策略对模拟段结构建立网格模型，即仅对桁条两侧与蒙皮相交的三角形焊脚区域采用 3D 实体单元划分，其余部分采用壳单元。划分完成后壳单元数为 234432，实体单元数为 51840，节点数为 265751。其中焊缝处的实体单元尺寸与试片件结构相同，近似为 1.92mm×0.7mm×0.24mm，焊缝处的壳单元尺寸为 1.85mm×0.5mm，经过若干次过渡后获得较粗的网格，即远离焊缝处的网格尺寸为 16.7mm×10.6mm。焊缝处的单元最大长宽比约为 8，远

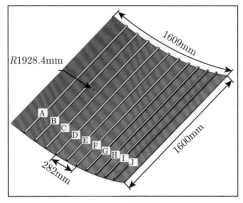

(a) 几何模型

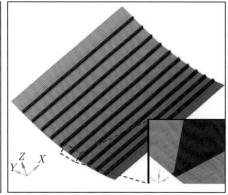

(b) 壳单元模型

图 7.44  蒙皮-桁条模拟段结构壳单元模型

离焊缝处单元长宽比小于 2。热-力耦合分析采用的实体单元类型为六面体 8 节点
7 号单元，壳单元类型为四边形 4 节点 139 号单元，瞬态工况中固定时间步长为
0.05s。另外，同样在两桁条焊接间隔设置冷却工况，冷却时间为 10s。

模拟段结构包括十根桁条，相对于三桁条典型件焊接顺序与焊接方向的确定，
十桁条结构焊接顺序与焊接方向的选择更加复杂，焊接方案的确定更加困难。在
典型件焊接顺序与焊接方向优化的基础上，获得基本合理的焊接顺序策略，即交
叉对称焊接顺序。针对十桁条模拟段设计了三种交叉对称焊接顺序，如图 7.45(a)、
(c)、(e) 所示，并在交叉对称焊接顺序 II(焊接方向 I) 的基础上进一步设计了三种
焊接方向，如图 7.45(b)、(d)、(f) 所示。

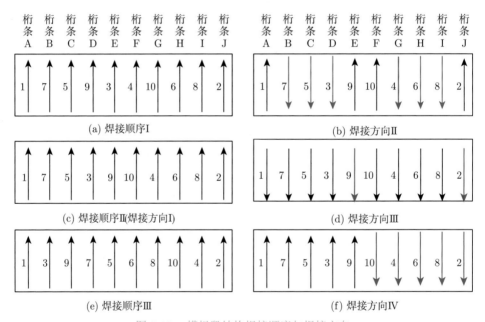

图 7.45　模拟段结构焊接顺序与焊接方向

### 7.4.2　焊接顺序对模拟段残余应力和变形的影响

1. 焊接顺序对模拟段残余应力的影响

模拟段壳单元模型在三种交叉对称焊接顺序下的焊后等效 von Mises 应力结
果如图 7.46 所示。可以发现，三种交叉对称焊接顺序下的等效 von Mises 应力
分布与典型件相似，高应力区主要集中在焊缝及其附近，而与试片件相比，其高
应力范围有所减小。另外，三种焊接顺序下的残余应力结果在取平均值后具有一
致的等效 von Mises 应力峰值 (458.8MPa)，此值与典型件及试片件相比，降低了
6.9MPa 左右。对比三种交叉对称焊接顺序的残余应力结果可知，交叉对称焊接

顺序的不同对残余应力的峰值以及高应力区的范围影响较小。

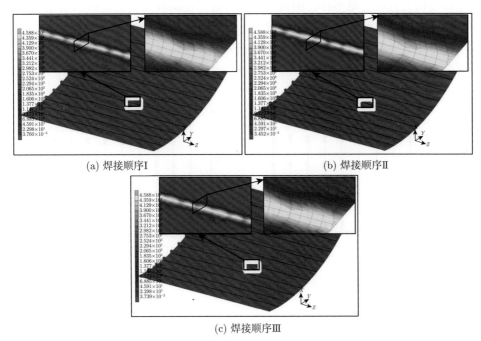

(a) 焊接顺序Ⅰ            (b) 焊接顺序Ⅱ

(c) 焊接顺序Ⅲ

图 7.46    模拟段不同焊接顺序焊后等效 von Mises 应力

图 7.47(a) 和 (b) 分别为 $X = 800\text{mm}$ 处蒙皮背面等效 von Mises 应力与纵向残余应力分布曲线。可以发现，模拟段在三种交叉对称焊接顺序下蒙皮背面的 von Mises 应力及纵向残余应力分布曲线高度重合，在蒙皮背面 von Mises 应力峰值约为 370MPa，纵向残余应力峰值约为 400MPa。模拟段结构尺寸大，且激光焊接高温区面积小，散热速度快，因此桁条之间的热影响作用较小，从而使各焊道之间的残余应力场相互影响甚微。因此，不同交叉对称焊接顺序对模拟段残余应力分布的影响较小。同理并综合典型件分析结果可得，在交叉对称焊接顺序下，焊接方向的不同对模拟段残余应力的分布及其峰值的影响较小。

2. 焊接顺序对模拟段变形的影响

模拟段结构在三种焊接顺序下的焊后变形结果分别如图 7.48～ 图 7.50 所示。可以发现，在三种交叉对称焊接顺序下，整体变形分布基本相同，即从结构中心向横向两端逐渐增大，直至蒙皮最外侧产生变形峰值，峰值分别为 12.39mm、12.36mm、12.38mm；$Z$ 向变形分布与整体变形分布基本相同，$Z$ 向变形最大值同样分布于蒙皮外侧，最大值都在 12.3mm 左右，最小值分布于结构中心，且都为 $-0.61\text{mm}$；$Y$ 向变形最大值出现在蒙皮一侧，最大值都在 $-7.2\text{mm}$ 左右，最小值分布于结构中心，且都为 $-0.20$mm；$X$ 向变形则都低于 0.1mm，该变形量对整体结构而言可忽略不计。由以上数据可得，模拟段在交叉对称的基础上，不同的交叉顺序对焊后变形结果影响较小，变形峰值相差在 0.1mm 以内。另外，模拟段的整体变形以 $Z$ 向，即径向变形为主，整体变形峰值与径向变形峰值同样相差在 0.1mm 以内。除此之外，模拟段还发生了 $Y$ 向变形，最大变形量为 7.2mm。

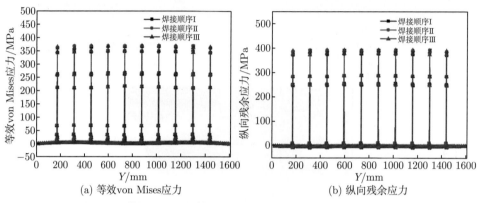

(a) 等效von Mises应力　　　　　(b) 纵向残余应力

图 7.47　模拟段不同焊接顺序 $X=800$mm 处蒙皮背面应力曲线

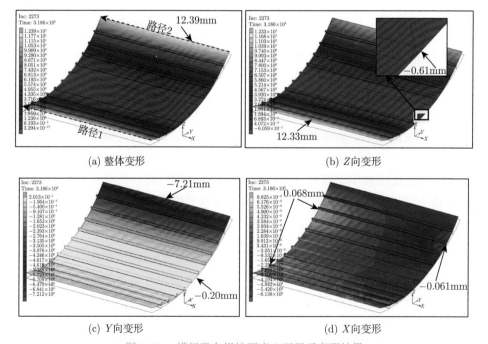

(a) 整体变形　　(b) $Z$向变形　　(c) $Y$向变形　　(d) $X$向变形

图 7.48　模拟段在焊接顺序 I 下焊后变形结果

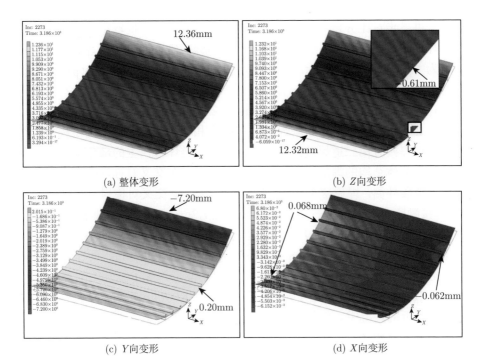

(a) 整体变形        (b) $Z$ 向变形

(c) $Y$ 向变形        (d) $X$ 向变形

图 7.49 模拟段在焊接顺序 II 下焊后变形结果

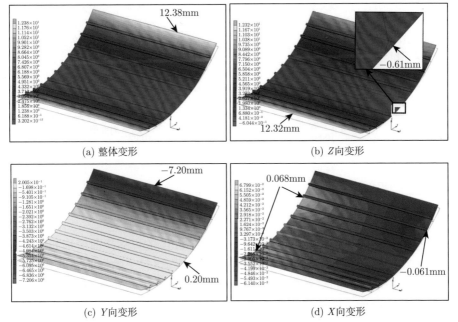

(a) 整体变形        (b) $Z$ 向变形

(c) $Y$ 向变形        (d) $X$ 向变形

图 7.50 模拟段在焊接顺序 III 下焊后变形结果

　　为了进一步对比分析焊接顺序对模拟段变形的影响，提取三种焊接顺序下每道焊缝焊接完成并冷却 10s 后的最大 $Z$ 向变形与 $Z$ 向负向变形 (整体变形以 $Z$ 向变形为主)，如表 7.11 所示。由数据可知，在每次交叉对称焊接完成时，$Z$ 向最大变形都有所减小。例如，三种焊接顺序下焊缝 1 焊完后的最大 $Z$ 向变形为 2.89mm，在对称焊接完成焊缝 2 时，最大 $Z$ 向变形下降至 2.24mm，同样可观察到焊缝 3 与焊缝 4、焊缝 5 与焊缝 6 等都有相似的变化。这是由于模拟段结构在交叉对称焊接时第二道焊缝的变形抵消了前一道焊缝产生的部分变形，从而可以有效控制整体结构的焊后变形。同时还可发现，在交叉对称焊接时，对称焊缝越靠近模拟段外侧，焊后 $Z$ 向变形峰值越小。例如，交叉对称焊接焊缝 3 与焊缝 4，在焊接顺序 I 下焊缝 4 冷却后变形峰值为 7.2mm，而在焊接顺序 II 与焊接顺序 III 下，变形峰值则依次为 7.02mm 与 3.33mm；再如，交叉对称焊接焊缝 7 与焊缝 8，在焊接顺序 II 下焊缝 8 冷却后变形峰值为 10.98mm，而在焊接顺序 III 下，变形峰值则为 12.37mm。而对于 $Z$ 向负向变形，除了刚开始的焊缝 1 与焊缝 2 外，三种交叉对称顺序下的最大变形量都为 1.00mm 左右，并且都发生在模拟段中线附近的焊缝中。例如，在焊接顺序 I 下的焊缝 3 与焊缝 4，焊接顺序 III 下的焊缝 5 与焊缝 6。

表 7.11　模拟段不同焊接顺序变形统计　　　　　　(单位：mm)

| 焊缝次序 (时间) | 焊接顺序 I | | 焊接顺序 II | | 焊接顺序 III | |
|---|---|---|---|---|---|---|
| | 最大 $Z$ 向变形 | $Z$ 向负向变形 | 最大 $Z$ 向变形 | $Z$ 向负向变形 | 最大 $Z$ 向变形 | $Z$ 向负向变形 |
| 焊缝 1 (19.59s) | 2.89 | −0.61 | 2.89 | −0.61 | 2.89 | −0.61 |
| 焊缝 2 (39.18s) | 2.24 | −1.10 | 2.24 | −1.10 | 2.24 | −1.10 |
| 焊缝 3 (58.77s) | 7.60 | −1.01 | 7.46 | −0.85 | 3.82 | −1.07 |
| 焊缝 4 (78.36s) | 7.20 | −1.06 | 7.02 | −0.34 | 3.33 | −0.45 |
| 焊缝 5 (97.95s) | 7.78 | −0.94 | 8.15 | −0.19 | 8.60 | −0.92 |
| 焊缝 6 (117.54s) | 7.52 | −0.72 | 8.07 | −0.09 | 8.34 | −1.04 |
| 焊缝 7 (137.13s) | 10.86 | −0.58 | 11.61 | −0.07 | 12.86 | −0.93 |
| 焊缝 8 (156.72s) | 10.10 | −0.49 | 10.98 | −0.04 | 12.37 | −0.67 |
| 焊缝 9 (176.31s) | 14.92 | −0.41 | 16.20 | −0.97 | 13.58 | −0.59 |
| 焊缝 10 (3185.97s) | 12.33 | −0.61 | 12.32 | −0.61 | 12.32 | −0.60 |

注：负号表示方向。

　　模拟段在不同焊接顺序下两条路径上 (图 7.45) 的焊后挠曲变形如图 7.51(a) 所示。由图可知，三种交叉对称焊接顺序下在相同路径上的挠曲变形分布曲线高度重合，这表明不同的交叉顺序对焊后挠曲变形分布影响较小。但是对于模拟段结构，在蒙皮两侧，即路径 1 与路径 2 上的挠曲变形分布呈现关于结构中心对称的特点，并且其峰值也只具有细微差别 (路径 1 约为 12.3mm，路径 2 约为

12.4mm)。模拟段在不同焊接顺序下 $X = 0\text{mm}$、$X = 800\text{mm}$、$X = 1600\text{mm}$ 处的角变形分别如图 7.51(b) 和 (c) 所示。同样可以发现，三种交叉对称焊接顺序下在相同路径上的角变形分布曲线高度重合，这也表明不同的交叉顺序对焊后角变形分布影响较小。另外，三种交叉对称焊接顺序的模拟段都在结构中心部位即 $X = 800\text{mm}$，$Y = 700 \sim 800\text{mm}$ 处产生角变形的最低值 (约为 $-0.6\text{mm}$)。

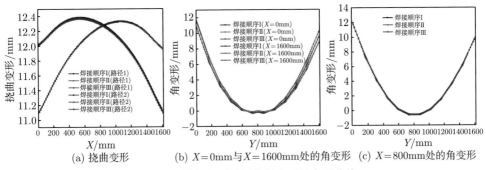

图 7.51 模拟段不同焊接顺序下的变形曲线

### 7.4.3 焊接方向对模拟段变形的影响

对于模拟段结构在四种焊接方向下不同时刻的 $Z$ 向变形，由于受到较多桁条面内刚度的支撑，挠曲变形的幅度较小，变形主要来自结构外围的径向角变形，这与试片件及典型件的变形分布存在较大的区别。模拟段在四种焊接方向下每道焊缝冷却结束后的变形分布基本保持一致。在前六道焊缝中，最大变形位置均出现在蒙皮外侧中部，随后发生在蒙皮的边角处，并在最终冷却结束后转移至蒙皮外侧偏中部位置，是挠曲变形与角变形的叠加。结构中部的变形在整个焊接过程中始终较小，最后约为 $-0.61\text{mm}$，且为与外围变形方向相反的径向角变形，与试片件及典型件的角变形量基本保持一致。模拟段结构在各个时刻都只存在挠曲变形与角变形，这是 DLBSW 的优点，桁条两侧相同的热源同步前进，避免其他焊接工艺可能产生的纵向弯曲变形甚至波浪式变形。此外，还可以发现，在每次对称焊接后，变形分布关于模拟段中线对称，这说明对称焊接可平衡结构的变形分布。

为了进一步对比分析焊接方向对模拟段激光焊接变形的影响，提取最大 $Z$ 向变形量，如表 7.12 所示。可以发现，若对同组交叉对称焊缝做相同的焊接方向改变，对其各个时刻的最大变形量影响较小。例如，对于焊接方向 II，改变交叉对称焊缝 3 与 4、焊缝 5 与 6、焊缝 7 与 8 的焊接方向，其在每条焊缝焊接完成后的最大变形量与未改变前 (焊接方向 I) 相差较小，最大改变发生在焊缝 9 冷却完成的 176.31s 时，最大差值为 0.39mm，最终变形仅相差 0.07mm。观察焊接方向 III 与焊接方向 IV 可得，当对同组交叉对称焊缝采用相反的焊接方向时，其对模拟段各个时刻的最大变形量产生了较为显著的影响，并且发现改变同组交叉对称焊缝焊接方向的数量越多，各个时刻的最大变形量下降越多。例如，只对焊缝 1 与 2、焊缝 9 与 10 采用相反的焊接方向时，与焊接方向 I 相比，$Z$ 向变形最大改变发生在焊缝 9 冷却完成的 176.31s 时，最大差值为 4.18mm，最终变形相差 2.1mm。而对每组交叉对称焊缝的焊接方向进行改变后，即焊接方向 IV，与焊接方向 I 相比，$Z$ 向变形最大改变同样发生在焊缝 9 冷却完成的 176.31s 时，最大差值为 6.02mm，最终变形相差 4.27mm。

表 7.12　模拟段不同焊接方向最大 $Z$ 向变形统计　　（单位：mm）

| 焊缝次序 (时间) | 焊接方向 I | 焊接方向 II | 焊接方向 III | 焊接方向 IV |
|---|---|---|---|---|
| 焊缝 1 (19.59s) | 2.89 | 2.89 | 2.89 | 2.89 |
| 焊缝 2 (39.18s) | 2.24 | 2.24 | 2.20 | 2.20 |
| 焊缝 3 (58.77s) | 7.46 | 7.45 | 7.11 | 6.35 |
| 焊缝 4 (78.36s) | 7.02 | 7.01 | 7.45 | 6.60 |
| 焊缝 5 (97.95s) | 8.15 | 8.13 | 8.34 | 9.69 |
| 焊缝 6 (117.54s) | 8.07 | 8.34 | 8.69 | 9.25 |
| 焊缝 7 (137.13s) | 11.61 | 11.32 | 11.20 | 11.24 |
| 焊缝 8 (156.72s) | 10.98 | 10.69 | 10.13 | 10.29 |
| 焊缝 9 (176.31s) | 16.20 | 15.81 | 12.02 | 10.18 |
| 焊缝 10 (3185.97s) | 12.32 | 12.25 | 10.22 | 8.05 |

图 7.52(a) 和 (b) 分别为模拟段在不同焊接方向两条路径上的焊后挠曲变形分布曲线。由图可以发现，模拟段焊接方向改变后，外围挠曲变形的幅度有所减小，不同的焊接方向对挠曲幅度影响较小。例如，焊接方向 I 的挠曲幅度为 1.5mm 左右，而焊接方向 II 与 IV 的挠曲幅度相似，在 0.9~1.1mm。由前述分析可知，模拟段的变形主要包括纵向的挠曲变形与横向的角变形。模拟段焊接方向改变后对角变形量的影响较大。例如，四种焊接方向在路径 1 上的最大角变形量分别为 11.1mm、11.7mm、9.1mm、6.9mm。综上可得，针对蒙皮-桁条模拟段结构，在

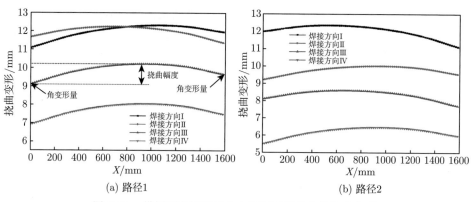

(a) 路径1　　　　　　　　　　　(b) 路径2

图 7.52　模拟段不同焊接方向下不同路径上的挠曲变形

采用交叉对称焊接顺序的基础上，对每组交叉对称焊缝采用相反的焊接方向，可显著减小结构的角变形，从而减小整体变形。这对于实际大型飞机壁板的焊接变形控制具有重大意义。

## 参 考 文 献

[1] 陈楚. 数值分析在焊接中的应用 [M]. 上海: 上海交通大学出版社, 1985.

[2] Kang Y E, Zhan X H, Liu T. Effect of welding parameters on porosity distribution of dual laser beam bilateral synchronous welding in 2219 aluminum alloy T-joint[J]. Journal of Adhesion Science and Technology, 2019, 33(23): 2595-2614.

[3] Chen S, Zhao Y Q, Tian S H, et al. Study on keyhole coupling and melt flow dynamic behaviors simulation of 2219 aluminum alloy T-joint during the dual laser beam bilateral synchronous welding[J]. Journal of Manufacturing Processes, 2020, 60: 200-212.

[4] Tian S H, Chen W H, Chen S, et al. The effect of cryogenic applications on tensile strength of aluminum 2219-T87 T-joint welded by dual laser-beam bilateral synchronous welding[J]. Journal of Manufacturing Processes, 2020, 56: 777-785.

[5] He S, Chen S, Zhao Y Q, et al. Study on the intelligent model database modeling the laser welding for aerospace aluminum alloy[J]. Journal of Manufacturing Processes, 2021, 63: 121-129.

# 第 8 章

## 新一代运载火箭贮箱结构 DLBSW 研究

在航天制造领域，面向壁板-桁条 T 型结构的 DLBSW 技术获得了相关科研机构和生产单位的广泛关注，该技术能够实现新一代运载火箭燃料贮箱的高效率、高质量、轻量化制造 [1]。本章以 3.35m 级火箭贮箱为例，在有限元仿真研究结果的基础上，开展大量激光焊接试验，并对 T 型接头的常温与低温力学性能开展测试与分析工作，最终完成激光焊接火箭贮箱结构件的研制。

## 8.1 火箭贮箱焊接材料与结构简介

### 8.1.1 火箭贮箱焊接材料

20 世纪 70 年代以来，中国运载火箭技术研究院在贮箱材料上参考美国的雷神和大力神运载火箭，采用 Al-Cu 系列 2A14 铝合金，其成分与美国使用的 2014 铝合金相当 [2]。但相较于 2219 铝合金，2A14 铝合金的熔化焊接接头延伸率偏低，而热裂纹敏感性高，且易出现潜藏裂纹 [3]。自 2001 年，也就是第十个五年计划起，我国开始研制大型火箭，并采用 2219 铝合金逐步代替 2A14 铝合金 [4,5]。

2219 铝合金的供货状态通常为 T87，2219 铝合金的化学成分如表 8.1 所示。2219-T87 铝合金属于 Al-Cu-Mn 系析出强化型高强铝合金，在较大的温度范围内 (−250℃∼ 室温) 具有力学性能高、抗应力腐蚀能力强、对焊接热裂纹的敏感性较低、焊接接头的塑性和低温韧性较好等优点 [6,7]。因此，我国新一代火箭贮箱结构已全面采用 2219 铝合金。

表 8.1　2219 铝合金的化学成分 (质量分数)

| 铝合金 | Cu | Mn | Mg | Fe | Si | Zn | Ti | V | Zr | Al |
|---|---|---|---|---|---|---|---|---|---|---|
| 2219/% | 5.8∼6.8 | 0.2∼0.4 | 0.02 | 0.3 | 0.2 | 0.1 | 0.02∼0.10 | 0.05∼0.15 | 0.10∼0.25 | 其余 |

在航空航天结构件轻量化制造需求背景下，各国纷纷采用高性能铝锂合金代替常规铝合金 [8]。铝锂合金中每加入 1%(质量分数) 的金属锂，密度降低约 3%，弹性模量提高约 6%，且会产生明显的强化效果 [9]。因此，铝锂合金正逐渐成为替代传统铝合金的潜力材料。

### 8.1.2　火箭贮箱焊接结构

运载火箭贮箱的主要功能是作为压力容器存放推进剂，并承受竖直停放及飞行过程中的各种载荷[10]。火箭贮箱的蒙皮很薄，其内部通常会采用桁条作为加强筋结构，以保证整体结构的强度和刚度。桁条之间的间距经过设计与优化，既可保证用最少的材料，又可保证火箭贮箱坚固、可靠。

当代运载火箭贮箱中的 2219 铝合金蒙皮-桁条结构，目前主要采用机械加工及铆接技术进行制造[11,12]。贮箱壁板内弧面一般采用铣切加工出分布规则或不规则的网格凸筋，以实现贮箱的轻量化制造，包括机械铣切与化学铣切[13]。化学铣切的加工精度低，污染严重，目前已经逐步被机械铣切代替，机械加工示意图如图 8.1(a) 所示，但机械铣切存在加工效率低、材料利用率低、材料原始组织破坏等问题。另一种是通过铆接技术实现壁板与桁条之间的连接，如图 8.1(c) 所示。该方法同样面临劳动成本高、连接效率低等问题，且铆钉的大量加入大大提升结构重量，不利于火箭贮箱的轻量化制造。采用焊接技术实现蒙皮与桁条的可靠连接，能够有效克服这些问题，显著降低成本，提高生产效率，对运载构件的减重效果也明显提升[14,15]。图 8.1 为不同制造技术下的航天壁板结构对比示意图。

目前，随着对新一代运载火箭运载能力与减重需求的进一步提高，面向火箭贮箱蒙皮-桁条 T 型结构的 DLBSW 技术被提出，并逐渐受到诸多航天科研院所的关注。火箭贮箱蒙皮-桁条 T 型结构 DLBSW 技术的研究往往从单桁条

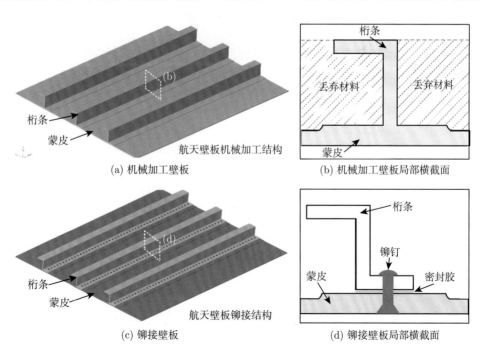

(a) 机械加工壁板　　　　　　　　　　　(b) 机械加工壁板局部横截面

(c) 铆接壁板　　　　　　　　　　　　　(d) 铆接壁板局部横截面

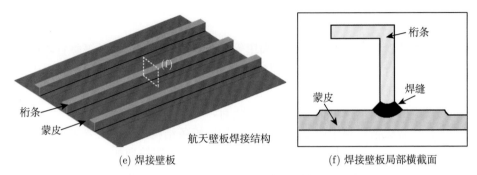

(e) 焊接壁板　　　　　　　　　　　　　(f) 焊接壁板局部横截面

图 8.1　不同制造技术下的航天壁板结构对比示意图

结构开始，如图 8.2(a) 所示，重点关注不同焊接工艺参数对焊后成形、焊接质量、焊接性能的影响。在获得优化工艺参数的基础上，开展火箭贮箱多桁条焊接结构研制，如图 8.2(b) 所示，研制过程中重点关注焊接顺序、焊接方向、装夹条件等因素对焊后变形与质量的影响。最后，通过多块壁板纵缝焊接组成火箭贮箱的主体结构，如图 8.2(c) 所示。

(a) 单桁条结构　　　　　　(b) 五桁条筒段件结构　　　　　(c) 贮箱结构

图 8.2　运载火箭贮箱焊接结构示意图

2219 铝合金火箭贮箱单桁条焊接结构的几何尺寸如图 8.3 所示。该结构由 L 型桁条与蒙皮焊接而成，桁条与蒙皮的长度均为 500mm，蒙皮宽度为 200mm，待焊区域蒙皮与桁条的厚度分别为 4.5mm 和 4mm。本试验将桁条与蒙皮的两侧待焊区域预加工两个等尺寸的 1.5mm×1.5mm 小凸台，在提高焊接过程精度及稳定性的同时替代焊丝填充过程，如图 8.3(b) 所示。此外，图 8.3(c) 和 (d) 为该 T 型结构的横截面整体尺寸和小凸台尺寸参数。

为保证焊接接头的成形质量，蒙皮-桁条结构的激光焊接过程中往往需要加入填充金属。若采用激光填丝焊接，则需要采用较高的送丝速度，才能获得成形饱满的焊接接头，而较快的送丝速度往往会存在焊接过程稳定性差、焊接表面成形不均匀等问题。因此，选用蒙皮预置双小凸台结构代替填丝，可有效提高焊接过程的稳定性。蒙皮预置双小凸台 T 型焊接结构示意图如图 8.4 所示。此外，两个小凸台之间存在宽约 4.0mm 的凹槽，可起到定位的作用，防止桁条在装夹过程中发生偏移或者倾斜，有利于形成贯通熔池，提高蒙皮-桁条 T 型结构件的焊接质量。

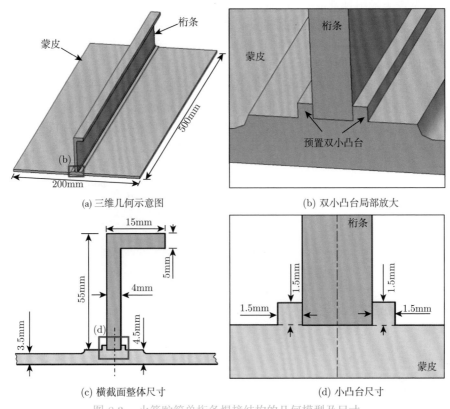

(a) 三维几何示意图　　　　　　　　　(b) 双小凸台局部放大

(c) 横截面整体尺寸　　　　　　　　　(d) 小凸台尺寸

图 8.3　火箭贮箱单桁条焊接结构的几何模型及尺寸

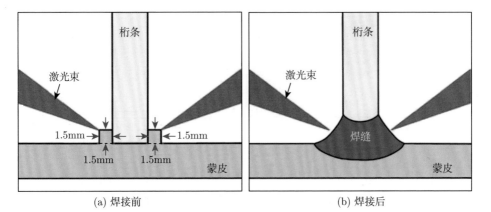

(a) 焊接前　　　　　　　　　　　　　(b) 焊接后

图 8.4　蒙皮预置双小凸台 T 型焊接结构示意图

## 8.2　火箭贮箱单桁条结构 DLBSW 仿真研究

### 8.2.1　火箭贮箱单桁条结构 DLBSW 有限元模型建立

T 型接头采用预置双小凸台的方式替代填丝，因此在进行有限元网格划分时，需要对凸台区域的几何结构进行简化，以满足仿真需求。如图 8.5(b) 所示，焊接接头在焊接前后的截面形状发生了变化，针对这一现象，将凸台区域的网格按照实际焊后形状进行网格划分。

基于前文所述火箭贮箱单桁条焊接结构与有限元网格划分原理，针对火箭贮箱单桁条焊接结构建立相应的有限元网格模型，如图 8.5 所示。网格单元类型为六面体网格，过渡方式为 2:1、3:1 过渡，该模型的网格单元总数为 66589，网格节点数为 78198。

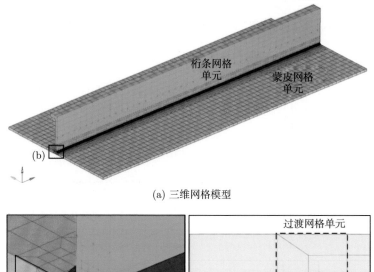

(a) 三维网格模型

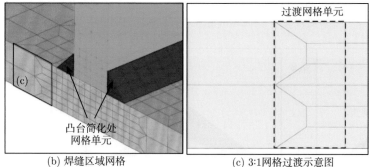

(b) 焊缝区域网格　　　　　　(c) 3:1网格过渡示意图

图 8.5　单桁条焊接结构的有限元网格模型

在 T 型接头 DLBSW 过程中，根据激光能量分布特征，采用如图 8.6 所示的"高斯面热源 + 柱状体热源"组合的热源模型来模拟激光的加热作用。基于前文所述的热-弹塑性理论，加载铝锂合金材料的热物理性能参数，并完成焊接路径、

初始条件、边界条件等模型前处理设定，最终获得火箭贮箱单桁条结构 DLBSW
有限元模型，边界条件的加载如图 8.7 所示。

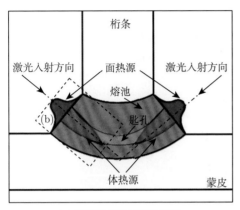

(a) 双激光热源加载示意图

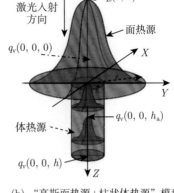

(b) "高斯面热源+柱状体热源" 模型

图 8.6　"高斯面热源 + 柱状体热源" 组合热源模型

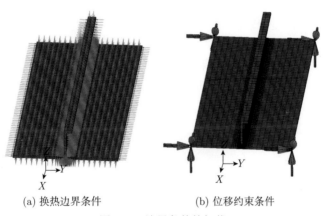

(a) 换热边界条件　　　　　　　　　(b) 位移约束条件

图 8.7　边界条件的加载

　　此外，该有限元模型中考虑了激光焊接加热和冷却两个过程。两激光束在两
侧同步同向焊接，各焊缝的加热工况时间为焊缝长度除以焊接速度，时间步采用
固定时间步长，步数根据工况时间而定。冷却过程具有冷却速度随焊接件温度降
低而减小的特点，因此时间步可采用温度自适应的方式，以保证计算效率。

　　采用表 8.2 中的焊接工艺参数对焊接热源模型进行校核，校核后的试验结果
与仿真熔池结果对比如图 8.8 所示。由图可知，左侧为模拟的熔池截面形貌，右
侧为实际焊接的 T 型接头焊缝宏观截面形貌。对比仿真结果与试验结果可知，两
者的形貌基本吻合，说明该热源模型可用于后续的模拟计算。

表 8.2　热源模型校核所用的 DLBSW 工艺参数

| 参数 | 激光功率/W | 焊接速度/(m/min) | 光束入射角度/(°) | 离焦量/mm |
|---|---|---|---|---|
| 数值 | 4900 | 3.3 | 30 | 0 |

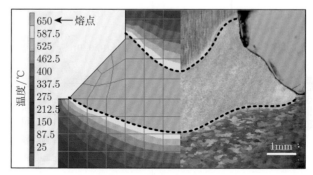

图 8.8　热源校核结果

### 8.2.2　火箭贮箱单桁条结构 DLBSW 温度场

　　本节进一步分析焊接过程的温度分布情况，提取某一时刻的温度场云图，如图 8.9(a) 所示。图中灰色区域为熔池，可以看到，熔池呈现前宽后窄的椭圆形，熔池前端的等温线分布较密集，后端的等温线分布较稀疏。提取图 8.9(a) 中熔池及熔池附近节点的热循环曲线，结果如图 8.9(b) 所示。可以发现，在移动热源的作用下，熔池表面各节点的热循环曲线变化趋势一致，温度上升的速度远高于下降的速度，且越靠近熔池中心，温度越高，温度上升的速度越快。

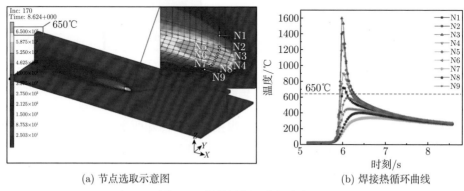

(a) 节点选取示意图　　　　　　(b) 焊接热循环曲线

图 8.9　焊接过程温度场分布

　　激光功率和焊接速度等参数对单桁条试片件的焊接质量有显著影响。图 8.10 为不同激光功率下的焊接熔池 (灰色) 仿真结果，可以发现，焊缝截面面积随着激光功率的增大而增大。图 8.11 为不同焊接速度下的焊接熔池 (灰色) 仿真结果，可以发现，随着焊接速度的增大，焊缝截面面积和焊缝熔深逐渐减小。图 8.11(c) 所示的熔池穿透深度明显较浅，接近桁条与蒙皮的水平接触面位置。

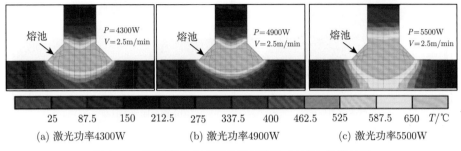

(a) 激光功率4300W          (b) 激光功率4900W          (c) 激光功率5500W

图 8.10    不同激光功率下的焊接熔池 (灰色) 仿真结果

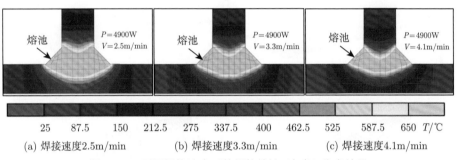

(a) 焊接速度2.5m/min       (b) 焊接速度3.3m/min       (c) 焊接速度4.1m/min

图 8.11    不同焊接速度下的焊接熔池 (灰色) 仿真结果

### 8.2.3    火箭贮箱单桁条结构 DLBSW 应力-应变场

在温度场模拟结果的基础上，采用热-力耦合分析法对火箭贮箱单桁条结构的焊接残余应力及变形的分布规律进行模拟计算，对不同参数下的焊接应力-应变场模拟结果进行分析，以探究不同工艺参数下的焊接残余应力及变形的分布规律。

根据第四强度理论对焊后残余应力分布规律进行分析，从而判定整体构件各部位的残余应力分布情况。图 8.12 为焊后残余应力分布云图，残余应力主要分布于焊缝及其附近区域，主要原因是激光焊接时高热输入使焊缝附近高温区的金属产生热膨胀受到周围冷态金属的制约，加之焊接熔池随后的凝固收缩也受到制约，进而使该处的塑性变形受到制约。焊缝及其附近区域的残余应力峰值为 286.7MPa。焊缝中心两侧的应力较低，并且随着离焊缝中心距离的增大，残余应力显著减小。

火箭贮箱单桁条焊接结构的焊后变形分布云图如图 8.13 所示。蒙皮部分在轴向产生了挠曲变形，且蒙皮沿焊缝方向两侧边缘的挠曲变形最大，为 0.3456mm。图 8.14 为 T 型接头中间位置的截面，模拟得到的角变形为 0.57°，变形结果较为理想。

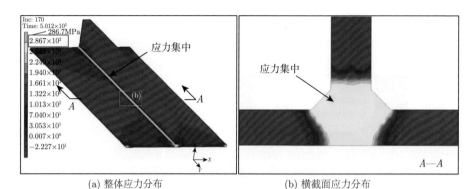

(a) 整体应力分布       (b) 横截面应力分布

图 8.12   等效 von Mises 应力分布云图

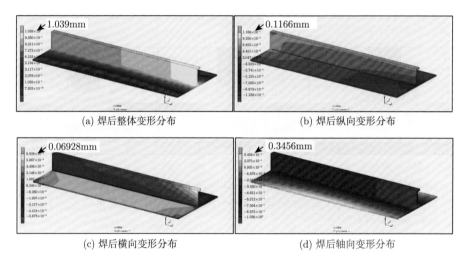

(a) 焊后整体变形分布       (b) 焊后纵向变形分布

(c) 焊后横向变形分布       (d) 焊后轴向变形分布

图 8.13   焊后变形分布情况

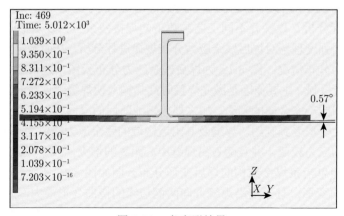

图 8.14   角变形结果

## 8.3  火箭贮箱单桁条结构 DLBSW 工艺研究

### 8.3.1  焊接设备

DLBSW 试验通过龙门式双侧同步系统实现，该系统采用 TruDisk12003 激光器，可实现 240~12000W 的激光功率输出，拥有 4 路传导光路，并可 2 路分功率同时输出，功率稳定性小于 1%。结构上采用龙门架倒挂机器人设计，可以实现 7m×1.5m 的运动范围，该平台可实现大型结构件的双侧激光同步焊接。运用两台 KUKA 机器人对两台光纤激光头进行固定，通过机器人的六轴联动系统实现激光头方位的调整。

### 8.3.2  焊接工艺流程

DLBSW 试验过程中，焊前处理及焊接过程装备对焊接质量的影响十分显著，焊接工艺流程较为复杂，主要涉及焊前清洗、桁条装配、焊接程序设定及焊接工位确定等，试验流程如图 8.15 所示，具体流程及注意事项如表 8.3 所示。

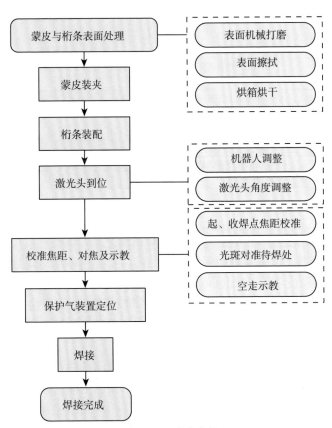

图 8.15  试验流程

表 8.3　DLBSW 工艺流程及注意事项

| 工序 | 工序内容 | 具体细节 | 注意事项 |
|---|---|---|---|
| 1 | 待焊材料焊前清洗 | (1) 机械打磨去除氧化膜；<br>(2) 丙酮擦拭表面油污杂质；<br>(3) 无水乙醇清洗表面；<br>(4) 将待焊材料放于烘干炉中进行烘干处理 | 存放时间大于 24h，须再次清洗并烘干 |
| 2 | 蒙皮装夹 | 将蒙皮材料装夹到焊接工装夹具上 | — |
| 3 | 调节蒙皮焊接位置 | (1) 通过调整蒙皮需要焊接的位置，移动焊接工装夹具；<br>(2) 焊接工装夹具固定在工作台上 | — |
| 4 | 激光头到位 | 通过调整双机器人，移动双侧激光头到达工作位置 | 双侧光束须保证尽可能对称 |
| 5 | 插入桁条 | 将桁条插入蒙皮凹槽中 | — |
| 6 | 桁条装配 | 下压桁条夹具上方桁条压条及拧紧压条上的螺栓，使桁条与蒙皮压紧 | 尽可能保证蒙皮与桁条之间实现零间隙 |
| 7 | 焊接 | 启动焊接程序 | 子程序顺序为：<br>(1) 启动保护气；<br>(2) 启动激光器；<br>(3) 关闭激光器；<br>(4) 关闭保护气 |
| 8 | 焊接完成 | 使激光头稍微离开焊接位置，以方便装卸试件 | 检查工作头情况 |
| 9 | 松开夹具 | 松开桁条上方的桁条压条及紧固螺栓 | — |
| 10 | 检测焊接质量 | (1) 焊后成形质量分析；<br>(2) 焊接接头缺陷无损检测 | — |
| 11 | 转换焊接工位 | 移动工作头至下一个工作位置 | — |
| 12 | 移动工作头 | 完成所有焊接试验，移动焊接工作头远离焊接位置 | — |
| 13 | 卸载样件 | | |

在进行 2219 铝合金 T 型结构 DLBSW 试验之前，需要对蒙皮和桁条的待焊区域进行表面处理，以去除表面氧化膜及油污。首先用砂纸对焊接件表面进行打磨，并在凸台及蒙皮-桁条装配区域采用小型打磨机进行精细打磨，以保证焊接过程的装配精度。在表面打磨之后，采用无水乙醇对打磨后的焊接件表面进行擦拭，以进一步清洁表面，并对已擦拭的焊接件表面进行干燥处理，保证焊前的焊接件表面干燥洁净。

随后，采用专用工装夹具对 2219 铝合金 T 型结构进行焊前固定，主要包括蒙皮与桁条之间的定位、装配及夹紧。其中，桁条的上端采用螺栓进行压紧，以保证桁条下侧与蒙皮的紧密贴合。

最后通过激光焊接系统对待焊区域进行定位，并进行 2219 铝合金 T 型结构

DLBSW 试验。

### 8.3.3 焊接过程熔池形貌

2219 铝合金 T 型结构 DLBSW 过程的熔池表面形貌演化对焊缝成形及其表面质量具有显著的影响，对其焊接过程的熔池表面形貌进行分析有利于焊缝成形质量的控制。图 8.16 为高速摄像系统拍摄焊接过程熔池示意图。图 8.17 展示了焊接过程某时刻的熔池一侧表面形貌。由图可知，2219 铝合金 T 型结构 DLBSW 过程的熔池表面轮廓沿焊接方向呈水滴状分布，由熔池前端的类圆形或者椭圆形逐渐转变为熔池后端的拖尾状。这主要是由于熔池前端区域存在匙孔，热量集中较为明显，使熔池前端呈饱满的圆形。熔池后端区域则由于远离激光热源，在两侧母材的热传导作用下逐渐凝固形成拖尾状。

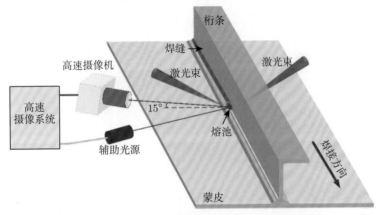

图 8.16    高速摄像系统拍摄焊接过程熔池示意图

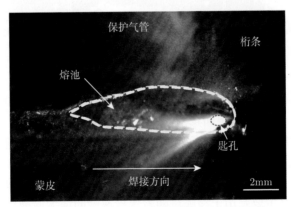

图 8.17    焊接过程某时刻的熔池一侧表面形貌

为更加直观地探究不同焊接工艺参数对 2219 铝合金 T 型结构 DLBSW 过程

的熔池表面形貌的影响，采用高速摄像系统对各工艺参数下的焊接过程不同时刻的熔池表面形貌进行观察和分析。首先，针对不同激光功率下 (焊接速度与光束入射角度分别为 2.1m/min 和 30°) 的熔池高速摄像照片进行研究。图 8.18(a)~(c) 分别为激光功率为 3800W、4100W 和 4400W 下不同时刻 (间隔 20ms) 的熔池表面形貌照片。由图可以发现，焊接过程中匙孔在熔池区域的相对位置较为稳定，均位于熔池前端区域。这表明熔池与匙孔的空间位置沿着焊接方向的运动较为稳定。由图 8.18(a) 可知，焊接过程中熔池表面形貌持续波动变化，并且熔池表面存在一定程度的凹陷。随着激光功率的增大，熔池表面的波动现象更为明显，这主要是由于液态金属吸收的能量增大，导致金属的熔化与蒸发过程更加剧烈，使熔池表面的受力条件变化更加显著。

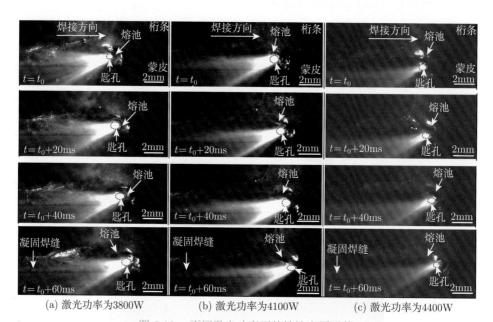

(a) 激光功率为3800W　　　　(b) 激光功率为4100W　　　　(c) 激光功率为4400W

图 8.18　不同激光功率下的熔池表面形貌

图 8.19(a)~(c) 分别为焊接速度为 2.1m/min、2.5m/min 和 2.9m/min 下各时刻 (间隔 20ms) 的熔池表面形貌照片，其中激光功率与光束入射角度分别为 4400W 和 30°。对比各焊接速度下的熔池表面拍摄结果可知，随着焊接速度的增大，熔池表面形状变化更加明显。对比图 8.19(a) 和 (c) 可以发现，当焊接速度从 2.1m/min 增加到 2.9m/min 时，熔池轮廓的圆滑度和连续性逐渐降低，且熔池宽度也显著变窄，这主要是由于线能量随着焊接速度的增大而减小，使熔池周围液态金属填充不充分。

图 8.20(a)~(c) 分别为光束入射角度 $\alpha$ 分别为 30°、35° 和 40° 下各时刻

(间隔 20ms) 的熔池表面形貌照片，其中激光功率与焊接速度分别为 4400W 和 2.5m/min。由图可知，随着光束入射角度的增大，熔池前端的圆形区域形状的稳定性逐渐下降，并伴随着明显的金属液滴飞溅以及熔池前端波动，不利于焊缝表面的良好成形。该结果表明，光束入射角度的变化对熔池表面形貌的稳定性具有显著影响，这可能是由于不同光束入射角度下凸台棱边周围平面的能量分布存在较大变化。此外，在三种光束入射角度下，$\alpha$ 为 30° 时的熔池表面形貌较为稳定。

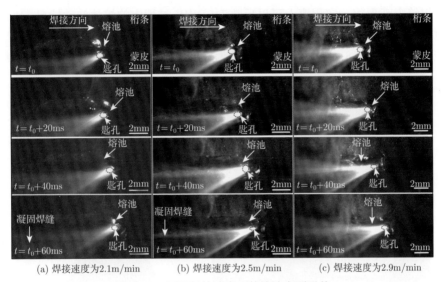

(a) 焊接速度为2.1m/min    (b) 焊接速度为2.5m/min    (c) 焊接速度为2.9m/min

图 8.19　不同焊接速度下的熔池表面形貌

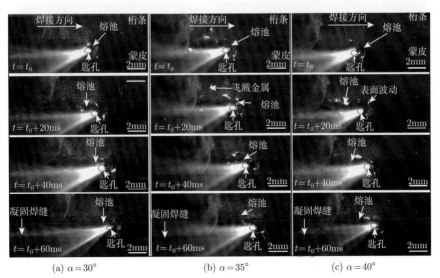

(a) $\alpha = 30°$    (b) $\alpha = 35°$    (c) $\alpha = 40°$

图 8.20　不同光束入射角度下的熔池表面形貌

　　由上述分析可知，激光功率、焊接速度和光束入射角度均会对焊接熔池表面形貌产生显著影响。不同的激光功率与焊接速度会改变焊接过程的线能量，从而导致熔池表面轮廓变化，以及产生不同程度的表面波动，而光束入射角度的变化对熔池表面稳定性的影响更为显著，当光束入射角度增大时，焊接过程易产生明显的金属液滴飞溅及熔池前端波动。

### 8.3.4　焊接接头宏观形貌

　　焊缝宏观形貌一定程度上可以反映 DLBSW 过程中的熔池波动情况，因此本节对不同参数下的焊缝宏观形貌进行分析。首先针对不同激光功率下的焊缝宏观形貌进行研究。图 8.21 为激光功率分别为 3800W、4100W 和 4400W 下的焊缝表

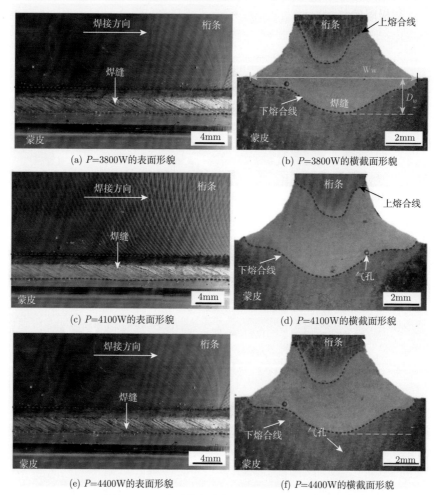

(a) $P$=3800W的表面形貌　　　　　(b) $P$=3800W的横截面形貌

(c) $P$=4100W的表面形貌　　　　　(d) $P$=4100W的横截面形貌

(e) $P$=4400W的表面形貌　　　　　(f) $P$=4400W的横截面形貌

图 8.21　不同激光功率下的焊缝宏观形貌

面宏观形貌 (单侧) 及横截面宏观形貌。由图 8.21(a)、(c) 和 (e) 可知，除焊缝周围存在少量飞溅金属外，各激光功率下的焊缝表面无咬边、表面气孔及未熔合等缺陷，焊缝填充饱满，成形较为良好。由图 8.21(b)、(d) 和 (f) 可知，各激光功率下的桁条与蒙皮接触区域金属均完全熔化，两侧焊缝贯通形成联合焊缝，其横截面轮廓关于桁条呈近似对称分布。

表 8.4 为不同激光功率下的焊缝熔宽 ($W_w$) 和熔深 ($D_w$) 的测量值。由表可知，随着激光功率的增大，焊缝的熔深和熔宽均逐渐增大，且熔深的增大幅度更加显著，在激光功率为 4400W 时，熔深最大达到 2.53mm。此外，各焊缝的横截面中均存在极少数的圆形气孔缺陷，主要分布在下熔合线附近。这些气孔产生的主要原因是熔池在冷却和凝固过程中，氢的溶解度随温度下降而显著降低，超出铝合金溶解极限的氢将会被排斥到液-固界面，不能从熔池表面逃逸的氢气泡就会在焊缝中形成气孔。

表 8.4　不同激光功率下的焊缝横截面尺寸参数

| 激光功率/W | 熔宽/mm | 熔深/mm |
| --- | --- | --- |
| 3800 | 9.74 | 2.02 |
| 4100 | 9.85 | 2.28 |
| 4400 | 9.89 | 2.53 |

接下来针对焊接速度分别为 2.1m/min、2.5m/min 和 2.9m/min 时的焊缝表面与横截面宏观形貌进行分析，结果如图 8.22 所示。由图 8.22(a)、(c) 和 (e) 可知，随着焊接速度的增大，焊缝表面的填充度及宽度逐渐下降，尤其当焊接速度为 2.9m/min 时，焊缝表面存在较为明显的非连续凹坑。这说明过高的焊接速度会严重影响焊缝表面的成形质量，并易导致表面焊接缺陷的产生。由图 8.22(b)、(d) 和 (f) 可知，焊接速度的增大使焊缝轮廓关于桁条的对称性逐渐下降，尤其是下熔合线轮廓更为明显。因此，适当提高焊接速度能够兼顾焊接效率与焊缝成形，但是焊接速度过高会降低焊缝成形质量。对比表 8.5 中焊缝横截面尺寸参数可知，焊缝的熔宽和熔深随焊接速度的增大而减小，尤其是焊接速度从 2.1m/min 增加至 2.5m/min 时，焊缝熔宽及熔深下降更为明显。

最后，针对光束入射角度分别为 30°、35° 和 40° 时的焊缝表面与横截面宏观形貌进行分析，结果如图 8.23 所示。由图 8.23(a)、(c) 和 (e) 可以发现，光束入射角度的增大对焊缝表面成形的影响十分显著。当光束入射角度为 40° 时，焊缝表面质量相较于光束入射角度为 30° 时严重下降，并且存在明显的表面凹坑及金属飞溅。对比图 8.23(b)、(d) 和 (f) 的焊缝横截面形貌及表 8.6 中的焊缝尺寸参数可知，随着光束入射角度的增大，焊缝上熔合线轮廓的下凹程度逐渐增大，光束入射角度的增大导致两侧光束夹角减小，并且随着光束入射角度的增大，焊缝熔深和熔宽均增大。这可能是由于光束入射角度变化时，凸台棱边两侧的光斑能量分布变化不均匀，导致熔深与熔宽在光束入射角度增大的条件下，呈非线性增大趋势。此外，当光束入射角度增大时，可以在焊缝横截面发现较大尺寸的气孔。

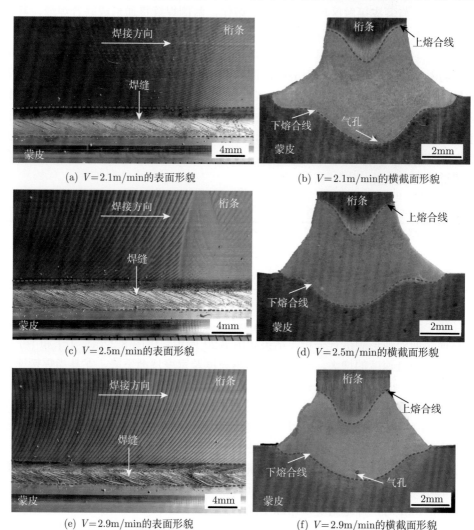

(a) $V=2.1\text{m/min}$的表面形貌　　　　　(b) $V=2.1\text{m/min}$的横截面形貌

(c) $V=2.5\text{m/min}$的表面形貌　　　　　(d) $V=2.5\text{m/min}$的横截面形貌

(e) $V=2.9\text{m/min}$的表面形貌　　　　　(f) $V=2.9\text{m/min}$的横截面形貌

图 8.22　不同焊接速度下的焊缝宏观形貌

表 8.5　不同焊接速度下的焊缝横截面尺寸参数

| 焊接速度/(m/min) | 熔宽/mm | 熔深/mm |
| --- | --- | --- |
| 2.1 | 9.89 | 2.53 |
| 2.5 | 8.87 | 1.88 |
| 2.9 | 8.54 | 1.83 |

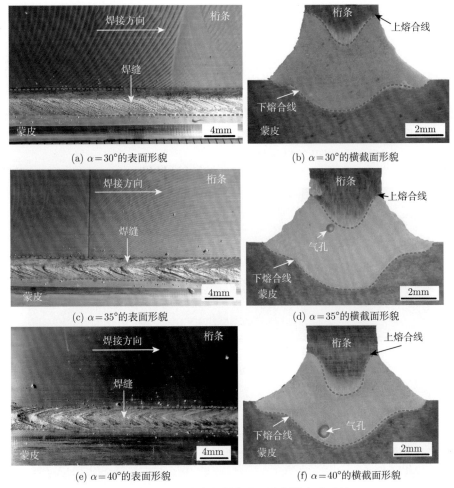

(a) $\alpha=30°$的表面形貌

(b) $\alpha=30°$的横截面形貌

(c) $\alpha=35°$的表面形貌

(d) $\alpha=35°$的横截面形貌

(e) $\alpha=40°$的表面形貌

(f) $\alpha=40°$的横截面形貌

图 8.23　不同光束入射角度下的焊缝宏观形貌

表 8.6　不同光束入射角度下的焊缝横截面尺寸参数

| 光束入射角度/(°) | 熔宽/mm | 熔深/mm |
| --- | --- | --- |
| 30 | 8.87 | 1.88 |
| 35 | 9.76 | 2.54 |
| 40 | 9.83 | 2.63 |

　　由上述分析可知，焊缝表面成形质量受焊接速度、光束入射角度等工艺参数的影响较为明显，当焊接速度或光束入射角度过大时，易造成表面凹坑及金属飞溅，严重降低焊缝表面成形质量。同时，焊缝横截面宏观形貌也随这些工艺参数的变化较为明显，尤其是焊缝熔深变化更为显著。此外，在焊缝横截面中存在少量气孔，气孔是铝合金激光焊接过程中常见的缺陷，采用常规的激光焊接方式难

以避免气孔的产生，后续研究中可采用特殊环境下的焊接以减少气孔缺陷。

### 8.3.5　焊接接头微观组织及其分布特征

为详细探究 2219 铝合金 T 型结构 DLBSW 试样的焊缝微观组织分布情况，本节以激光功率 4400W、焊接速度 2.1m/min、光束入射角度 30° 为例进行焊缝不同区域的微观组织分析。图 8.24 为焊缝上熔合线和中部区域的晶粒形态及分布情况。由图 8.24(b) 可知，在上熔合线中部区域，从母材到焊缝依次是热影响区、等轴细晶区 (EQZ)[16] 以及等轴树枝晶区。

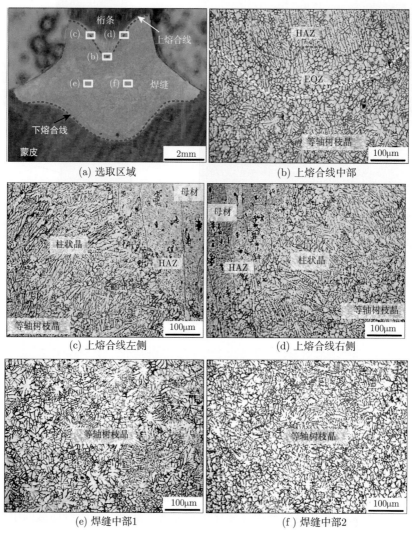

图 8.24　焊缝上熔合线和中部区域晶粒形态及分布情况

其中,熔合线附近的 EQZ 也是铝锂合金激光焊接焊缝特有的组织。形成 EQZ 的原因主要包括两方面:①熔池边缘区域的温度梯度与结晶速率的比值最大,导致该区域的过冷度最大;②位于熔池边缘的流体流速和温度均明显降低,使来自母材的 Zr 元素在该区域能形成 $Al_3Zr$ 等第二相颗粒。在大过冷度与第二相颗粒的共同作用下,熔池边缘可提供异质形核条件,最终促使等轴细晶区的形成[17,18]。由图 8.24(c) 和 (d) 可以发现,在上熔合线两端附近的 EQZ 相较于上熔合线中部区域不明显,而柱状晶区相较于上熔合线中部区域十分明显,且柱状晶生长方向与熔合线呈近似垂直分布,其末端与等轴树枝晶区相连。结合图 8.24(e) 和 (f) 可知,除熔合线区域及其邻近区域外,焊缝中上部的晶粒类型主要为等轴树枝晶,该类型的晶粒在焊缝内部的晶粒组织中占比最大。

图 8.25 为焊缝中下部及下熔合线区域的晶粒形态和分布情况。由图 8.25(c) 和 (d) 可知,焊缝下熔合线附近同样存在较为明显的 EQZ,结合图 8.24(b) 可知,从母材到焊缝中心依次是热影响区、等轴细晶区、柱状晶区及等轴树枝晶区。相较于上熔合线两端区域,下熔合线两端区域的 EQZ 更为明显。

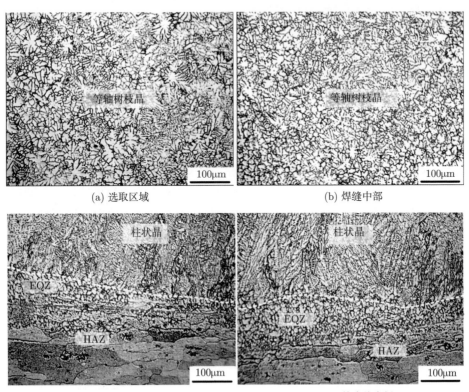

(a) 选取区域

(b) 焊缝中部

(c) 下熔合线左侧

(d) 下熔合线右侧

图 8.25 焊缝中下部及下熔合线区域的晶粒形态和分布情况

### 8.3.6　焊接接头元素分布特征

为探究 2219 铝合金 DLBSW 接头的元素分布特征，本节选取 3 号试样进行焊接接头不同区域的元素分析。图 8.26 为焊缝中部区域不同测试点的元素含量扫描结果。图 8.26(a) 中的测试点 1 和测试点 3 位于晶粒内部区域，测试点 2 和测试点 4 位于晶界区域。分析图 8.26(b) 中的各点元素含量测试结果可知，晶粒内部与晶界区域的 Al 和 Cu 元素含量相对于 Zr、Ti、Mn 等存在显著差异。在晶粒内部，Al 和 Cu 元素的质量分数范围分别在 87.81%～89.21% 和 6.02%～6.36%，其含量与母材中的含量差异较小。而在晶界处，Al 和 Cu 元素的质量分数范围分别在 53.81%～59.14% 和 35.99%～41.74%，这表明焊接后凝固过程中会在晶界处产生明显的富 Cu 相。

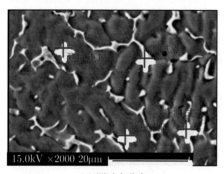
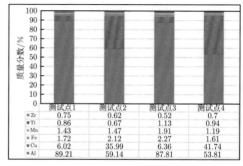

(a) 测试点分布　　　　　　　　　　　　(b) 各点元素含量

图 8.26　焊缝中部区域不同测试点的元素含量扫描结果

基于上述分析，为详细地探究焊接接头不同区域的 Al 和 Cu 元素分布，进行焊接接头不同区域的元素含量线扫描分析。图 8.27～ 图 8.29 分别为上熔合线区域、焊缝中部区域及下熔合线区域的 Al 和 Cu 元素含量线扫描结果。由图可以发现，所有扫描路径上的 Al 和 Cu 元素含量均存在波动的情况，这两种元素在

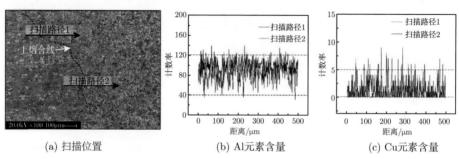

(a) 扫描位置　　　　　　　(b) Al元素含量　　　　　　　(c) Cu元素含量

图 8.27　上熔合线区域 Al 和 Cu 元素含量线扫描结果

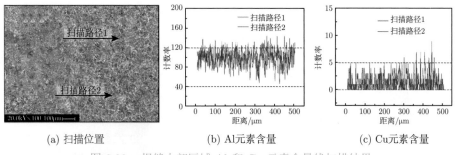

(a) 扫描位置　　(b) Al 元素含量　　(c) Cu 元素含量

图 8.28　焊缝中部区域 Al 和 Cu 元素含量线扫描结果

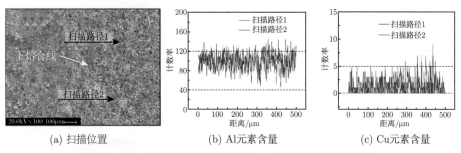

(a) 扫描位置　　(b) Al 元素含量　　(c) Cu 元素含量

图 8.29　下熔合线区域 Al 和 Cu 元素含量线扫描结果

焊缝区域的含量波动幅度相较于熔合线区域存在一定程度的衰减。此外，对比上下熔合线区域的扫描结果可知，Al 和 Cu 元素在上熔合线区域的含量波动程度相对于下熔合线区域更为剧烈。由此可推断，在 2219 铝合金 T 型结构 DLBSW 过程中，Al 和 Cu 元素在熔合线区域的元素分布均匀性低于焊缝内部，其中上熔合线区域的元素分布均匀性相较于下熔合线区域更低。

## 8.4　火箭贮箱单桁条结构 DLBSW 接头力学性能分析

为了全面评价焊接接头的力学性能，需要测试单桁条 2219 铝合金蒙皮-桁条 T 型结构 DLBSW 接头在常温状态下的 $X$、$Y$、$Z$ 三个方向上的拉伸性能。三个方向的拉伸测试示意图如图 8.30 所示，$X$ 方向为环向拉伸，$Y$ 方向为轴向拉伸，$Z$ 方向为径向拉伸。此外，针对 T 型接头开展剪切性能测试，剪切测试示意图如图 8.31 所示。

### 8.4.1　常温 $X$ 向拉伸性能

常温 $X$ 向拉伸性能试样及示意图如图 8.32 所示。图 8.33 为不同试样的 $X$ 向拉伸测试结果。拉伸断裂位置如图 8.33(a) 所示，初始断裂位置均位于焊趾区域，在拉伸过程中，裂纹沿着下熔合线发生扩展，最后在母材区域发生断裂。T 型接头在断裂前经历了明显的屈服过程。

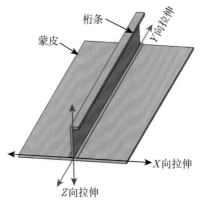

图 8.30　三个方向的拉伸测试示意图

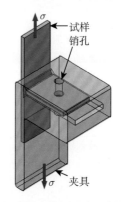

图 8.31　剪切测试示意图

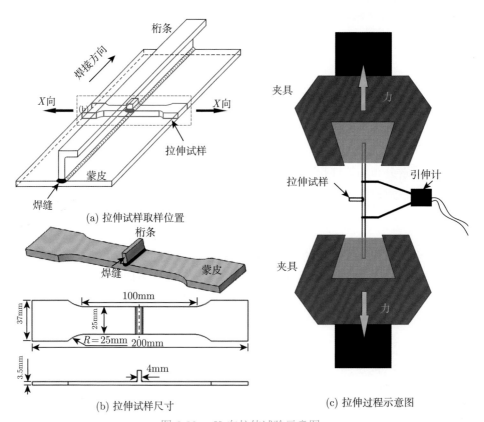

(a) 拉伸试样取样位置

(b) 拉伸试样尺寸

(c) 拉伸过程示意图

图 8.32　$X$ 向拉伸试验示意图

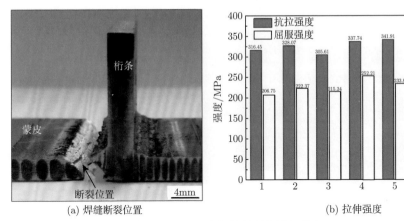

(a) 焊缝断裂位置             (b) 拉伸强度

图 8.33　$X$ 向拉伸断裂位置与强度

　　T 型接头断裂部位的微观组织不均匀性如图 8.34 所示。在图 8.34(b) 中可观察到断裂发生在焊趾区域。图 8.34(c)~(f) 为局部断裂位置及其放大图，由图可以看出，断裂线附近的晶粒类型包括柱状晶体和等轴细晶区。结果表明，晶粒具有极不均匀性，在拉力作用下，裂纹主要发生在柱状晶体与等轴树枝晶之间的过渡或边界区域，或 EQZ 与熔合线之间的区域。

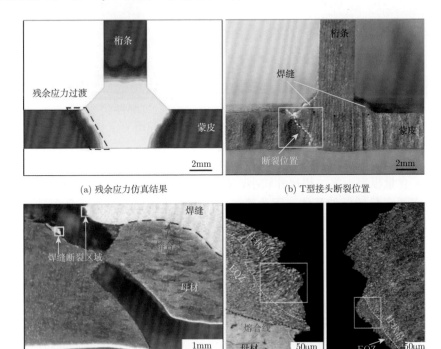

(a) 残余应力仿真结果          (b) T型接头断裂位置

(c) 断裂区域局部放大          (d) 断裂区域组织

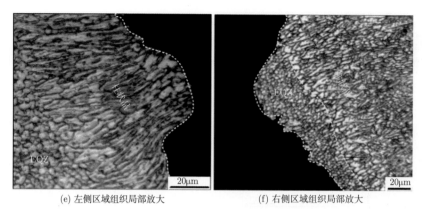

(e) 左侧区域组织局部放大　　　　　　　(f) 右侧区域组织局部放大

图 8.34　$X$ 向拉伸断裂位置微观组织

$X$ 向拉伸断口一般由焊缝与母材组成，韧窝多为不规则形状，为非等轴韧窝状，如图 8.35 所示。与母材相比，焊缝处经历复杂的激光焊接热过程，导致韧性下降。

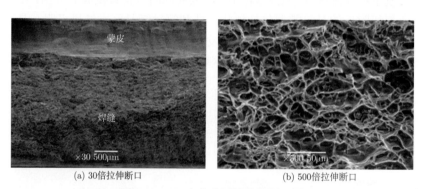

(a) 30倍拉伸断口　　　　　　　　　(b) 500倍拉伸断口

图 8.35　$X$ 向拉伸试样拉伸断口图

在 3000 倍下对断口韧窝底部的第二相进行能谱分析，如图 8.36 所示。第二相中 Cu 含量极高。第二相尺寸较小，在实际测试过程中探针所检测区域可能还覆盖了溶质含量较低的基体，因此第二相中实际 Cu 含量应高于所测得的含量。Cu 含量明显升高，并在测试点 1 达到 76.19%，初步判断，该点的第二相主要有 $\alpha(Al)+\theta$ 相 $(Al_2Cu)$ 等。

### 8.4.2　常温 $Y$ 向拉伸性能

$Y$ 向拉伸试样示意图如图 8.37 所示。在 $Y$ 向拉伸过程中，随着载荷的增大，拉伸位移逐渐增大，焊接件在焊缝处首先发生开裂，导致横截面的承载面积迅速减小，使用较小的载荷就能使内部裂纹源逐渐扩展，进而使桁条与蒙皮随即发生断裂。

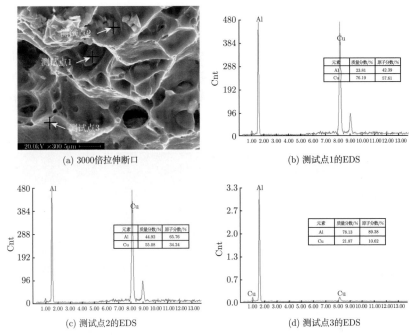

(a) 3000倍拉伸断口

(b) 测试点1的EDS

(c) 测试点2的EDS

(d) 测试点3的EDS

图 8.36　$X$ 向拉伸试样断口化学元素分析图

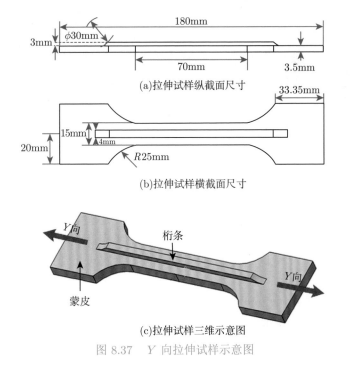

(a)拉伸试样纵截面尺寸

(b)拉伸试样横截面尺寸

(c)拉伸试样三维示意图

图 8.37　$Y$ 向拉伸试样示意图

对 $Y$ 向拉伸试样的断口进行微观形貌观察与元素含量测试。在 100 倍的 SEM 下可以观察到蒙皮与焊缝之间的拉伸断口形貌存在明显的差异，如图 8.38(a) 所示。此外，焊缝内部存在杂质相与尺寸较小的气孔缺陷。焊缝内的韧窝小而浅，进一步证明，蒙皮的韧性明显高于焊缝，焊缝组织由于经历了复杂的激光焊接热过程，韧性急剧下降。因此，在 $Y$ 向拉伸试验过程中，焊缝内部的缺陷密集处首先产生内部裂纹源，并逐渐向母材扩展。

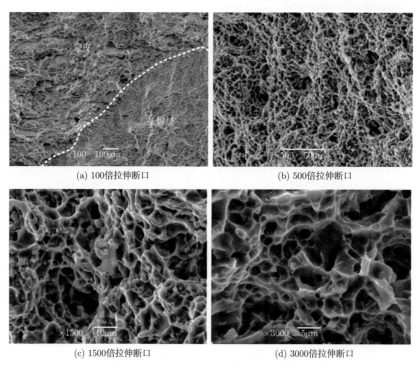

(a) 100倍拉伸断口　　　　　　　　　　(b) 500倍拉伸断口

(c) 1500倍拉伸断口　　　　　　　　　　(d) 3000倍拉伸断口

图 8.38　　$Y$ 向拉伸试样拉伸断口形貌

此外，对断口观察到的杂质相进行 EDS 检测，测试位置如图 8.39(a) 所示。在测试点 1 处发现了杂质元素 (硫、氯、钾等)，如图 8.39(b) 所示，杂质元素主要是在 2219 铝合金板材轧制过程中侵入的。对气孔内壁进行检测，如图 8.39(c) 和 (d) 所示，Cu 的质量分数高达 45.64%，而 Al 含量明显下降。初步分析，这是由于 Al-Cu 合金在凝固过程中，析出 $Al_2Cu$ 金属间化合物相，并且聚集在气孔壁上。

对 $Y$ 向拉伸断口韧窝内部的第二相颗粒进行能谱分析，如图 8.40 所示。与母材相比，Al 元素含量下降，Cu 元素含量升高，但显著小于气孔壁所测得的 Cu 含量。Mn、Fe 元素与母材相比相差不大。

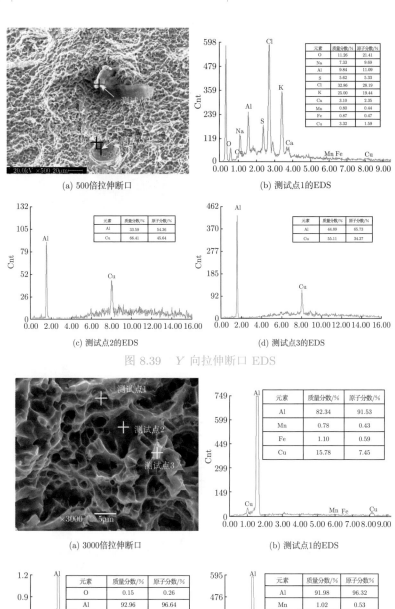

(a) 500倍拉伸断口

(b) 测试点1的EDS

| 元素 | 质量分数/% | 原子分数/% |
|---|---|---|
| O | 11.26 | 21.41 |
| Na | 7.33 | 9.69 |
| Al | 9.84 | 11.09 |
| S | 5.62 | 5.33 |
| Cl | 32.86 | 28.19 |
| K | 25.00 | 19.44 |
| Ca | 3.10 | 2.35 |
| Mn | 0.80 | 0.44 |
| Fe | 0.87 | 0.47 |
| Cu | 3.32 | 1.59 |

(c) 测试点2的EDS

| 元素 | 质量分数/% | 原子分数/% |
|---|---|---|
| Al | 33.59 | 54.36 |
| Cu | 66.41 | 45.64 |

(d) 测试点3的EDS

| 元素 | 质量分数/% | 原子分数/% |
|---|---|---|
| Al | 44.89 | 65.73 |
| Cu | 55.11 | 34.27 |

图 8.39  $Y$ 向拉伸断口 EDS

(a) 3000倍拉伸断口

(b) 测试点1的EDS

| 元素 | 质量分数/% | 原子分数/% |
|---|---|---|
| Al | 82.34 | 91.53 |
| Mn | 0.78 | 0.43 |
| Fe | 1.10 | 0.59 |
| Cu | 15.78 | 7.45 |

(c) 测试点2的EDS

| 元素 | 质量分数/% | 原子分数/% |
|---|---|---|
| O | 0.15 | 0.26 |
| Al | 92.96 | 96.64 |
| Mn | 0.49 | 0.25 |
| Fe | 0.41 | 0.21 |
| Cu | 5.99 | 2.65 |

(d) 测试点3的EDS

| 元素 | 质量分数/% | 原子分数/% |
|---|---|---|
| Al | 91.98 | 96.32 |
| Mn | 1.02 | 0.53 |
| Fe | 0.68 | 0.34 |
| Cu | 6.32 | 2.81 |

图 8.40  拉伸断口第二相颗粒 EDS

### 8.4.3　常温 $Z$ 向拉伸性能

$Z$ 向拉伸试样尺寸及拉伸过程示意图分别如图 8.41 与图 8.42 所示。$Z$ 向

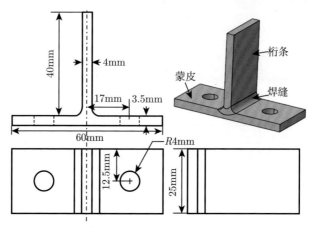

图 8.41　$Z$ 向拉伸试样尺寸

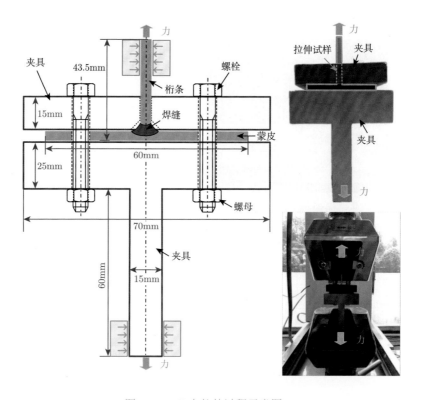

图 8.42　$Z$ 向拉伸过程示意图

拉伸试样的蒙皮上开了两个销孔，用于固定。拉伸过程中，通过螺栓将 $Z$ 向试样与夹具进行固定。

$Z$ 向拉伸断裂位置如图 8.43 所示。可将拉伸断裂位置分为三类：①断裂位置位于焊缝；②断裂位置位于上熔合线附近；③裂纹的一部分通过焊缝，另一部分靠近上熔合线。结合微观结构，第一类剥离裂纹的位置发生在树枝晶区，第二类

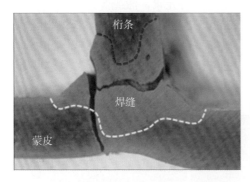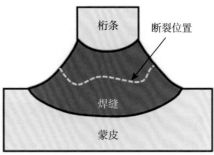

(a) 第一类拉伸断裂位置

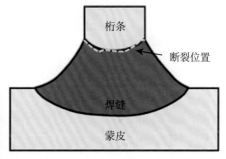

(b) 第二类拉伸断裂位置

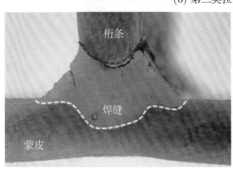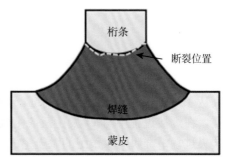

(c) 第三类拉伸断裂位置

图 8.43　$Z$ 向拉伸断裂位置示意图

剥离裂纹的位置发生在等轴晶区和柱状晶区。此外，大部分 $Z$ 向拉伸试样的断裂位置均发生在上熔合线附近。由此可以推断，上熔合线处是整个焊缝宽度最窄的部位，也是 T 型结构 $Z$ 向拉伸过程中最脆弱的地方。

　　进一步观察 T 型接头的 $Z$ 向拉伸断口形貌，在图 8.44 中发现韧性断裂和脆性断裂，即其断裂是混合断裂。如图 8.44(b) 和 (c) 所示，可以观察到带状组织。带状组织主要是由于轻金属中存在 Fe 和 Si 的有害元素，激光焊接后，在焊缝中产生了脆性相 (AlFeSi)，沿变形方向而形成的。在塑性变形过程中，基体和脆性相之间的变形非常不利于协调，因此裂纹源很容易在脆性相的边界形成。此外，如图 8.44(d) 和 (e) 所示，在焊缝中形成了灰色和白色的块状杂质相，且这些杂质相在焊缝中的分布不规则。

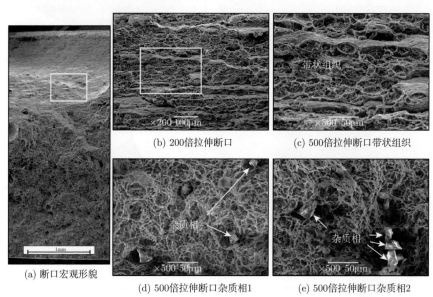

(a) 断口宏观形貌　　(b) 200倍拉伸断口　　(c) 500倍拉伸断口带状组织

(d) 500倍拉伸断口杂质相1　　(e) 500倍拉伸断口杂质相2

图 8.44　$Z$ 向拉伸断口

　　无块状沉淀相区域的元素分布特征如图 8.45(b) 所示，主要是 Al、Cu、Fe、Mn 元素。对块状组织进行能谱分析，如图 8.45(c)~(e) 所示，发现 O 的质量分数高达 19.70%，并检测到少量的 Ti 元素，含量高于母材。初步分析，Ti 为活泼金属，在焊接过程中与 O 发生反应生成氧化物夹杂 ($TiO_2$)。氧气主要来源于焊前装夹过程中金属间隙残留的微量空气。

### 8.4.4　常温剪切性能

　　T 型结构的剪切试样与剪切断口如图 8.46 和图 8.47 所示。剪切试样发生明显的塑性变形，且桁条沿着力的方向发生了较为严重的弯曲变形。断裂位置发生

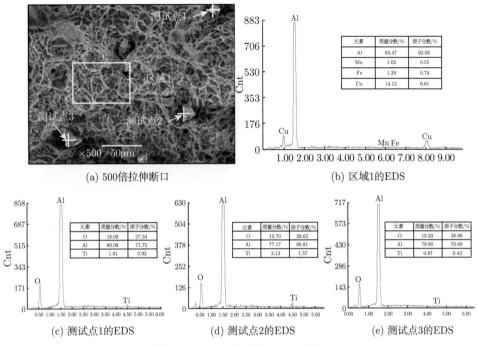

(a) 500倍拉伸断口

(b) 区域1的EDS

| 元素 | 质量分数/% | 原子分数/% |
|------|-----------|-----------|
| Al | 83.47 | 92.09 |
| Mn | 1.02 | 0.55 |
| Fe | 1.39 | 0.74 |
| Cu | 14.12 | 6.61 |

(c) 测试点1的EDS

| 元素 | 质量分数/% | 原子分数/% |
|------|-----------|-----------|
| O | 18.09 | 27.34 |
| Al | 80.09 | 71.75 |
| Ti | 1.81 | 0.92 |

(d) 测试点2的EDS

| 元素 | 质量分数/% | 原子分数/% |
|------|-----------|-----------|
| O | 19.70 | 29.62 |
| Al | 77.17 | 68.81 |
| Ti | 3.13 | 1.57 |

(e) 测试点3的EDS

| 元素 | 质量分数/% | 原子分数/% |
|------|-----------|-----------|
| O | 19.33 | 28.88 |
| Al | 79.80 | 70.69 |
| Ti | 0.87 | 0.43 |

图 8.45    Z 向拉伸断口元素分析

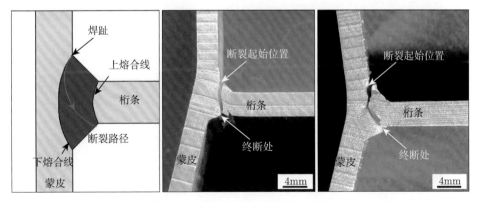

图 8.46    剪切试样断裂位置示意图

在下熔合线附近的焊趾处，最终断裂在近桁条区域的焊趾处。剪切断口分为明显的三个区域：焊缝、裂纹扩展区、母材。断裂发生于焊缝一侧，裂纹从焊缝扩展到母材，从而形成裂纹扩展区，直至断裂。

图 8.48 为裂纹扩展区 500 倍和 1500 倍的断口形貌，图 8.49 为母材区 500 倍和 1500 倍的断口形貌。可以发现，裂纹扩展区与母材区内都有大量的韧窝存

在，韧窝分布十分密集且尺寸较大，说明此时的 T 型接头断裂属于韧性断裂。另外，在母材区中发现了带状组织，韧窝沿着带状组织分布且具有一致的方向，表明此 T 型接头受到了一定的剪应力。

(a) 剪切断口位置 　　　　　　　　(b) 剪切宏观断口照片

(c) 母材部分断口照片 　　　　　　(d) 焊缝部分断口照片

图 8.47　剪切断口照片

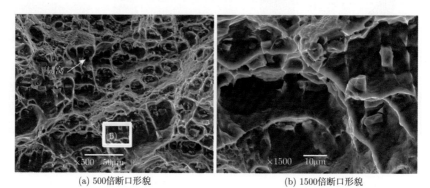

(a) 500倍断口形貌 　　　　　　　　(b) 1500倍断口形貌

图 8.48　裂纹扩展区断口形貌

在观察断口形貌时，发现断口内有一些颗粒状的第二相，因此采用能谱仪对断口内的第二相进行成分检测，检测结果如图 8.50 所示。经过成分检测后发现，韧窝底部测试点 1 成分中只含有 Al 和 Cu。Al 的质量分数为 53.58%，Cu 的质量分数为 46.42％。第二相尺寸较小, 在实际检测过程中探针所检测区域可能还覆盖了溶质含量较低的基体, 因此第二相中实际 Cu 含量应高于所测得的含量。根据 Al-Cu 二元相图, 初步判断, 韧窝底部测试点 1 第二相为 η2 相 (AlCu) 和 θ 相 ($Al_2Cu$)。测试点 2 韧窝壁所含元素有 Al、Cu、Fe、Mn、Ni, 其质量分数分别为 20.43％、63.46％、10.69％、3.15％、2.26％。与母材相比, 该第二相的成分

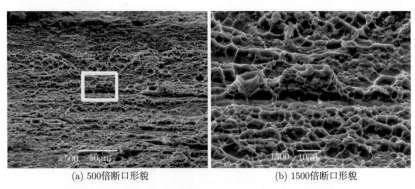

(a) 500倍断口形貌  (b) 1500倍断口形貌

图 8.49　母材区断口形貌

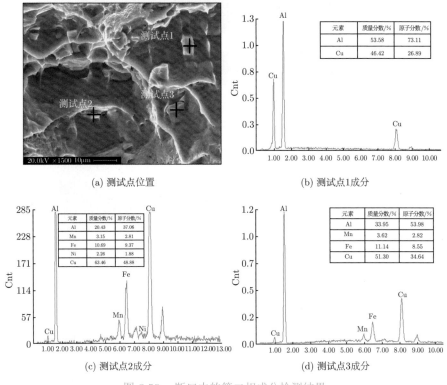

(a) 测试点位置

(b) 测试点1成分

| 元素 | 质量分数/% | 原子分数/% |
|---|---|---|
| Al | 53.58 | 73.11 |
| Cu | 46.42 | 26.89 |

(c) 测试点2成分

| 元素 | 质量分数/% | 原子分数/% |
|---|---|---|
| Al | 20.43 | 37.06 |
| Mn | 3.15 | 2.81 |
| Fe | 10.69 | 9.37 |
| Ni | 2.26 | 1.88 |
| Cu | 63.46 | 48.88 |

(d) 测试点3成分

| 元素 | 质量分数/% | 原子分数/% |
|---|---|---|
| Al | 33.95 | 53.98 |
| Mn | 3.62 | 2.82 |
| Fe | 11.14 | 8.55 |
| Cu | 51.30 | 34.64 |

图 8.50　断口内的第二相成分检测结果

中，Al 元素含量降低，Cu 元素的含量较高，Mn、Ni 元素含量较低，说明该第二相为富 Cu 相。另外，测试点 3 处除了没有 Ni 元素，其他元素的含量与测试点 2 相似。

### 8.4.5　低温 $Y$ 向拉伸性能

$Y$ 向低温拉伸设备与试样如图 8.51 所示，拉伸试样两端开设销孔，用于固定。拉伸过程在低温保温箱内进行，温度保持在 182℃。

图 8.51　低温拉伸设备与试样

$Y$ 向低温拉伸断口形貌如图 8.52 所示，即近下熔合线区域的断口形貌。在 T 型接头的下熔合线区域观测到由 $Y$ 向拉伸导致的横向撕裂裂纹，在 $Y$ 向拉伸过

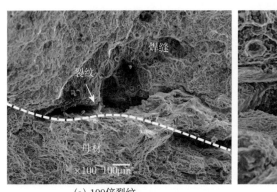
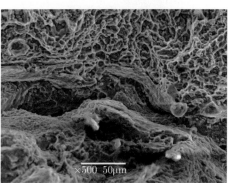

(a) 100倍裂纹　　　　　　　　　　(b) 500倍裂纹

图 8.52　近下熔合线区域断口形貌

程中，在焊缝区域最先开始出现裂纹，随后逐渐向母材区域扩展。此外，在熔合线附近的断口形貌呈现明显的准解理断裂形貌特征，并观察到孔洞。

针对裂纹附近的杂质相进行 EDS 检测，如图 8.53 所示。初步推断裂纹周围的杂质相为氧化物 (MnO、$TiO_2$、$Al_2O_3$) 与硫化物 (MnS、FeS 等) 的混合夹杂物，从断裂力学的角度考虑，可以将夹杂物作为一个裂纹源。氧化物主要是在熔池进行冶金反应时产生的。在硫化物中，MnS 对焊缝的影响较小，FeS 对焊缝的影响较大，这些氧化物与硫化物共晶存在于晶界会导致焊缝引起热脆，严重降低焊缝的力学性能，这也是裂纹萌生的主要原因，进而导致在拉伸过程中出现裂纹。

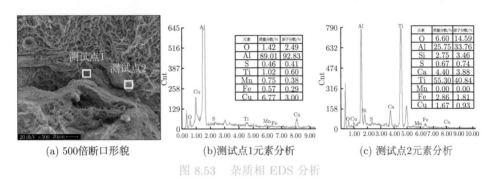

(a) 500倍断口形貌  (b)测试点1元素分析  (c) 测试点2元素分析

图 8.53    杂质相 EDS 分析

### 8.4.6    低温 $Z$ 向拉伸性能

$Z$ 向低温拉伸断口形貌如图 8.54 所示。断口韧窝内壁较干净，可以初步推测，在快速熔化与凝固的焊接过程中，近熔合线处形成的强化相数量较少，造成焊缝 $Z$ 向强度损失，但主要原因仍然是接头塑性的下降。

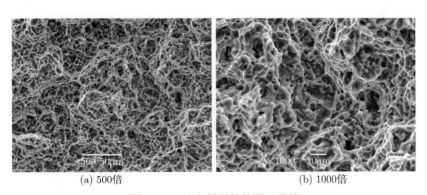

(a) 500倍  (b) 1000倍

图 8.54    $Z$ 向低温拉伸断口形貌

针对 $Z$ 向拉伸试样开展 EDS 分析，如图 8.55 所示。对焊缝断口内的多个测试点进行分析，焊缝内的强化相主要为 Fe、Mn 的杂质相，Mn 元素的含量在 0.39%～1.35%，Fe 元素的含量在 0.53%～1.73%，焊缝中存在复杂的 Al-Cu-Fe-Mn 相。

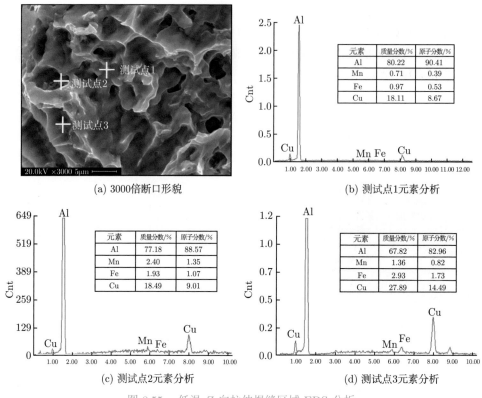

(a) 3000倍断口形貌　　　　　　　(b) 测试点1元素分析

(c) 测试点2元素分析　　　　　　　(d) 测试点3元素分析

图 8.55　低温 $Z$ 向拉伸焊缝区域 EDS 分析

## 8.5　基于火箭贮箱壁板结构的 DLBSW 技术研究

### 8.5.1　火箭贮箱壁板结构的 DLBSW 仿真分析

在火箭贮箱多桁条结构的 DLBSW 技术研究前期，通过开展仿真分析，为后续样件研制奠定理论基础。与单桁条试片件相同，五桁条结构的 DLBSW 仿真研究也需要建立一个计算精度与计算效率兼具的有限元模型，以保证后续仿真过程的顺利进行。建模的步骤主要包括几何模型的建立、有限元网格的划分、材料参数的获取，以及初始条件、边界条件和载荷工况的设置等。采用过渡网格的方式对近焊缝区的网格进行细化，对远离焊缝区的网格进行粗化，最终获得的框桁式火箭贮箱壁板结构有限元网格模型如图 8.56 所示，约有 12 万个网格单元。其余模型前处理设置参考火箭贮箱单桁条结构 DLBSW 过程有限元模型。

火箭贮箱壁板结构具有五根桁条，这意味着该结构的焊接存在若干种焊接顺序方案。本节设计了三种焊接顺序方案，如图 8.57 所示。焊接顺序一"42135"，先焊中间焊缝 C，再依次焊接其相邻的焊缝 B 和 D，最后焊接边缘的焊缝 A 和

E，即中心对称焊接；焊接顺序二 "13542"，先依次焊接外侧的焊缝 A 和 E，再焊接其相邻的焊缝 B 和 D，最后焊接中间的焊缝 C，即外侧对称焊接；焊接顺序三 "14352"，先焊两侧焊缝 A 和 E，再焊接中间焊缝 C，最后依次焊接其相邻的焊缝 B 和 D，即交叉对称焊接。

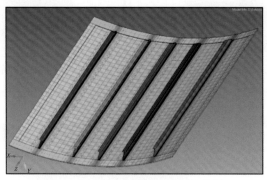

图 8.56　壁板结构有限元网格模型

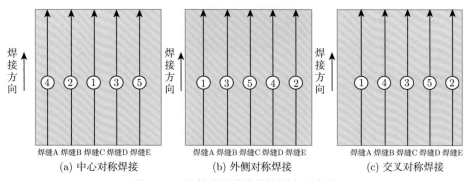

图 8.57　贮箱壁板结构焊接顺序示意图

　　图 8.58 为三种不同焊接顺序下的火箭贮箱壁板结构激光焊接变形仿真结果。由图可知，三种焊接顺序下的最大变形分别为 15.63mm、13.45mm 和 9.937mm。在交叉对称焊接顺序下，其最大变形量明显小于另外两种焊接顺序。观察模拟结果可知，由于该结构为大型曲面壁板结构，加之激光焊接的热量集中，火箭贮箱壁板结构产生明显的挠曲变形和角变形。最大变形位置主要位于蒙皮纵向两侧中心位置，这是挠曲变形与角变形叠加的结果。五根桁条所在位置受蒙皮的拘束度从中间到两侧逐渐减小，因此五根桁条的挠曲变形由中间到两边逐渐增大。

　　基于优化的焊接顺序，进一步分析焊接方向对火箭贮箱壁板结构激光焊接变形的影响。本节设计了两种焊接方向方案，如图 8.59 所示。方案一改变了焊缝 B 与 D 的焊接方向，方案二改变了焊缝 B、C、D 的焊接方向。

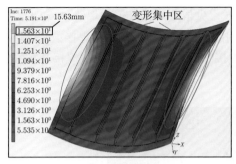

(a) 中心对称焊接

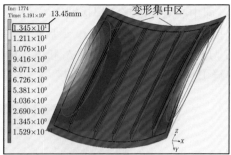

(b) 外侧对称焊接

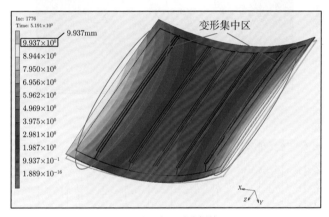

(c) 交叉对称焊接

图 8.58　不同焊接顺序下的贮箱壁板结构焊后变形分布

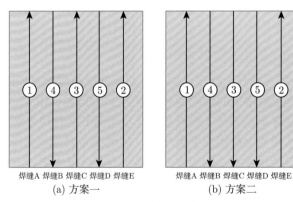

| 焊缝A 焊缝B 焊缝C 焊缝D 焊缝E | 焊缝A 焊缝B 焊缝C 焊缝D 焊缝E |
| (a) 方案一 | (b) 方案二 |

图 8.59　贮箱壁板结构焊接方向示意图

　　图 8.60 为不同焊接方向下的火箭贮箱壁板结构激光焊接变形仿真结果。方案一和方案二的最大变形分别为 4.460mm 和 3.862mm。对比图 8.58 与图 8.60 的

仿真结果可知，最大变形位置同样主要集中在蒙皮纵向两侧中心位置，改变贮箱壁板结构焊接方向可显著改善焊接变形，并且在改变焊缝 B、C、D 焊接方向的情况下，可以获得相对较小的焊接变形。

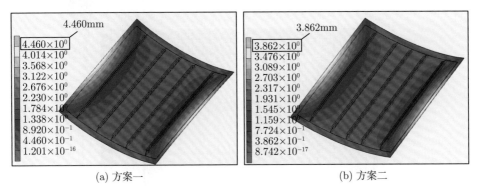

(a) 方案一　　　　　　　　　　　　　　　(b) 方案二

图 8.60　不同焊接方向下的贮箱壁板结构焊后整体变形分布

本节通过对五桁条结构的焊接顺序及焊接方向进行仿真分析，确定了最优的焊接顺序及焊接方向，即先焊两侧焊缝 A 和 E，再焊接中间焊缝 C，最后依次焊接其相邻的焊缝 B 和 D，其中，焊缝 C、D、E 的焊接方向相同，焊缝 A、B 的焊接方向与焊缝 C、D、E 的焊接方向相反。

### 8.5.2　火箭贮箱五桁条结构的真空吸附平台简介

针对火箭贮箱五桁条结构开展 DLBSW 技术研究，需要设计专用的工装平台进行装夹，设计的大型工装吸附平台与五桁条结构装配示意图如图 4.33 所示。吸附平台材料为铸造铝合金，包括吸附面、吸附槽、密封圈、密封圈槽、吸附孔、筋条等结构。密封圈采用圆柱形氟橡胶，安装在密封圈槽内；吸附面与蒙皮下表面的弧度一致，以保证在装夹过程中蒙皮下表面与吸附面紧密贴合。脚架与框架以及高度调节器材料均为普通碳钢，其主要功能为承受平台的重量以及保证整个焊接吸附平台的稳定性。脚架之间通过焊接相连，脚架与平台、脚架与高度调节器则通过螺钉固定。辅助夹具包括蒙皮辅助夹具和桁条辅助夹具，可通过调节辅助夹具的松紧程度将蒙皮与桁条夹紧。该焊接吸附平台可适用于尺寸不同但曲率相同的五桁条结构。

此外，在工装平台上还加工了表面粗糙度 $Ra$ 为 0.8μm 的吸附面，如图 8.61 所示。吸附面与蒙皮下表面贴合。真空泵与吸附槽通过吸附孔连接，配合密封圈将蒙皮紧紧吸附住，蒙皮外围采用辅助夹具进行固定。平台真空吸附设计的平均夹紧力不小于 20 kN/m²。密封圈槽用于放置密封圈，嵌入密封圈后，高度比型面略高。试验前期准备了直径分别为 6mm 与 8mm 的圆柱形氟橡胶 (具有优异的耐热性、密封性、柔软性等），直径为 6mm 的圆柱形氟橡胶无法实现真空吸附，而直径为 8mm 的圆柱形氟橡胶可达到良好的真空吸附效果，因此密封圈选定直径为 8mm 的圆柱形氟橡胶。通过两侧辅助夹具夹紧焊接件，焊接件与密封圈紧密贴合，防止在真空泵抽气过程中发生漏气。

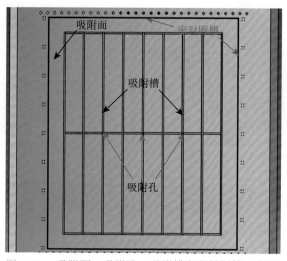

图 8.61　吸附面、吸附孔、吸附槽和密封圈槽示意图

### 8.5.3　火箭贮箱五桁条结构的焊接工艺流程

针对五桁条结构的 DLBSW，采用的设备为龙门式双侧同步焊接系统。试验所用的 DLBSW 设备包括两台 KR 60HA 型 KUKA 机器人、一台 TruDisk12003 碟片激光器及相关配套夹具，如图 8.62 所示。

图 8.62　DLBSW 系统实物图

本节在火箭贮箱单桁条结构 DLBSW 工艺流程的基础上制定了针对五桁条结构的 DLBSW 工艺流程。焊接结构与 DLBSW 技术具有复杂性，因此需制定较为详细的焊接流程。焊前流程主要包括蒙皮与桁条焊前表面处理、蒙皮装夹、桁条装配、激光头定位与焦距校准、保护气安装等。另外，针对典型件 DLBSW 出现的问题还增加了起焊板与收焊板、前期点焊过程、各阶段变形测量等步骤。具体流程及注意事项如表 8.7 所示。

表 8.7    五桁条结构 DLBSW 工艺流程表

| 工序 | 工序内容 | 具体细节 | 注意事项 |
|---|---|---|---|
| 1 | 蒙皮与桁条焊前表面处理 | 机械打磨去除氧化膜，对桁条采用锉刀倒圆角；利用丙酮与酒精擦拭表面去除油污杂质；利用高功率电吹风对表面进行烘干 | 若存放时间大于 24h，须再次清洗并烘干 |
| 2 | 蒙皮焊前初始变形测量 | 将蒙皮放置在工装吸附平台上，测量蒙皮在自由状态下的初始变形量 | 记录初始变形数据，并记录天气情况 |
| 3 | 蒙皮装夹 | 利用蒙皮横向和纵向辅助夹具对蒙皮进行装夹，装夹完毕后，连接真空泵，抽真空，实现真空吸附 | 待蒙皮被吸附后进行下一步骤 |
| 4 | 第一道焊缝表面处理 | 将酒精倒在蒙皮凹槽中，待 3~5min 后，擦拭干净并用高功率电吹风对表面进行烘干处理 | 此时，桁条也需要再次擦拭并吹干 |
| 5 | 标记点焊位置 | 在不影响待焊区表面洁净的前提下，至少标记 4 处点焊位置，其中在靠近收焊处需标记一处 | 其余三处为等间隙标记 |
| 6 | 桁条装夹 | 采用桁条压条、螺栓以及桁条辅助夹具将桁条装配至蒙皮凹槽中，利用游标卡尺精确控制桁条左右高度，防止倾斜。此外，初步测量桁条两端的安装高度，将左右高度之差控制在 0.3mm 左右，以保证桁条完全装配于蒙皮凹槽中，若没有达到效果，则应重新装夹 | 保证蒙皮与桁条之间零间隙，尽可能使桁条垂直于蒙皮切线 |
| 7 | 测量桁条相对高度 | 利用游标卡尺至少测量并记录桁条 6 处位置的相对高度 | 桁条高度差不大于 0.6mm |
| 8 | 起焊板与收焊板准备 | 利用胶水与胶带在起焊与收焊处各固定一块 6mm 厚的小试片 | 试片尺寸需大于两侧焊缝之间的宽度，试片表面需要打磨 |
| 9 | 激光头到位 | 通过调整双机器人，移动双侧激光头到达工作位置，采用数字水平尺调整光束入射角度 | 双侧光束需保证尽可能对称 |
| 10 | 校准焦距、对焦并示教 | 在起焊点与收焊点分别校准焦距，并将两束激光光斑对准蒙皮凸台的棱边，然后进行示教 | 示教过程中应当仔细小心，防止夹具与激光头产生干涉，发生碰撞 |
| 11 | 安装保护气管 | 在示教完成后，将保护气管安装在激光头上，使其在焊接过程中与激光头同步移动 | 保护气管需要安装至合适的角度，以获得最佳的保护效果 |

续表

| 工序 | 工序内容 | 具体细节 | 注意事项 |
| --- | --- | --- | --- |
| 12 | 点焊 | 将激光器程序设置为点焊程序，并在 4 处相应位置进行点焊，观察点焊过程及点焊焊缝 | 拍照记录 |
| 13 | 点焊后表面处理与测量 | 在点焊焊缝处采用酒精进行擦拭，并用吹风机进行烘干，同时测量点焊后桁条至少 6 处位置的相对高度 | 对比点焊前与点焊后桁条相对高度，相同位置高度差不大于 0.6mm |
| 14 | 再次校准焦距、对焦并示教 | 在起焊点与收焊点分别校准焦距，保证两束激光光斑在整个过程中对准蒙皮凸台的棱边，并再次进行示教 | 示教过程中应当仔细小心，防止夹具与激光头产生干涉，发生碰撞 |
| 15 | 双光束焊接 | 启动双光束焊接程序 | 拍照及录像，观察焊接情况 |
| 16 | 焊接完成 | 使激光头稍微离开焊接位置，卸载桁条压条 | 检查激光头情况 |
| 17 | 松开桁条夹具并测量 | 松开桁条上方的桁条压条及紧固螺栓，测量双光束焊后桁条至少 6 处位置的相对高度 | 对比各组桁条相对高度 |
| 18 | 检测焊接质量 | 检查桁条两侧的焊缝宏观形貌；检查起焊与收焊处焊缝质量；检查飞溅情况 | — |
| 19 | 转换焊接工位，从第 4 步开始重复焊接过程 | 移动激光头至下一个工作位置，并完成所有桁条焊接 | — |
| 20 | 保持装夹状态 | 保持蒙皮装夹状态，待壁板完全冷却后卸载装夹 | — |
| 21 | 多余物清理 | 将焊缝表面焊黑擦拭干净，将起焊与收焊处多余物以及焊缝附近飞溅物利用砂纸与小型角磨机进行打磨 | — |
| 22 | 测量五桁条结构焊后变形 | 运用钢尺测量蒙皮边缘处若干位置变形，运用同曲率内圆与外圆样板测量焊后圆度 | 记录并形成结果文件 |
| 23 | 焊后缺陷处理 | 包括对表面飞溅、表面裂纹、表面气孔等缺陷进行处理，对焊穿处进行补焊 | 补焊后需要再次测量变形 |
| 24 | 矫形 | 利用加热、敲击等方法部分抵消焊缝收缩力，从而减小变形 | — |

完成焊前准备工作后方可针对火箭贮箱多桁条结构开展 DLBSW，焊接过程如图 8.63 所示。

焊接之后的流程主要包括夹具松卸、质量检查、焊后变形测量等。质量检测合格的产品可用于火箭贮箱结构的后续拼焊，即完成 3.35m 火箭贮箱结构的研制，如图 8.64 所示。

图 8.63   DLBSW 过程

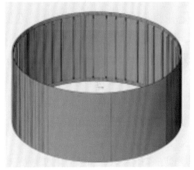

图 8.64   国内首个 DLBSW 火箭贮箱样件

### 8.5.4   火箭贮箱五桁条结构的点焊工艺研究

铝合金长直桁条在焊接过程中受热膨胀,随着焊接的进行,未焊处的桁条会产生翘曲变形。焊接过程中桁条翘曲脱离蒙皮凹槽,导致两侧激光偏离初定的位置,直接作用在桁条或者蒙皮上,激光双匙孔的相互作用导致桁条或者蒙皮焊穿。另外,蒙皮凹槽与桁条都经过了精细打磨,但是打磨过程破坏了凹槽与桁条的装配精度,导致焊接过程中存在一定的装配间隙。打磨后蒙皮凹槽宽度大约为 4.26mm,小凸台尺寸大约为 1.4mm×1.4mm,桁条打磨处的厚度大约为 3.66mm。因此,在打磨完成后,蒙皮与桁条的装配间隙为 0.6mm 左右。

针对上述问题,同时为了保证蒙皮-桁条长直焊缝在 DLBSW 过程中的稳定性,在装夹后,需要采用双侧激光对蒙皮-桁条连接处进行点焊固定。第一阶段未使用点焊,第二阶段采用三处点焊,第三阶段采用四处点焊,如图 8.65 所示。

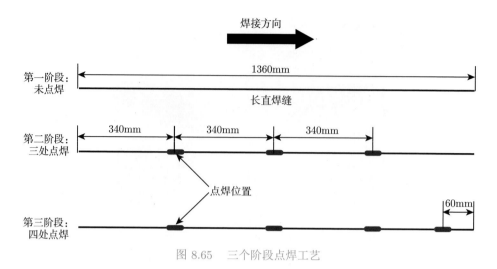

图 8.65　三个阶段点焊工艺

双侧激光同步点焊的热输入较小，在焊接过程中并未形成联合熔池，只将凸台部分熔化并将桁条固定在凹槽内。双侧激光同步点焊过程主要包括确定点焊位置并标记、调焦对焦并示教、设置点焊参数、双侧激光同步点焊。对焦过程中两侧激光光斑需要落在尺寸为 1.5mm×1.5mm 的凸台外棱上。对于点焊功率的设置，在起焊 200ms 内，两侧总功率从 240W 线性上升至 5500W(单侧激光功率上升至 2750W)，然后保持 1000ms，最后功率在 200ms 内从 5500W 线性降至 240W，此过程焊接速度保持在 2.5m/min 不变。整个过程实现了蒙皮与桁条的点焊连接，点焊连接长度为 58.3mm。

研究发现，DLBSW 前采用双激光束双侧点焊工艺对桁条实施固定，可有效控制焊接过程中桁条结构的翘曲变形。在桁条装夹过程中对桁条两侧高度进行测量，以保证桁条垂直于蒙皮切线；在桁条装夹完成后对长直桁条至少测量 6 个位置的桁条高度，在此过程中需要严格控制收焊处桁条较起焊处桁条的翘曲量，桁条高度差若超过 0.6mm，则需要重新装夹；在点焊后测量相同位置的桁条高度差，差值若超过 0.6mm，则需要在附近区域追加点焊一次；在焊接完成后，测量相同位置桁条高度，与焊前、点焊后的测量数据进行比较，探究桁条高度变化对五桁条结构 DLBSW 过程稳定性的影响。

五桁条结构桁条翘曲变形是 DLBSW 过程中产生焊穿的主要原因，桁条翘曲量在超过 1mm 时容易产生焊穿，通过不断对点焊工艺进行完善，发现采用 4 处位置点焊 (第三阶段) 能将桁条翘曲量控制在 0.6mm 以内，如图 8.66 所示。

### 8.5.5　火箭贮箱五桁条结构的焊后变形分析

焊后变形控制是 DLBSW 的重点与难点，在焊后变形控制措施完成以后，对最后焊接件进行变形测量有益于实现最终五桁条结构之间的搅拌摩擦焊接。图

8.67(a) 为蒙皮变形的测量位置示意图，图 8.67(b) 为蒙皮变形测量示意图，测量焊后蒙皮相对于工装平台的变形，图 8.67(c) 为焊后弧长测量示意图。

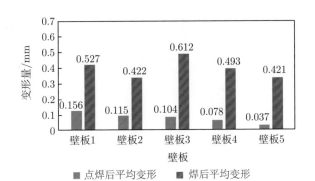

图 8.66　点焊第三阶段桁条变形数据统计

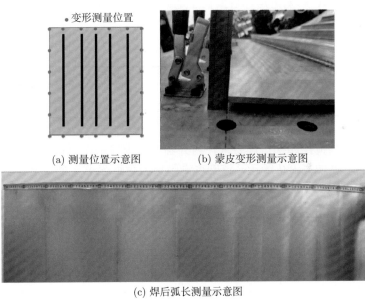

(a) 测量位置示意图　　(b) 蒙皮变形测量示意图

(c) 焊后弧长测量示意图

图 8.67　三个阶段点焊工艺

　　针对五桁条结构 DLBSW 工艺进行第二阶段不同焊接顺序与焊接方向的数值模拟，获得最优焊接顺序与焊接方向，并开展相关试验。试验结果表明，在优化焊接顺序与焊接方向后，五桁条结构蒙皮焊后变形控制在 7mm 以内，如图 8.68 所示。变形分布规律为中心对称分布，即最大变形分布在蒙皮的四角，同时随着与蒙皮边角的距离增大，变形量越来越小，在蒙皮的纵向与横向中部降至最低 (大部分降为 0mm)。

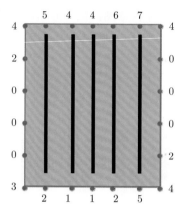

图 8.68　第二阶段焊接方向优化及焊后变形结果 (单位：mm)

　　五桁条焊接结构件焊后弧长及纵向长度如表 8.8 所示。由表可以发现，五桁条结构在 DLBSW 后无论是焊后弧长还是纵向长度都与焊前相近，这说明五桁条结构在 DLBSW 后的收缩量可忽略不计。

表 8.8　五桁条焊接结构件焊后弧长及纵向长度

| 编号 | 外弧长-1/mm | 外弧长-2/mm | 纵向长度/mm |
|---|---|---|---|
| 壁板 1 | 1317.5 | 1317.5 | 1499.5 |
| 壁板 2 | 1322 | 1322 | 1500 |

　　为满足后续搅拌摩擦拼焊要求，内外圆度要求控制在 3mm 以内。五桁条焊接结构件的圆度如表 8.9 所示，该圆度满足后续拼焊要求。

表 8.9　五桁条焊接结构件圆度　　　　　　　　　(单位：mm)

| 壁板编号 | 内圆变形 | | 外圆变形 | |
|---|---|---|---|---|
| | 前端 | 后端 | 前端 | 后端 |
| 壁板 1 | 1.5 | 1 | 2 | 2 |
| 壁板 2 | 1 | 1.5 | 2 | 2.5 |

## 8.6　火箭贮箱五桁条结构 DLBSW 工艺平台开发

　　铝合金 DLBSW 工艺试验过程中数据繁多，信息处理工作量大、易出错，数据易丢失、难查找。针对上述问题，建立焊接数据库进行数据管理。数据库具有检索迅速、查找方便、可靠性高、存储量大、保密性好等优点，能够节省更多的人力和物力，极大地提高了数据管理效率，有利于实现铝合金框桁式贮箱结构 DLBSW 试验结果的数字化、高效化、智能化管理与检索。

工艺开发平台的建立过程与所包含的数据信息如图 8.69 所示。通过录入不同焊接参数下 2219 铝合金 DLBSW 接头的气孔率、形变量、拉伸强度 ($X$、$Y$、$Z$ 方向)、剪切强度，以及在最优焊接工艺参数下不同焊接顺序得到的典型件、五桁条结构的变形结果等数据信息，可方便快捷地获得各工艺参数之间的关系与影响，从而避免错误参数的重复试验，为后续此类相关研究奠定基础。

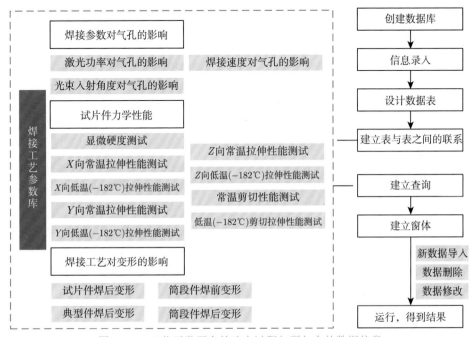

图 8.69 工艺开发平台的建立过程与所包含的数据信息

工艺开发平台的建立过程主要包括数据库的创建、数据表的设计、表关系的建立、窗体的建立等，窗体视图如图 8.70 所示。未来将以该数据库为基础，通过进一步的试验测试和归纳分析以补充更多的数据，对其内容进行丰富。

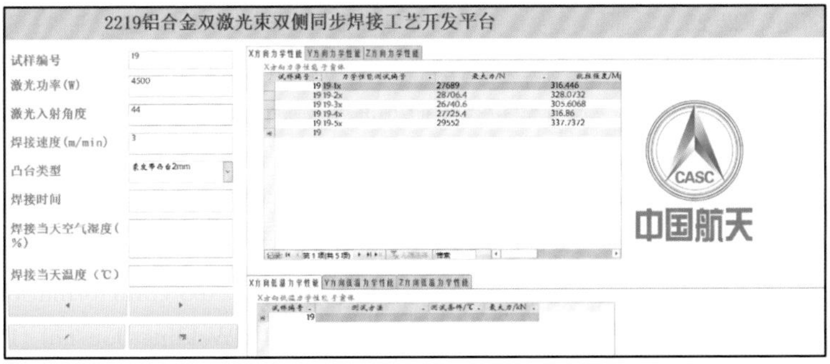

图 8.70 焊接工艺参数表窗体视图

# 参 考 文 献

[1] 王国庆. 激光加工技术在运载火箭制造中的应用与展望 [C]. 第五届激光先进制造技术应用研讨会会议, 北京, 2017: 9-10.

[2] 姚君山, 周万盛, 王国庆, 等. 航天贮箱结构材料及其焊接技术的发展 [J]. 航天制造技术, 2002, (5): 17-22.

[3] 鄢东洋, 郭彦明, 董曼红, 等. 贮箱结构用 2A14 和 2219 铝合金的特性研究与分析 [J]. 导弹与航天运载技术, 2019, (3): 102-107.

[4] 刘春飞. 新一代运载火箭箱体材料的选择 [J]. 航空制造技术, 2003, 46(2): 22-27.

[5] 王春炎, 曲文卿, 姚君山, 等. 2219-T87 铝合金搅拌摩擦焊接头组织与力学性能 [J]. 焊接学报, 2010, 31(10): 77-80, 84.

[6] Strombeck A V, Santos J F D, Torster F, et al. Fracture toughness behavior of FSW joints on aluminum alloys[C]. The First International Symposium on Friction Stir Welding, California, 1999: 192-201.

[7] Lei X F, Deng Y, Yin Z M, et al. Tungsten inert gas and friction stir welding characteristics of 4-mm-thick 2219-T87 plates at room temperature and −196℃[J]. Journal of Materials Engineering and Performance, 2014, 23(6): 2149-2158.

[8] El-Aty A A, Xu Y, Zhang S H, et al. Experimental investigation of tensile properties and anisotropy of 1420, 8090 and 2060 Al-Li alloys sheet undergoing different strain rates and fibre orientation: A comparative study[J]. Procedia Engineering, 2017, 207: 13-18.

[9] Dursun T, Soutis C. Recent developments in advanced aircraft aluminium alloys[J]. Materials and Design, 2014, 56: 862-871.

[10] 孙斌, 陈莎莎, 石正波, 等. 运载火箭贮箱壁板机铣装夹技术研究 [J]. 机械, 2019, 46(5): 76-80.

[11] 刘天亮, 张益坤, 董鹏, 等. 激光焊接与铆接铝合金接头力学性能对比研究 [J]. 电加工与模具, 2019, (S1): 56-58.

[12] 吕媛波, 常文魁. 铆接和焊接壁板典型件的静力和疲劳性能对比研究 [J]. 工程与试验, 2015, 55(3): 23-25.

[13] 朱平萍, 刘宪力. 大型贮箱结构及工艺性研究 [J]. 航天制造技术, 2011, (3): 42-45, 58.

[14] 赵耀邦, 徐爱杰, 姜勇, 等. 激光焊接技术研究进展及其在航天领域的应用 [J]. 航天制造技术, 2013, (3): 55-58.

[15] 黄举近. 高频耦合 TIG 焊在航天铝合金结构件中的应用研究 [D]. 北京: 北京工业大学, 2018.

[16] Gutierrez A, Lippold J C. A proposed mechanism for equiaxed grain formation along the fusion boundary in aluminum-copper-lithium alloys[J]. Welding Journal, 1998, 77(3): 123-132.

[17]　Lin D C, Wang G X, Srivatsan T S. A mechanism for the formation of equiaxed grains in welds of aluminum-lithium alloy 2090[J]. Materials Science and Engineering: A, 2003, 351(1/2): 304-309.

[18]　Dev S, Murty B S, Rao K P. Effects of base and filler chemistry and weld techniques on equiaxed zone formation in Al-Zn-Mg alloy welds[J]. Science and Technology of Welding and Joining, 2008, 13(7): 598-606.